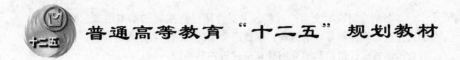普通高等教育"十二五"规划教材

冶金过程控制基础及应用

钟良才　祭　程　编著

北　京

冶金工业出版社

2011

内 容 提 要

本书结合钢铁冶金生产过程,主要介绍过程控制的基本组成、原理和方法;先进过程控制系统的原理;钢铁冶金中的典型过程建模与控制;冶金过程参数检测技术,最后简要介绍计算机过程控制系统。

本书是为大学本科冶金专业学生编写的教材,目的是使该专业的学生了解现代冶金生产过程采用的控制方法和技术,并能够在将来的工作中,配合自动化专业的工程技术人员,解决实际的冶金过程控制问题。本书可供冶金专业及相关专业本科生、研究生教学使用,还可供相关专业的工程技术人员参考。

图书在版编目(CIP)数据

冶金过程控制基础及应用/钟良才,祭程编著. —北京:冶金工业出版社,2011.9
普通高等教育"十二五"规划教材
ISBN 978-7-5024-5467-8

Ⅰ.①冶… Ⅱ.①钟… ②祭… Ⅲ.①冶金过程—过程控制—高等学校—教材 Ⅳ.①TF01

中国版本图书馆 CIP 数据核字(2011)第 167221 号

出 版 人 曹胜利
地 址 北京北河沿大街嵩祝院北巷 39 号,邮编 100009
电 话 (010)64027926 电子信箱 yjcbs@cnmip.com.cn
责任编辑 郭冬艳 美术编辑 李 新 版式设计 孙跃红
责任校对 王永欣 责任印制 李玉山
ISBN 978-7-5024-5467-8
北京兴华印刷厂印刷;冶金工业出版社发行;各地新华书店经销
2011 年 9 月第 1 版,2011 年 9 月第 1 次印刷
787mm×1092mm 1/16;16.75 印张;402 千字;255 页
33.00 元

冶金工业出版社发行部 电话:(010)64044283 传真:(010)64027893
冶金书店 地址:北京东四西大街 46 号(100010) 电话:(010)65289081(兼传真)
(本书如有印装质量问题,本社发行部负责退换)

前　言

生产过程需要对温度、流量、压力、液位、成分等过程工艺参数进行控制，现代化的生产要求对生产过程参数实现自动化控制，以提高生产效率，降低生产成本，提高产品质量，减轻劳动强度。过程控制是利用过程检测仪表或先进测量技术，对生产过程的控制参数进行检测，采用与生产过程相适应的过程控制方法，应用自动化设备与装置、计算机等自动化技术工具，对生产过程进行自动控制，以获得最佳的生产技术经济指标。

随着冶金工业的发展和各种检测仪表、测量技术、自动化控制技术和计算机技术的开发以及在冶金工业中的应用，过程控制在冶金工业生产中发挥着越来越重要的作用。本书是针对冶金专业的学生编写的过程控制教材，主要是使该专业的学生在学习冶金专业知识的基础上，进一步学习和了解冶金过程的基本建模方法、检测技术、过程控制理论和技术。以便使该专业的学生在实际的工作中，能够理解冶金工厂生产过程控制的方法和技术，并能与自动化专业的工程技术人员合作，解决实际的冶金过程控制问题。

本教材第 1 章首先介绍过程控制的基本概念和基本构成、过程控制的任务和特点、过程控制分类、控制系统的过渡过程及其性能指标等；第 2 章介绍过程控制回路中的被控对象的建模方法；第 3 章介绍单回路控制系统，重点介绍控制系统中调节器的调节规律；第 4 章介绍复杂过程控制系统，包括串级控制、前馈控制、前馈－反馈控制、比值控制、选择性控制、均匀控制以及大延时系统的控制；第 5 章介绍先进控制系统，包括预测控制、软测量技术、推断控制、自适应控制、模糊控制、专家控制、神经网络控制；第 6 章介绍典型钢铁冶金过程建模与控制，主要有热风炉蓄热室传热过程、铁液－熔渣反应过程、氧气转炉炼钢过程、CAS－OB 钢液精炼过程、RH 钢液真空精炼过程的建模，连铸结晶器液位控制、结晶器漏钢和铸坯黏结预报、连铸动态二冷控制、连铸动态轻压下控制；第 7 章介绍现代冶金过程参数检测技术，在温度测量中，介绍黑体空腔式中间包钢水连续测温、铁水温度连续测定、铁水、钢水温度间歇测定、热风温度检测，在液位、料位测量中，介绍连铸结晶器液面测量、高炉料线检测，在成分分析中，介绍炉气氧含量测定、钢液氧、硅、硫、碳的直接测定，在转炉炼钢终点测定中，介绍炉气分析法、副枪法、

VAI-CON CHEM 法，最后介绍基于图像分析的转炉下渣检测技术；第 8 章对计算机过程控制系统进行简要的介绍，主要介绍计算机过程控制系统的特点、构成和类型，钢铁公司管理与生产计算机控制和转炉炼钢计算机控制。

本书绪言、第 1~5 章、第 6 章的 6.1~6.5 节、第 7 章和第 8 章由钟良才编写，第 6 章的 6.6~6.9 节由祭程编写，另外祭程还参与了第 5 章的 5.5 节的编写并对书中的图和公式进行整理。全书由钟良才负责统稿和整理。

在本书的编写过程中参考了许多过程控制方面的书籍和相关文献，本书的编者向这些书籍和文献的作者表示衷心的感谢！

东北大学教务处对本教材的编写和出版给予了大力支持，编者在此一并表示衷心的感谢！

由于编者水平有限，书中的不足和错误之处，敬请读者批评指正。

编　者
2010 年 12 月

目　录

绪　言

工业按其特点可分为流程工业、离散工业和间歇工业。流程工业是指将原料按照一定的工艺生产流程在一系列的生产装备中制造出合格产品的工业，它包括在国民经济中占有重要地位的石化、炼油、化工、冶金、制药、建材、轻工、造纸、采矿、环保、电力等工业行业。流程工业产品的生产需要采用过程装备，过程装备包括单元设备与单元机器。

成套过程装备则是组成流程工业的所有装备，它通常是一系列的过程机器和过程设备，按一定的流程方式连接起来的连续生产系统，再配以必要的控制仪表和装置，能把各种原材料，让其在装置内部经历必要的物理化学过程，制造出人们需要的流程性工业产品。如各种钢材的长流程生产过程，首先铁矿石经过高炉炼铁成为铁水，然后铁水经铁水预处理、转炉炼钢、炉外精炼成为合格钢水，钢水经过连铸浇铸成合格铸坯，最后铸坯经过各种轧机轧制，才成为国民经济需要的各种钢材，如图 0-1 所示。

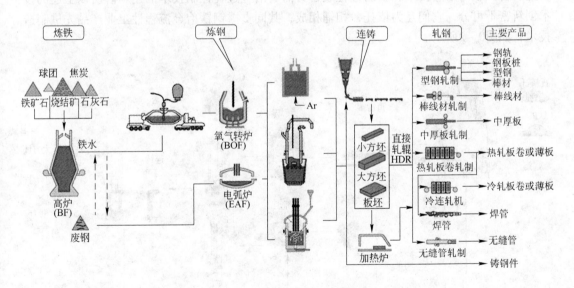

图 0-1　各种钢材的生产过程及过程装备

在生产过程中涉及到生产流程中的各种过程装备，每一个装备中都有一个自己的生产过程。对于大工业生产，复杂的生产工艺，不可能完全靠人工来控制生产过程，需要配备自动控制系统来进行生产的组织和控制。如何对生产中的工艺参数和生产过程进行控制，就是过程控制理论需要解决的课题。

人类社会的发展是不断创新进步的过程，涉及到冶金流程工业产品先进制造技术的主要创新技术包括以下几个方面：

（1）冶金过程原理与技术的创新：在冶金热力学、动力学的理论上突破，如研究一些新的渣系或工艺，以提高去除金属液中杂质元素的能力；改善反应器中的动力学条件，如强化反应器内的搅拌，提高反应组元的传质系数，从而提高杂质元素的去除速度和效率，生产得到质量优良的产品。

（2）冶金工艺流程技术的创新：改变传统的工艺流程，提出新的工艺流程，以满足生产的要求。如钢铁冶金工艺流程，传统的流程是高炉炼铁，转炉、电炉或平炉炼钢，模铸；现代的流程是高炉炼铁或非高炉炼铁，铁水预处理，顶底复吹转炉或超高功率电炉炼钢，炉外精炼，连铸或连铸连轧。

（3）冶金过程装备技术的创新：新工艺流程的出现，必然会要求过程装备技术的创新。如出现了铁水预处理、炉外精炼和连铸新工艺后，必须有能够实现这些新工艺的过程装备如铁水预处理设备、LF 精炼炉、RH、RH－OB、RH－KTB 真空处理设备、连铸机的出现。

（4）冶金过程控制技术的创新：冶金流程工业是大工业、重工业，不可能完全依靠人工操作来进行生产，必须要应用自动化装置对生产进行自动控制，以提高劳动生产率，减轻劳动强度，降低生产成本，保证产品质量，提高企业的竞争力。

要得到质量优异的冶金产品和开发新的钢铁冶金产品，需要钢铁冶金过程原理和技术的创新以及工艺流程技术创新。这种创新，往往需要过程装备技术创新的支持，开发新的冶金装备。新的冶金技术和新的过程装备又需要冶金过程控制技术的创新。所以上述的技术创新密不可分，它们互为依托，相辅相成，共同支撑钢铁冶金流程性工业产品先进制造技术，如图0－2所示。

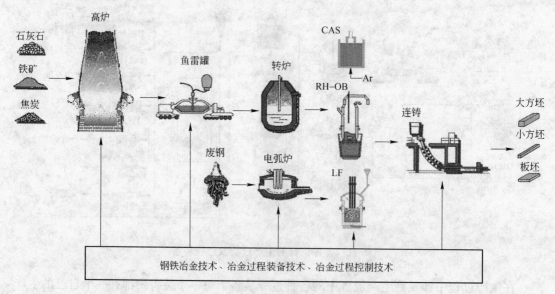

图0－2　钢铁生产过程的相关支撑技术

我国已成为世界钢材产量的第一大国，伴随着钢铁冶金工业的发展，冶金过程控制也发挥着越来越重要的作用。在基础控制方面，计算机控制技术取代了常规模拟控制技术，在冶金企业已全面普及。按钢铁生产工序划分，各工序的计算机控制的采用率已超过95%，有的工序已接近或达到100%。分布控制系统替代集中控制成为主流。在控制算法上，普遍采用比例积分微分（PID）算法，智能控制、先进控制技术在转炉吹炼过程控制、电炉吹炼过程控制、二次精炼工艺过程控制、连铸过程控制、加热炉燃烧控制、轧机轧制控制等方面得到应用，并取得了一定成果。在检测技术方面，与控制相关的流量、压力、温度、重量等信号的检测仪表的配备比较齐全；高炉的软熔带形状与位置、高炉炉缸渣铁液位、炼钢炉熔池钢液含碳量和温度、转炉出钢下渣检测、连续铸钢过程的中间包连续测温、中间包液位测量、结晶器拉漏预报、铸坯表面温度测量等软测量技术取得了一定的成果。

在冶金过程建模和优化方面，计算机配置率有较大幅度提高。把冶金工艺知识、数学模型、专家经验和智能技术结合起来，在炼铁、炼钢、连铸、轧钢等典型工序的过程模型和过程优化方面取得了一定的成果，如高炉炼铁过程优化与智能控制系统、基于副枪或炉气分析的转炉动态数学模型、电炉供电曲线优化、智能钢包精炼炉控制系统、连铸二冷水优化控制、轧机智能控制等。

在生产管理控制方面，生产管理控制系统计算机配置率也得到提高。从功能上来讲，生产管理控制除了信息集成和事务处理的功能外，还应具有决策支持和动态管理控制的作用。近年来，冶金企业在综合应用运筹学、专家系统和流程仿真等技术，协调生产线各工序作业，进行全线物流跟踪、质量跟踪控制、成本在线控制、设备预测维护等方面取得了一定的成果。

在钢铁生产中，炼铁系统是钢铁生产长流程降低成本和提高环境质量的瓶颈，要进一步提高炼铁生产的技术经济指标，对过程控制技术的需求主要有：

（1）开发更多的专用仪表，特别是直接在线检测的仪表，以便对高炉炼铁过程的参数进行直接检测；

（2）针对高炉冶炼大滞后系统的特点，对生产过程采用先进控制技术，满足高炉炼铁生产过程控制的要求；

（3）将数学模型、专家系统和可视化技术相结合，提高过程控制水平，保证冶炼过程顺利进行；

（4）信息技术与系统工程技术相结合，不断优化操作工艺，提高生产技术指标；

（5）开发直接还原和熔融还原（HISmelt、Corex、Finex 技术）等新一代炼铁生产流程的过程控制技术。

炼钢是钢铁生产的重要工序，对降低生产成本，提高产品质量，扩大产品范围，冶炼洁净钢，具有决定性的作用。炼钢对过程控制技术的需求主要表现在：

（1）需要完善动态数学模型，与副枪、炉气分析等技术结合以及开发新型检测技术，提高炼钢终点的自动控制水平；

（2）为高的冶炼强度，短的冶炼周期，高的生产效率的生产过程提供理想的过程控制系统，达到节能降耗的目的；

（3）铁水预处理和炉外精炼的发展要求建立化学成分、洁净度、钢水温度在线高精度预报模型，并对合金化、造渣、成分调节进行优化控制；

（4）优化高效连铸和近终型连铸技术，提升电磁搅拌、轻压下、二冷配水、拉漏预报等连铸自动控制技术；开发接近凝固温度、高均质、高等轴晶化的优化浇铸技术和铸坯质量保障系统；同时考虑薄板坯连铸、薄带连铸等新工艺的过程控制开发。

钢铁冶金过程控制技术的发展趋势是采用新型传感器技术、光机电一体化技术、软测量技术、数据融合和数据处理技术、冶金环境下可靠性技术，以关键工艺参数闭环控制、物流跟踪、能源平衡控制、环境排放实时控制和产品质量全面过程控制为目标，实现冶金流程在线检测和监控，包括铁水、钢水、熔渣成分和温度的检测和预报，钢水纯净度检测和预报，钢坯的温度、质量等参数检测和判断，在线废气和烟尘的监测等。基于机理模型、统计分析、预测控制、专家系统、模糊逻辑、神经网络等技术，以过程稳定、提高技术经济指标为目标，在关键工艺参数在线连续检测基础上，建立综合模型，采用自适应智能控制技术，实现冶金过程关键变量的高性能闭环控制，如冶炼闭环专家系统、铁水和钢水成分和温度闭环控制、铸坯质量闭环控制等。

1 控制系统的基本概念

1.1 概　述

在图 1-1 所示的钢液连铸中间包恒定液位控制系统中，只要保证流出中间包的钢液流量 q_2 和流入中间包的钢液流量 q_1 严格相等情况下，即 $q_1 = q_2$。这时进、出中间包的钢液流量处于平衡状态，中间包液位不会发生变化。但是在这个系统中，因钢包液位 h 是随时间下降的，设钢包水口的流通面积 A_1 不变，若钢包水口的流量系数为 C，则进入中间包的流量

$$q_1 = CA_1 v_1 = CA_1 \sqrt{2gh}$$

也随钢包液位 h 降低而减小。为了保持 q_1 不变，需要不断调整钢包滑动水口的面积 A_1，以保证进入中间包的钢液流量 q_1 与从中间包流出的钢液流量 q_2 相等。如果依靠人工来控制中间包的液位保持不变，控制的任务就是在中间包流出流量不随时间变化的情况下，通过人工调节钢包滑动水口的开口度来控制流入中间包的钢液流量不变，以使中间包中的液位保持为设定值。

在上述连铸中间包液位的人工控制过程中，操作人员需要做以下的工作：

（1）大脑记忆中间包液位的设定值 H_0；

（2）眼睛不断观察实际中间包液位 H；

（3）将设定液位值 H_0 和实际液位 H 比较，得到液位的偏差 $\Delta H = H_0 - H$；

（4）根据液位偏差大小调节钢包滑动水口的开口面积 A_1，即当 $\Delta H > 0$ 时，增加钢包滑动水口开口度；当 $\Delta H < 0$ 时，减小钢包滑动水口开口度。这样可以保持进入中间包的流量 q_1 不变，使 H 与 H_0 之间的偏差减小直至为零。

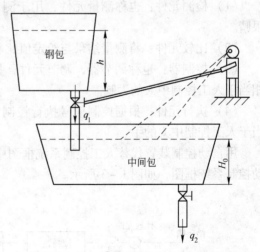

图 1-1　连铸中间包液位人工控制示意图

在过程控制中，常用框图和框图间带箭头的连线来表示组成控制系统的各部分功能和信号传递之间的关系。液位人工控制系统框图如图 1-2 所示。图中用带有箭头的实线表示信号的传递方向，用方框表示各部分的功能。目标液位 H_0 为给定值，q_1 为被控对象——中间包的控制输入（变）量，或称控制作用，实际液位 H 是被控对象中要控制的物理量，称为被控（变）量，也称控制系统的输出（变）量。除控制输入变量影响中间包液位外，还有一些其他不可预见的因素如钢包或中间包水口结瘤或被冲刷变大，造成钢包或中间包水口流通截面变化，导致流入或流出中间包钢液流量 q_1、q_2 发生变化，从而造

成中间包液位变化。这些因素是控制过程中不希望的，称为扰动输入或干扰。

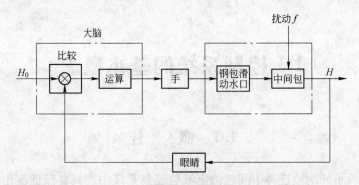

图 1 - 2　人工液位控制系统原理框图

上述人工液位控制系统之所以能够实现液位的恒定控制，是因为以偏差 ΔH，而不是直接以目标值 H_0 为依据调节系统的。无论什么因素引起偏差，系统都将进行调节，直至消除偏差。这样的系统具有很好的抗干扰能力和较高的控制精度。由于该系统靠人来控制中间包液位，所以该系统称为人工控制系统。

能够代替人在人工控制系统中所起的作用，使系统在没有人直接参与的情况下完成控制任务的装置称为自动控制装置。用自动控制装置代替人工控制系统中人的眼睛、大脑和手并实现相应的功能，就形成了自动控制系统。按其在过程控制系统中的职能划分，可将自动控制装置分为四部分：

（1）检测元件：也称测量元件，用于测量被控量的实际值。相当于人工控制中人的眼睛。

（2）比较元件：将测量结果与给定值比较，得到偏差。

（3）控制器：也称调节器、调节元件，按照偏差产生控制信号。比较元件和控制器相当于人工控制中人的大脑。

（4）执行元件：根据控制信号执行控制任务，使被控量与目标设定值保持一致。相当于人工控制中人的手。

用自动控制装置代替人工控制系统框图中的人工部分，就可得到对应于图 1 - 2 的自动控制系统框图，如图 1 - 3 所示。

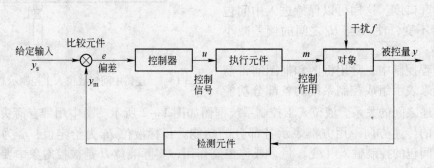

图 1 - 3　自动控制系统框图

过程装备控制是指在过程设备上，配上自动化装置以及自动控制系统来代替操作人员的劳动，使生产过程在不同程度上自动地进行。生产过程自动化是利用自动化装置来管理生产过程的技术。在生产过程中，通常需要对过程的被控对象的温度、压力、流量、成分、料位或液位等进行控制。因此，过程装备控制主要是针对过程装备的主要参数如温度、压力、流量、液位（或物位）、成分和物性等参数进行控制。

在现代化的工业生产过程中，自动化装置已成为大型设备不可分割的重要组成部分。可以说，如果不配置合适的自动控制系统，大型生产过程是根本无法运行的。实际上，生产过程自动化的程度已成为衡量工业企业现代化水平的一个重要标志。

1.1.1　生产过程控制系统

生产过程控制系统包括自动检测系统、信号连锁系统、自动操纵系统和自动控制系统。

自动检测系统的作用是检测和显示生产过程中各种工艺参数的变化，以掌握不断进行着的各种物理化学变化的生产过程。如高炉炼铁过程中，要了解热风温度，转炉炼钢吹炼过程要了解氧气压力和流量、氧枪枪位等。自动检测系统通常采用各种检测元件（如热电偶、热电阻、压力传感器、流量计等）自动连续地对各种工艺变量（如温度、压力、流量、液位等）进行测量，并将测量结果用仪表（如记录仪、电子电位差计等）显示记录下来，供操作人员观察、分析或将测量到的信号传送给控制系统，作为自动控制的依据。

信号连锁系统是一种安全装置。其作用是对某些关键性变量设置信号报警或连锁保护装置，防止生产事故。在事故发生前，自动地发出声光报警信号，引起操作员的注意以便及早采取措施。若工况已接近危险状态，连锁系统将启动，打开安全阀，切断某些通路或紧急停车，从而防止事故的发生或扩大。如转炉吹炼过程，氧气压力不能低于 0.6MPa，如果压力过低，会产生氧枪回火现象而可能引起氧气爆炸事故。连铸结晶器冷却水出水温度与进水温度之差不能超过某一临界值，否则容易产生漏钢事故。对于生产过程这类关键变量常需要采用信号连锁系统来进行报警和保护。

自动操纵系统的作用是根据预先规定的程序，自动对生产设备或参数进行某种操作，减轻操作工人繁重或重复性的体力劳动。通过预先编写的程序来实现达到自动操纵的目的。连铸中的拉矫机按照预先设置好的拉坯速度进行拉坯，切割机按照设定的铸坯定长周期性地前进后退进行切割铸坯；转炉自动吹炼时，氧枪按照设定好的枪位高低进行吹炼操作；复吹转炉底吹搅拌气体的种类和流量在吹炼初期、中期和后期需要预先确定，以满足不同冶炼阶段的需要。生产中这类设备和参数的自动操作均需要自动操纵系统来实现。

自动控制系统的作用是对生产过程中重要的工艺参数进行自动调节，使其在受到外界干扰影响偏离正常状态后，能够回复到规定的范围之内，保证生产的正常进行。通过采用自动控制仪表及装置来实现。如转炉吹炼氧气流量的自动控制，如果氧压出现偏低时，氧气流量变小。这时自动检测系统的测量仪表测出氧气流量低于设定值，则自动控制系统能够根据测定值与设定值的偏差大小，自动调节氧气调节阀，使氧气流量保持在设定值进行吹炼。

1.1.2　工业生产对过程控制的要求

一般来说，工业生产对过程控制的要求要满足安全性、经济性、稳定性和准确性等方面的基本要求。

（1）安全性是指在整个生产过程中，确保人身和设备以及生产过程的安全。这是最重要的也是最基本的要求。通常是采用越限报警、事故报警和连锁保护等手段。随着控制技术和计算机技术的不断发展，在线故障预测和诊断、容错控制等技术可以进一步提高生产系统的安全性。如连铸结晶器的拉漏预报系统就是一项保证连铸安全产生的技术。

（2）经济性是指在生产同样质量和数量产品所消耗的能量和原材料最少。也就是要求生产成本低而效率高。随着市场竞争加剧和能源的匮乏，经济性已越来越受到各方面的重视。如果采用了过程装备控制系统，生产成本反而增加就难以在实际生产中推广应用。

（3）稳定性是指控制系统应具有抵抗外部干扰，保持生产过程长期稳定运行的能力。在生产过程中，原材料成分变化、干扰因素等都会或多或少地影响生产过程的稳定性，因此，过程控制系统要能够克服这些因素影响，使生产过程稳定。

（4）准确性要求过程控制系统的控制精度能够满足生产要求，即达到一定的控制精度。此外，过程控制还应保证生产能够正常进行。

1.1.3　过程控制的任务

过程控制的任务是在了解、掌握工艺流程和生产过程的静态和动态特性的基础上，根据工业生产对过程控制的要求，对控制系统进行分析和综合，确定控制目标和被控变量，选定控制变量，选择测量元件和技术，采用合适的控制技术手段实现对生产的自动控制和管理。在生产中，有简单的单变量过程控制，也有复杂的多变量生产过程控制。如转炉炼钢过程，吹炼目标是要得到成分和温度合格的钢液，则需要对转炉出钢的钢液碳、磷、硫含量和温度进行控制，使其达到出钢要求。因此，转炉炼钢的被控变量有出钢时钢液的碳、磷、硫含量和温度。在转炉炼钢中如何能够保证吹炼得到的钢液达到出钢要求，即选定哪些变量作为控制变量，需要对转炉炼钢的工艺以及生产过程的静态和动态特性有一定的了解。通过物料平衡和热平衡计算或其他数学模型计算，可以由加入转炉的铁水成分和温度等原始条件和要求的吹炼终点的钢液的成分和温度等出钢条件，确定转炉炼钢需要的废钢量、供氧量、冷却剂用量和造渣剂用量等；通过一定的方法如专家系统根据吹炼目标确定转炉吹炼过程的供氧操作（氧气流量和枪位变化）、底吹工艺（底吹气体流量变化）以及造渣操作（造渣剂加入批次和每次加入的重量）。选择在线测定钢液碳含量和温度的技术，目前在转炉炼钢中常用的测量技术有副枪技术和炉气分析技术，采用副枪技术，可以对钢液的碳含量、氧含量和温度进行点测；而炉气分析技术只能对钢液的碳含量进行间接测量。在吹炼接近终点时（一般在供氧量达到目标供氧量的80%左右），采用副枪测量技术，对钢液的被控变量进行检测，得到此刻的钢液碳含量和温度，利用这些测量值和吹炼动态控制模型确定此后的吹炼操作如吹氧量和冷却剂用量，以提高控制转炉炼钢吹炼终点的命中率，避免补吹。

因此可以说，过程控制是控制理论、工艺知识、计算机技术和测量仪器仪表技术等相结合而构成的一门综合性应用科学。

1.1.4 过程控制的特点

过程控制的特点有：

（1）被控过程形式多样。由于实际的生产规模大小不同，工艺要求各异，产品多种多样，过程控制中被控过程的形式很多，如钢铁工业中，从矿石到钢材的生产过程中，涉及到烧结、焦化、球团、高炉炼铁、铁水预处理、转炉炼钢、炉外精炼、连铸、轧钢等各种形式的生产过程控制。

（2）控制过程多属于缓慢过程和对工艺参数的控制。许多工业生产过程设备体积大，工艺反应过程缓慢，具有大惯性大滞后等特点。如高炉炼铁过程，从炉顶加入的炉料条件发生变化时，需要经过 5~7h 才能对铁水成分、温度产生影响。另外，过程控制通常需要对表征生产过程的温度、压力、流量、物位、成分等过程工艺参数进行控制。

（3）控制方案多样化。由于被控过程形式的多样性、复杂性，且控制要求各异，不可能一种控制方案就可以实现对各种生产过程的控制，所以需要采用多种多样的控制方案来实现。

（4）主要是定值控制。在大部分工业生产中，大多数是对温度、压力、流量、物位、成分等过程工艺参数进行控制。在生产中，这些工艺参数一般希望恒定不变，如连铸中间包、结晶器液位控制，转炉炼钢氧气流量的控制等。对过程控制是要克服外界扰动对被控过程的影响，使生产指标或工艺参数保持设定值不变或在小范围内波动。

1.2 控制系统的组成及作用

生产过程都是在一定的工艺参数下进行的。如转炉炼钢过程，需要向转炉内吹入氧气，加入造渣材料造渣去除杂质元素，就要控制吹入的氧气流量、压力，控制氧枪枪位；控制加入造渣材料的种类、加入量、加入时间等。因此，必须对这些工艺参数进行控制，使其稳定在保证生产正常运行和得到合格产品的范围之内。为了满足生产要求，通常需要采用自动控制。

如图 1-3 所示，对于在中间包的液位自动控制系统中，首先需要采用测量元件和变送器将中间包当前的实际液位测量出来，把它变为一定的信号并送到比较元件处；然后比较元件把测量信号与工艺设定值进行比较，产生偏差信号；控制器根据偏差大小，按一定的控制规律产生控制信号；最后执行元件根据控制信号调整钢包滑动水口开口度。由此可见，自动控制可以大大降低人的劳动强度；同时由于仪表的信号测量、运算、传输、动作速度远远高于人的观察、思考和操作过程，因此自动控制可以满足信号变化速度快、控制要求高的场合。

控制系统由两部分组成，一是起控制作用的自动控制装置，它包括测量仪表、变送器、控制仪表以及执行器；二是自动控制装置控制下的生产设备，即被控对象。如高炉、转炉、电炉、精炼设备等反应器等。自动控制装置各部分的作用如下：

（1）测量元件和变送器。由于测量工艺参数并将其转化为一种特定信号（电流信号或气压信号）的仪器，在自动控制系统中起着"眼睛"的作用。对其的要求是：准确、及时、灵敏。通过测量元件把要检测的值转换成相应的物理量或电信号。由于这个信号比较微弱，而且通常是非线性的，需要进行放大和线性化处理，具有这种功能的电路就是变送器，它能把检测到的微弱的、非线性的信号变换成标准的 1~5V 或 4~20mA 线性变化的电压、电流信号。如果采用计算机控制，则要再由 A/D（Analog/Digital）转换器把检测到的模拟量信号转换成对应的 0~255 的数字量（相对于 8 位单片机），输入单片机 CPU 中。在 CPU 中，通过内部的数据处理程序把测量值在显示器中显示，或者通过单片机的串行输出口把信号传送出去。

（2）比较元件和控制器（又称调节器）。将检测元件或变送器送来的信号与其内部的工艺参数给定值信号进行比较，得到偏差信号，根据这个偏差的大小按一定的运算规律（如 PID 调节规律）计算出控制信号，并将控制信号传送给执行器。所以比较元件和控制器相当于人工控制中人的大脑。

（3）执行器。接受控制器送来的信号，输出一个操纵变量，以改变输送给被控对象的能量或物料量，对被控对象进行控制。执行器在自动控制中起到"手"的作用。

1.3　控 制 框 图

由上所述，控制系统由自动控制装置和被控对象组成。每个装置和控制对象构成系统中的一个环节，两个环节之间通过传递的信息联系，如图 1-4 所示。从整个系统来看，设定值 y_s 和干扰变量 f 是控制系统的输入信号，被控变量 y 是系统的输出信号。

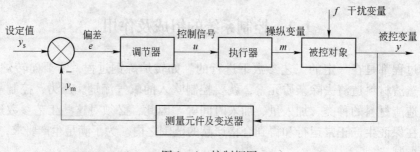

图 1-4　控制框图

控制框图中的方框代表控制系统的一个组成部分，称为"环节"。环节具有单向性，即任何环节只能由输入得到输出，不能逆行。

方框间的单向箭头连线连接两个环节，表示控制系统中这两个环节间信息的传递关系，也就是系统中各环节输入或输出的变量。箭头指出了传递信息的作用方向；箭头送入的信息为该环节的输入信号，箭头送出的信息为该环节的输出信号。

每个环节均有一个传递函数，是每个环节的核心，表示每一个环节输出信号与输入信号之间的关系，即根据该环节的输入信号，通过该环节的传递函数，可以计算确定该环节的输出信号，该关系仅取决于该环节自身的特性。

控制框图中符号 ⊗ 称为相加点，用于多个（两个或两个以上）信号相加或相减，又称为比较元件。相加点处的信号必须是同种变量，具有相同的量纲。相加点可以有多个输入，但输出是唯一的。

控制框图的分支点表示同一信号向不同方向传递。在分支点引出的信号不仅性质和量纲相同，而且数值也相等。下面介绍控制框图中的各种变量：

（1）被控变量 y。指需要控制的工艺参数，它是被控对象的输出信号。在控制系统方框图中，它也是自动控制系统的输出信号。如转炉炼钢的出钢钢液的碳含量、磷含量和出钢温度是转炉炼钢过程控制的被控变量，连铸中间包液位是连铸中间包过程控制的被控对象。

（2）给定值 y_s。对应于生产过程中被控变量的设定值（期望值），即在生产过程中被控变量所需保持的工艺参数值。如连铸中间包钢液深度工艺上规定为 1000mm，这就是中间包液位控制的给定值；转炉炼钢的出钢碳含量 $[C]=0.08\%$、出钢温度 $T=1640℃$，是转炉炼钢自动控制的给定值。

（3）测量值 y_m。由检测元件得到的被控变量的实际值。如在转炉炼钢过程控制中，当供氧量达到总氧量的 80% 时，用副枪测定炉内钢液的碳含量和钢液温度，这时的碳含量和钢液温度就是测量值。

（4）操纵变量 m。它是执行器的输出信号，是具体实现控制作用的变量。在连铸中间包液位自动控制中，就是从钢包流入中间包的流量。在转炉炼钢终点控制中，控制变量是供氧量和冷却剂加入量。生产中通过调节阀控制的各种物料或流量，或者由触发器控制的电压或电流都可以作为控制变量。

（5）干扰（或外界扰动）f。除控制变量以外，引起被控变量偏离给定值的各种因素称为干扰。最常见的干扰因素是负荷改变，电压、电流的波动，气候变化等。在中间包液位控制中，浇铸过程中间包水口尺寸的变化就是一种干扰。转炉炼钢中，氧气和冷却剂成分变化、喷溅等也是对转炉炼钢过程控制的干扰。

（6）偏差信号 e。通常把给定值与测量值的差作为偏差信号，即 $e = y_s - y_m$。在反馈控制中，需要用偏差信号来确定控制器的输出信号。

（7）控制信号 u。控制（调节）器根据偏差按一定规律（调节器的传递函数）计算得到的该环节的输出量。

1.4 控制系统的分类

控制系统按不同的方法可以分成不同的控制系统，如按被控变量分，有温度控制系统、流量控制系统、压力控制系统、液位控制系统、成分控制系统等。按调节器的控制规律来分，有比例控制系统、比例积分控制系统、比例微分控制系统、比例积分微分（PID）控制系统等。下面是按不同方法划分的常用的一些控制系统。

1.4.1 按给定值的特点分

按给定值的特点控制系统可分为：

（1）定值控制系统。定值控制系统的给定值是恒定不变的，控制系统的输出（即被控变量）应稳定在与给定值相对应的工艺指标上，或在规定工艺指标的上下一定范围内变化。图1-5为给定值等于1的定值控制系统的调节过程。在生产过程中，大多数场合要求被控变量保持恒定或在给定值附近。因此，定值控制系统是生产过程控制中最常见的。如连铸中稳定浇注时的铸坯拉速、转炉炼钢恒压变枪供氧操作时的氧气压力或流量、炼铁高炉的风温、风量等。

（2）随动控制系统。随动控制系统的给定值是一个随时间变化的信号，而且这种变化不是预先规定好的，是随机的。图1-6为一个随动控制系统，在 0~300s 的时间段给定值为2，而在300～600s的时间段，给定值变成1。控制系统的任务就是使被控对象的输出值跟随给定值变化。所以，随动控制系统的主要任务是使被控变量能够迅速地、准确无误地跟踪给定值的变化，因此这类系统又称为自动跟踪控制系统。在生产过程中，多见于复杂控制系统中。例如不同炉次的钢水在连浇过程中，如果有的炉次钢水温度变化过大时，铸坯拉速应随钢水温度要适当变化，即高温慢拉，低温快拉；在燃烧控制系统中，由于空气量与燃料量有一定的比例，所以供给的空气量要随燃料量的变化而变化，以保证燃料完全燃烧。

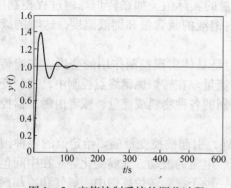

图1-5　定值控制系统的调节过程

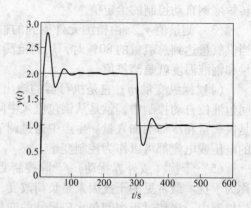

图1-6　随动控制系统的调节过程

（3）程序控制系统。程序控制系统的给定值也是一个不断变化的信号，但这种变化是一个已知的时间函数，给定值按一定的规律随时间变化，即 $y_s = f(t)$，其中，函数 f 是已知的。这类系统在间歇生产过程中的应用比较广泛，如转炉炼钢吹炼枪位控制、复吹转炉底吹气体的种类和流量控制等，它们不是一个恒定的数值，而是一个按工艺要求规定好的时间函数，程序控制系统的任务就是使被控变量按照预先设定好的时间函数变化即可。

1.4.2　按系统被控变量对操作变量影响分

按系统被控变量对操作变量的影响可分为：

（1）闭环控制。图1-4就是一个闭环控制系统。在闭环控制系统中，当被控对象受到干扰而造成被控变量偏离给定值时，被控变量的改变会返回影响操纵变量，所以操纵变量不是独立的变量，它依赖于被控变量。闭环控制系统的最常见形式是负反馈控制系统。当操纵变量使系统的被控变量增大时，反馈影响操纵变量的结果使被控变量减小。负反馈是使系统稳定工作的基本条件。

（2）开环控制。控制系统输出端和输入端之间不存在反馈回路，即缺少了人工控制中的"眼睛"环节和自动控制中的检测元件环节，操纵变量不受系统被控变量的影响。开环控制系统对被控变量不进行检测，系统受到扰动作用时，没有纠偏能力，即无法抗干扰。一个闭环控制系统，当反馈回路断开或调节器置于"手动操作"位置时，就成为开环控制系统，如图1-7所示。由图可知，控制作用直接由给定输入信号产生，信号是单方向传递的。在实际生产中，有时被控变量无法测量，只有采用开环控制。如连铸二冷水流量的控制，在还没有成熟的测量铸坯表面温度的技术出现之前，还不能实现根据铸坯表面实际温度来控制连铸二冷水量的闭环控制，只能采用开环控制。

图 1-7　开环控制系统框图

1.4.3　按系统的复杂程度划分

按系统的复杂程度可分为：

（1）简单控制系统。这类控制系统只有一个简单的反馈回路，所以也可称为单回路控制系统。图 1-4 和图 1-7 都是简单控制系统。

（2）复杂控制系统。工程上的控制系统往往比较复杂，它们可表现为在系统中包含多个调节器、检测变送器或执行器，从而在控制系统中存在有多个回路或者在系统中存在有多个输入信号和多个输出信号。为了和简单控制系统相区别，称其为复杂控制系统。如图 1-8 所示是由两个简单控制系统回路组成的复杂温度控制系统，图中的 TC 为温度调节器、TT 为温度检测器。

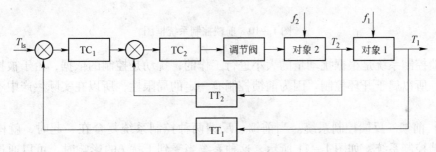

图 1-8　两个回路的反应器温度控制系统

1.4.4　按系统克服干扰的方法分

按系统克服干扰的方法可分为：

（1）反馈控制系统。如图 1-9 所示，当干扰 f 使系统的被控变量发生改变时，被控变量反馈至系统输入端与给定值相比较并得到偏差信号 $e = y_s - y_m$，有了偏差后，系统通过调节器和调节阀输出一个操作变量，以控制系统的输出变量。所以反馈控制的依据是偏差，控制目的是减弱或消除偏差，使被控变量控制在给定值的范围内。

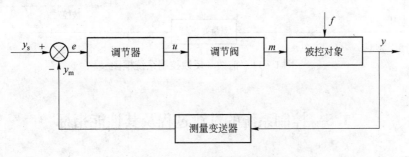

图 1-9　反馈控制系统框图

（2）前馈控制系统。前馈控制系统又称补偿控制系统。针对给定量输入变化或扰动作用下系统会出现误差时，立即将其测量出来，利用前馈补偿装置，根据变化或扰动量的大小，来改变控制量，减小或消除误差，如图 1 – 10 所示。当干扰 f 引起被控对象的输出分量 y_2 改变时，控制系统测得干扰信号的大小，并输入前馈补偿器（或称前馈控制器），由前馈补偿器的输出去控制操纵变量 m，引起被控对象输出分量 y_1 的改变，并且 y_1 与 y_2 的方向相反，由此减弱或消除被控变量 y 受干扰影响而产生变化。当前馈完全补偿时，有 $y = y_1 + y_2 = 0$。只有在扰动可以测量且扰动与被控变量之间的关系已知时，才能采用针对扰动的补偿控制。但往往系统的干扰是不确定的，不能直接测量出来，这时前馈控制系统应用受到限制。

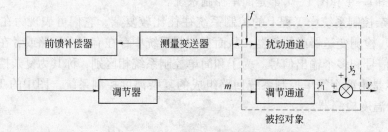

图 1 – 10   前馈控制系统框图

前馈控制系统是根据扰动量的大小进行工作的，扰动是控制的依据，由于被控变量没有反馈，所以属于开环控制。因为前馈控制有一定的局限性，所以在实际生产中不能单独采用。

（3）前馈 – 反馈控制系统。当前馈、反馈两种控制系统复合在一起时，就构成了前馈 – 反馈控制系统，如图 1 – 11 所示。这种系统当受到干扰 f 的影响时，可以通过前馈控制器使被控变量不变，若前馈补偿不完全，还可以通过反馈控制系统加以修正。控制系统受其他因素影响，或系统的给定值发生改变时，则由反馈控制系统加以控制，这种控制系统充分发挥前馈和反馈的各自优势。

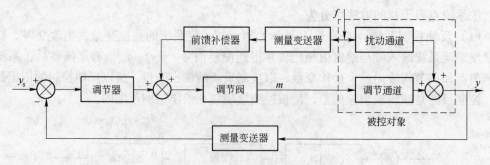

图 1 – 11   前馈 – 反馈控制系统框图

1.5   控制系统的过渡过程及其性能指标

每一个生产过程都有衡量该生产工艺操作水平好与差的指标，如钢水终点温度、终点碳含量、磷含量、氧含量等是判断转炉炼钢工艺操作水平的指标。与生产过程一样，每一个控制系统也有衡量其控制质量（又称控制品质）好坏的指标。

处于平衡状态下的自动控制系统受到干扰作用后，被控变量会发生变化而偏离给定值，这时系统进入过渡过程。自动控制系统的作用就是检测被控变量的变化、计算偏差并消除偏差。在这一过程中，被控变量的变化情况、偏离给定值的最大程度以及系统消除偏差的速度、精度等都是衡量自动控制系统质量的指标。

1.5.1 控制系统的过渡过程

从被控对象在受到输入量或干扰作用下，被控变量由原来的平衡状态偏离给定值时起，调节器开始发挥调节作用，到被控变量回复到给定值附近范围内或达到新的稳定状态所经历的过程，这个过程就是控制系统的过渡过程。它是控制系统在闭环情况下，在干扰和自动控制的共同作用下形成的。

在生产过程中，干扰的形式是多种多样的，而且大部分属于随机性质，其中阶跃干扰（图 1 – 12）对控制系统的影响最大，且最为多见。例如转炉炼钢吹炼过程氧气压力突然变化；电炉炼钢供电电压突然变化等。因此，以后只讨论在阶跃干扰影响下控制系统的过渡过程。

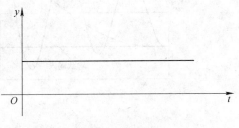

图 1 – 12   阶跃干扰

在阶跃干扰的作用下，控制系统的过渡过程有如图 1 – 13 所示的几种基本形式。图 1 – 13a 是在阶跃干扰下的理想过渡过程。在理想过渡过程中，被控对象受到干扰后，被控变量马上稳定在给定值。实际的过渡过程有以下几种：

（1）衰减振荡过程。如图 1 – 13b 的衰减稳定曲线所示，被控变量在给定值附近上下波动，经过两三个周期就稳定下来。这是一种稳定的过渡过程，在过程控制中，多数情况下都希望得到这样的过渡过程。

（2）非振荡的单调过程。如图 1 – 13b 的单调稳定曲线所示，它表明被控变量单调非振荡趋近于给定值，最终能够稳定下来了，是一个稳定的过渡过程。但与衰减振荡相比，其回复到平衡状态的速度慢、时间长，因此一般不采用。

（3）发散过程。如图 1 – 13c 所示，它表明系统在受到阶跃干扰的作用后，不但不能使被控变量回到给定值，反而越来越偏离给定值，以致超出生产的规定限度，严重时引起事故。这是一种不稳定的过渡过程，因此要尽量避免。发散过程有单调发散和振荡发散两种类型。

（4）等幅振荡过程。如图 1 – 13d 所示，被控变量在给定值附近振荡，且振荡幅度和频率恒定不变。这意味着系统处于临界稳定状态，如果控制系统受到其他干扰因素影响，其过渡过程就会变为发散过程。在实际控制系统中一般不采用，但对于某些工艺上允许被控变量在一定范围内变动的、控制质量要求不高的场合，这种形式的过渡过程还是可以采用的。

综上所述，一个自动控制系统的过渡过程，首先应是一个渐趋稳定的过程，这是满足生产要求的基本保证；其次，在大多数场合下，应是一个衰减振荡的过程。

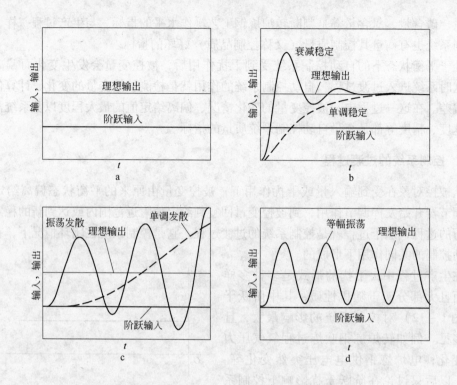

图 1-13　自动控制系统的输出响应

a—理想阶跃响应；b—稳定系统阶跃响应；c—不稳定系统阶跃响应；d—临界稳定系统阶跃响应

1.5.2　控制系统的性能指标

　　控制系统是要使被控过程的被控变量在给定值或在给定值很小的范围内波动，当给定值变化或被控过程受到干扰时，系统的原有平衡被打破，控制系统开始进行调整，各环节作出相应动作，系统进入调整的过渡过程，使被控变量尽快达到新的给定值或重新回到给定值。衰减振荡的过渡过程是人们所希望得到的一种稳定过渡过程。它能使被控变量在受到干扰作用后重新趋于稳定，并且控制速度快、回复时间短。但每一个衰减振荡过程的控制质量并不完全相同。要评价和讨论一个控制系统性能的优劣，就必须建立某些统一的衡量标准。通常采用如下的两大类标准。

1.5.2.1　过渡过程的质量指标

　　过渡过程的质量指标是以系统受到单位阶跃输入作用后的过渡过程曲线（又称响应曲线）的一些特征点给出的，如最大偏差（或最大超调量）、衰减比、余差、回复时间等。下面介绍以阶跃响应曲线形式表示的质量指标。

　　图 1-14 和图 1-15 分别给出了一个定值控制系统和随动控制系统在受到阶跃干扰作用后的衰减振荡过渡过程曲线。对于定值系统与随动系统，由于输入作用于系统的位置不同，故阶跃响应也有所区别。对于定值系统，其过渡过程曲线如图 1-14 所示，由于给定值不变，因此被控变量总是围绕着过程的初始给定值变化；而对于随动系统，其过渡过程曲线如图 1-15 所示，由于给定值随时间变化，整个过渡过程始终围绕这个随时间变化的给定值而波动。由于这种差别，它们所采用的质量指标定义也有所不同。

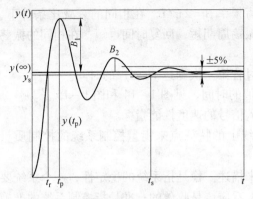

图 1-14　定值控制系统过渡过程曲线

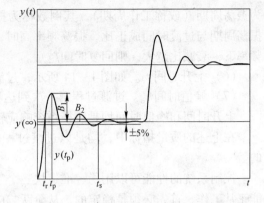

图 1-15　随动控制系统过渡过程曲线

（1）最大偏差 A（或最大超调量 σ）。对定值控制系统，最大偏差是指过渡过程中被控变量第一个波（或最大）的峰值与给定值的差，如图 1-14 中的 $A = y(t_p) - y_s$；在随动控制系统中，通常采用另一个指标——最大超调量 σ，最大超调量定义为最大偏差占被控量稳定值的百分数，如式（1-1）所示。最大偏差或最大超调量越小，系统的过渡过程进行得越平稳。

$$\sigma = \frac{y(t_p) - y(\infty)}{y(\infty)} \times 100\% \tag{1-1}$$

（2）衰减比 η。过渡过程曲线上同向的相邻两个波峰之比，即 $B_1 : B_2$，一般用 $\eta : 1$ 表示。显然 η 愈小，衰减程度愈小。当 $\eta = 1$ 时，过渡过程为等幅振荡；$\eta < 1$ 时，过渡过程则为发散振荡。当 $\eta > 1$ 时，过渡过程为衰减振荡；当 $\eta \to \infty$ 时，过渡过程为单调过程，即单调过渡到给定值。衰减振荡过程的 η 值究竟多大为合适，没有严格的规定。从便于操作管理和过程进行又有适当的速度这两方面结合考虑，一般希望衰减比在 4:1～10:1 之间为好，中国多习惯采用 4:1。虽然 4:1 的衰减过程并不是最优过程，但却是操作人员所希望的过程。

（3）回复时间 t_s。也称过渡时间、调整时间，指被控变量从过渡状态回复到新的平衡状态的时间间隔，即整个过渡过程所经历的时间，如图 1-14 和图 1-15 中的 t_s。从理论上讲，被控变量完全达到新的稳定状态需要无限长的时间，但通常在被控变量进入新稳态值的 ±5% 的范围内不再超出时，就认为被控变量已达到新的稳态值。因此，实际的过渡时间是从扰动开始作用之时起，直至被控变量进入新稳态值的 ±5% 的范围内所经历的时间。即

$$\left| \frac{y(t) - y(\infty)}{y(\infty)} \right| \times 100\% \leqslant 5\%, \ t > t_s \tag{1-2}$$

t_s 越小，系统从一个稳态过渡到另一个稳态需要的时间越短，反之则越长。因此，t_s 可以表征系统响应输入信号速度性能的指标。

（4）余差 $e(\infty)$ 或稳态误差。指过渡过程终了时，被控变量新的稳态值与给定值之差。即 $e(\infty) = y(\infty) - y_s$。在控制系统中，余差反映了系统的控制精度。余差越小，精度越高，控制质量就越好。在实际过程控制中，余差的大小只要能满足生产工艺要求就可以了。$e(\infty) = 0$，为无静差系统，反之为有静差系统。e 为控制系统的稳态指标。

（5）振荡周期 T。过渡过程的第一个波峰与相邻的第二个同向波峰之间的时间间隔称

为振荡周期（或称工作周期），其倒数称为振荡频率 $\beta = 2\pi/T$。在相同的衰减比条件下，振荡周期与过渡时间成正比，振荡频率高时，振荡周期短，回复时间也短；在相同的振荡频率下，衰减比越大，则回复时间越短。

（6）上升时间 t_r。如图 1 – 14 所示，过渡过程第一次到达 $y(\infty)$ 的时间。

（7）峰值时间 t_p。过渡过程第一次到达峰值的时间，见图 1 – 14 和图 1 – 15。

上升时间和峰值时间均是表征系统响应输入信号的速度性能指标。

在上述的质量指标中，均是以过渡过程曲线上的特征点来衡量控制系统的控制质量的。

控制系统的性能可以用稳、准、快三个字来描述。稳是指系统的稳定性，一个系统要能正常工作，首先必须是稳定的，从阶跃响应上看应该是收敛的；准是指控制系统的准确性、控制精度高低，通常用稳态误差来描述；快是指控制系统响应的快速性，通常用上升时间来定量描述。

1.5.2.2　偏差积分性能指标

偏差积分性能指标与过渡过程曲线上的一些特征点代表的质量指标不同，它是偏差沿时间轴上进行积分得到的指标，是系统动态特性的一种综合性能指标，能对整个过渡过程曲线的形状作评价。由上述可知，偏差的幅度及其存在的时间都与指标有关，所以采用偏差积分性能指标则可兼顾衰减比、超调量和过渡过程时间等各单项指标。偏差积分性能指标属于综合性能指标。

常用的有偏差平方积分指标（ISE）、时间乘偏差平方积分指标（ITSE）、偏差绝对值积分指标（IAE）以及时间乘绝对偏差积分指标（ITAE）等，这些值达到最小值的控制系统是最优系统。

假定控制系统希望输出与过渡过程的实际输出分别为 $r(t)$ 和 $y(t)$，则控制系统的过渡过程的动态偏差（又称偏差）$e(t)$ 可定义为

$$e(t) = r(t) - y(t) \tag{1 - 3}$$

或

$$e(t) = y(\infty) - y(t) \tag{1 - 4}$$

（1）偏差平方积分（Integral of Squared Error, ISE）。

$$J = \int_0^\infty e^2(t)\,\mathrm{d}t \rightarrow \min \tag{1 - 5}$$

当偏差 $e(t) > 1$ 时，偏差的平方更大；当偏差 $e(t) < 1$ 时，偏差的平方更小。所以该性能指标着重于表征过渡过程中的大偏差。

（2）时间乘偏差平方积分（Integral of Time and Squared Error, ITSE）。

$$J = \int_0^\infty t e^2(t)\,\mathrm{d}t \rightarrow \min \tag{1 - 6}$$

该指标的大小着重于表征过渡过程中的大偏差（$e > 1$）以及时间过长的过渡过程。

（3）偏差绝对值积分（Integral of Absolute Error, IAE）。

$$J = \int_0^\infty |e(t)|\,\mathrm{d}t \rightarrow \min \tag{1 - 7}$$

IAE 指标在图形上是偏差面积积分。如果偏差越大，且过渡过程时间越长，则 IAE 越大。

（4）时间乘绝对偏差积分（Integral of Time and Absolute Error，ITAE）。

$$J = \int_0^\infty t\,|e(t)|\,\mathrm{d}t \to \min \qquad (1-8)$$

该性能指标降低初始（时间值小）大偏差对性能指标的影响，同时强调了过渡过程后期（时间值大）的偏差对指标的影响，若该值大，表现为过渡过程时间长和/或偏差大。

时间乘绝对偏差积分指标（ITAE），实质上是把偏差面积用时间来加权。同样的偏差积分面积，由于在过渡过程中偏差出现时间的先后不同其目标值 J 是不同的。偏差出现的时间越迟，目标值 J 越大；出现的时间越早，J 值越小。所以说，ITAE 指标对初始偏差不敏感，而对后期偏差非常敏感。

实际上，控制系统的各种性能指标是彼此相关、相互约束的，不可能出现同时都是最好的情况。确定性能指标时应主要看能否满足工艺的要求，如对于定值控制系统，一般要求被控变量最大偏差小、尽可能快地回复到给定值；对于随动控制系统，要求被控变量以一定精度快速跟上给定值的变化。因此希望超调量小，调节时间尽可能短。

2 过程控制的建模

2.1 被控对象的建模及特性

控制质量的好坏主要取决于自动控制系统的结构及其各个环节的特性。其中，被控对象的特性是由生产工艺过程和工艺设备决定的，在控制系统的设计中是无法改变的。因此，必须深入了解被控对象的特性，才能设计出合适的控制方案，取得良好的控制质量。

被控对象的特性是指当被控对象的输入变量发生变化时，其输出变量随时间的变化规律。从控制框图 1-4 可知，被控对象的输出变量就是控制系统的输出变量；被控对象的输入变量包括控制系统的操纵变量和干扰作用；被控对象输入变量与输出变量之间的关系称为这两者之间的通道，同理，控制通道为操纵变量与被控变量之间的关系，干扰通道为干扰作用与被控变量之间的关系。

在不同的生产过程中，被控对象千差万别，在设计一个过程控制系统时，首先需要知道被控对象的数学模型。控制系统的设计就是根据被控对象的数学模型，按照控制要求来设计控制系统。过程控制系统数学模型的建立有两个基本方法。

2.1.1 建模方法

通常对被控对象建立数学模型的方法有机理建模、测试建模和将这两种建模方法结合起来的混合建模。

2.1.1.1 机理建模

根据实际过程发生的变化机理，写出各种有关的平衡方程，如在连续生产过程中，最基本的关系是质量守恒、动量守恒和能量守恒。它们可表述为：

（1）在稳态条件下：

$$w_1 = w_2$$

式中，w_1 为单位时间流入系统的质量（或能量）；w_2 为单位时间流出系统的质量（或能量）。

（2）在非稳态条件下：

$$w_1 - w_2 = \frac{\mathrm{d}w}{\mathrm{d}t}$$

式中，$\mathrm{d}w/\mathrm{d}t$ 为系统内质量（或能量）贮存量的变化率。

被控对象的机理建模就是由这种平衡关系推导出来的微分方程式。对微分方程求解，就可得到被控变量与输入变量之间的函数关系。

2.1.1.2 测试建模

由于过程控制对象的复杂性、多变性等原因，大多数情况下无法采用机理建模，这时可以采用测试建模的方法确定控制系统的数学模型。这种方法是把实际工业过程看为一个黑匣子，不需要深入掌握其内部机理，只要根据实际过程在动态或扰动输入下，测出过程被激励状态下的输出实测数据，进行某种数学处理后，可以得到控制过程的模型。实际上，为了有效地进行实际过程的动态特性测试，依然有必要了解过程内部的机理，知道哪些是过程的主要影响因素以及它们的因果关系等，以便对过程对象建立合理的模型。

用测试法建模要比用机理法建模简单，尤其对于复杂的工业过程更明显。如果机理建模和测试建模都能达到同样的控制精度，一般采用测试法建模。

2.1.1.3 混合建模

将机理建模与测试建模结合起来，称为混合建模。混合建模是一种比较实用的方法，它先由机理分析的方法提出数学模式的结构形式，然后对其中某些未知的或不确定的参数利用试验的方法确定。这种在已知模型结构的基础上，通过实测数据来确定数学表达式中某些参数的方法，称为参数估计。

2.1.2 被控对象的机理建模

下面以工业过程中最简单的液位控制为例，分析推导被控对象的机理建模过程。

2.1.2.1 单容液位对象

A 有自衡特性的单容对象——连铸中间包液面控制

图 2-1 所示是一个连铸中间包液位被控对象，输出变量为液位 H，钢液流入中间包的体积流量 q_1 由钢包水口的开口度来调节，中间包的钢液流出体积流量 q_2 决定于中间包液位和中间包水口的开口度。显然，在任何时刻中间包的液位的变化均满足下面的物料平衡关系

$$q_1 - q_2 = \frac{dV}{dt} \qquad (2-1)$$

式中　q_1——钢液流入中间包的体积流量；

　　　q_2——钢液流出中间包的体积流量；

　　　V——中间包钢液的体积；

　　　t——时间；

　　　$\dfrac{dV}{dt}$——中间包钢液体积随时间的变化率。

设中间包截面积为 A，忽略其包壁的倾斜度，则

$$V = A \times H \qquad (2-2)$$

所以

$$\frac{dV}{dt} = A \frac{dH}{dt} \qquad (2-3)$$

在稳态条件下，$\dfrac{dV}{dt} = 0$，$q_1 = q_2$，此时中间包液位 H 恒定。当只有 q_1 发生变化时，液位 H 将随之变化，中间包水口处的静压力随之发生变化，流出中间包的钢水流量 q_2 亦发生变化，q_2 与中间包液位高度 H

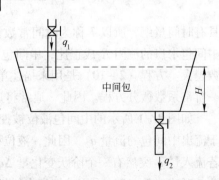

图 2-1　连铸中间包液位控制对象

的关系为

$$q_2 = C_2 A_2 \sqrt{2gH} = C\sqrt{H} \tag{2-4}$$

式中　A_2——中间包水口开口面积；

　　　C_2——中间包水口流量系数。

$$C = C_2 A_2 \sqrt{2g}$$

将式（2-4）、式（2-3）代入式（2-1），得

$$A\frac{\mathrm{d}H}{\mathrm{d}t} + C\sqrt{H} = q_1 \tag{2-5}$$

这是一个非线性方程，该方程对任何的 q_1，H 的变化均是严格按照该数学模型变化的。为了能够应用线性理论对系统进行分析和设计，需要对上述的非线性方程进行线性化处理。q_2 与 H 是一个非线性的关系，在平衡点（H_0，$q_{2,0}$）附近进行线性化处理，即将 $q_2 = C\sqrt{H}$ 在平衡点（H_0，$q_{2,0}$）附近进行泰勒级数展开且只取线性项，得

$$q_2 = q_{2,0} + \frac{\mathrm{d}q_2}{\mathrm{d}H}\bigg|_{H=H_0}(H - H_0) \tag{2-6}$$

$$\Delta q_2 = q_2 - q_{2,0} = \frac{C}{2\sqrt{H_0}}\Delta H = \frac{\Delta H}{R_s} \tag{2-7}$$

式中，$R_s = \dfrac{2\sqrt{H_0}}{C}$，称为中间包水口流阻。将坐标原点取在平衡点（$H_0$，$q_{2,0}$）上时，可使初始条件为零，于是可得

$$q_2 = \frac{H}{R_s} \tag{2-8}$$

将式（2-3）和式（2-8）代入式（2-1），整理得

$$AR_s\frac{\mathrm{d}H}{\mathrm{d}t} + H = R_s q_1 \tag{2-9}$$

令 $T = AR_s$，$K = R_s$，并代入式（2-9），可得

$$T\frac{\mathrm{d}H}{\mathrm{d}t} + H = Kq_1 \tag{2-10}$$

T 的量纲为

$$[AR_s] = \left(A\frac{2\sqrt{H_0}}{C}\right) = \left(A\frac{2\sqrt{H_0}}{A_2\sqrt{2g}}\right) \sim \left(L^2\frac{L^{1/2}}{L^2 L^{1/2} t^{-1}}\right) = [t]$$

具有时间量纲，所以 T 称为时间常数。在这里，时间常数 T 与中间包的水平截面积 A 和中间包水口的流阻 R_s 成正比，中间包水平截面积 A 和中间包水口的流阻 R_s 越大，时间常数越大。方程（2-10）是用来描述单容容器被控对象液位变化的微分方程式，它是一个一阶常系数微分方程。因此，通常将这样的被控对象叫做一阶被控对象。

  如图 2-1 所示的中间包液位被控对象，若在初始平衡状态，流入中间包的流量 q_1 等于流出中间包的流量 q_2。因此，液位稳定在某一数值 H_0 上，处于平衡状态。在 t_0 时刻后，若流入量 q_1 突然有一个阶跃变化量 Δq_1，则可由式（2-10）求出相应的液位变化量。

  对式（2-10）采用求解齐次线性方程和参数变易法，可得其解为

$$H = e^{-\int_0^t \frac{1}{T}\mathrm{d}t} \int_0^t \frac{K}{T} q_1 e^{\int_0^t \frac{1}{T}\mathrm{d}t} \mathrm{d}t \qquad (2-11)$$

$$H = e^{-\frac{1}{T}t} \left(Kq_1 e^{\frac{1}{T}t} - Kq_1 \right)$$

$$H = \left(Kq_1 - Kq_1 e^{-\frac{1}{T}t} \right)$$

$$H = Kq_1 \left(1 - e^{-\frac{1}{T}t} \right) \qquad (2-12)$$

在 $t = t_0$ 时，由于 q_1 突然有一个阶跃变化量 Δq_1，则液位变化量为

$$\Delta H = K\Delta q_1 \left(1 - e^{-(t-t_0)/T} \right) \qquad (2-13)$$

由式（2-13）可得在相同的 $K\Delta q_1$ 下，不同的时间常数的中间包液位变化值与时间的关系，如图 2-2 所示。由图可知，在相同的 K 值和输入量变化下，具有大的时间常数的被控对象，要达到稳定的输出量需要的时间更长。因此，时间常数是反映被控对象在受到干扰后，过渡过程快慢的一个特性参数。

根据式（2-12）画出图 2-1 中间包液位被控对象在阶跃输入作用下的特性曲线如图 2-3 所示。从曲线上可以看出，在初始阶段，由于 q_1 突然增加而流出量 q_2 还没有变化，因此液位 H 上升速度很快；随着液位的上升，中间包出口处的静压增大，因此 q_2 随之增加，q_1 与 q_2 之间的差值就越来越小，液位 H 的上升速度就越来越慢，由式（2-13）和图 2-3 可以看出，当 $t \to \infty$ 时，

$$\Delta H = K \times \Delta q_1 \qquad (2-14)$$

因为 K 和 Δq_1 均为常数，所以液位重新处于新的平衡状态。在新的液位平衡状态下，流入和流出中间包的体积流量重新建立以下的平衡关系

$$q_1 = q_2$$

这就是被控对象的自衡特性。从式（2-14）可知，$K = \Delta H / \Delta q_1$，其值为输出量的变化值

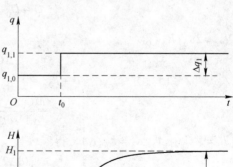

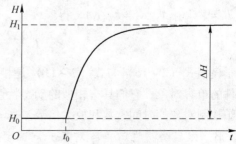

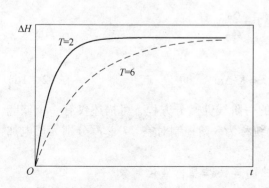

图 2-2 不同时间常数的液位变化与时间的关系　　　　图 2-3 单容自衡特性曲线

与输入量的变化值之比，相当于输入量变化 Δq_1 后，经过被控对象这一环节，输入量被放大了 K 倍，成为输出量的变化值。因此，K 称为放大系数。

自衡特性是指当输入变量发生变化，破坏了被控对象的原有平衡而引起输出变量变化，在无人为干预的情况下，被控对象自身能重新恢复平衡的特性。

被控对象的自衡特性有利于控制，在某些情况下，使用简单的控制系统就能得到良好的控制质量，甚至有时可以不用设置控制系统，但输出变量会发生变化，输入与输出是在新的状态下达到平衡。在实际中，这种自衡现象还是比较少见的，毕竟在实际中，容器体积是有限的，当还未达到新的平衡时，有时就可能会发生其内的液体溢出或流干的情况。

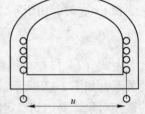

下面举电加热炉的例子，了解加热炉温度控制的建模过程。电加热炉如图 2-4 所示，控制对象的被控变量为炉温 T，控制变量为电阻丝两端的电压 u。设加热电阻丝的质量为 M，比热为 C_p，热量通过传热系数 α 和传热面积 A 传递给炉内，升温前炉内温度为 T_0，设单位时间内电阻丝产生的热量为 Q，若忽略热损失，则由能量守恒得

图 2-4　电加热炉示意图

$$MC_\mathrm{p}\frac{\mathrm{d}(T-T_0)}{\mathrm{d}t}+\alpha A(T-T_0)=\Delta Q \qquad (2-15)$$

从电学原理可知，单位时间电阻丝产生的热量 Q 与电压 u 的平方成正比，即

$$Q=\frac{u^2}{R}$$

Q 与 u 是非线性关系。在平衡点（Q_0，u_0）附近进行线性化，由 Q 对电压 u 的泰勒级数展开式前两项，得

$$Q=Q_0+\left.\frac{\mathrm{d}Q}{\mathrm{d}u}\right|_{Q_0}(u-u_0)$$

$$Q-Q_0=\frac{2u_0}{R}(u-u_0)$$

令 $K_\mathrm{u}=2u_0/R$，得

$$\Delta Q=K_\mathrm{u}\Delta u$$

代入式（2-15）并令 $\Delta T=T-T_0$，得

$$\frac{MC_\mathrm{p}}{\alpha A}\frac{\mathrm{d}\Delta T}{\mathrm{d}t}+\Delta T=\frac{K_\mathrm{u}}{\alpha A}\Delta u$$

令 $T'=MC_\mathrm{p}/\alpha A$，$K'=K_\mathrm{u}/\alpha A$，得

$$T'\frac{\mathrm{d}\Delta T}{\mathrm{d}t}+\Delta T=K'\Delta u \qquad (2-16)$$

数学模型式（2-16）与式（2-11）是相同的一阶线性微分方程，可描述仅有一个储能部件的单容对象，它们具有相似的动态特性，统称为一阶控制对象。T'、K' 分别为该电加热炉控制对象的时间常数和放大倍数。

    B　无自衡特性的单容对象——恒定拉速的连铸结晶器液位对象

在实际生产中，有一类无自衡特性的被控对象。图 2-5 为恒定拉速的连铸结晶器液位对象，就是一个典型的无自衡特性的例子。由于结晶器的出口流量 q_2 恒定，不随液面

变化而变化，因此对象的质量守恒动态方程为

$$q_1 - q_2 = \Delta q = A \frac{\mathrm{d}H}{\mathrm{d}t} \qquad (2-17)$$

设在 t_0 时刻之前，被控对象处于平衡状态，即

$$q_1 = q_2$$

假定在 t_0 时刻结晶器的流入量突然有一个阶跃变化 Δq_1，则 $\Delta q = q_1 + \Delta q_1 - q_2 = \Delta q_1$。对式 (2-17) 积分可得

$$H - H_0 = \Delta H = \frac{\Delta q_1}{A}(t - t_0) \qquad (2-18)$$

它的特性曲线如图 2-6 所示。由于结晶器的流出量不变，所以当流入量突然增加 Δq_1 时，如果 $(q_1 + \Delta q_1) > q_2$，液位 H 将随时间 t 的推移恒速上升，不会重新稳定下来，直至钢水从结晶器顶部溢出；如果 $(q_1 + \Delta q_1) < q_2$，则液面下降，直到结晶器中的钢水被拉完为止。这就是被控对象的无自衡特性。无自衡特性的被控对象在受到扰动作用后不能重新恢复平衡，控制起来困难些，因此控制系统要求较高。对这类被控对象除必须施加控制外，还常常设有自动报警系统。

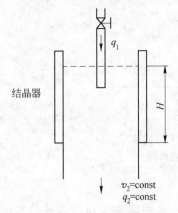

图 2-5　恒定拉速的连铸结晶器液位对象

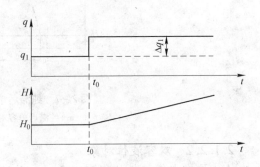

图 2-6　单容无自衡特性的曲线

C　具有纯延迟的单容对象

在实际生产中，有的控制对象具有延迟现象。如高炉炼铁，如果炉料组成发生变化，要经过较长的时间才能对铁水成分和（或）温度产生影响。对于有延迟特性的被控对象，在控制方案上要有相应的对策。下面对具有纯延迟的单容对象进行建模。在图 2-7a 的蓄水容器中，如果进水调节阀距离该容器有一段较长的距离。因此，该调节阀的开度变化引起进水流量的变化需要经过一段传输时间 τ_0 才能对容器液位产生影响，τ_0 称为纯延迟时间。有纯延迟的单容对象的微分方程为

$$\frac{\mathrm{d}H}{\mathrm{d}t} + \frac{1}{T}H = \frac{K}{T}q_1(t - \tau_0) \qquad (2-19)$$

在图 2-7 中，被控对象本身是一个单容容器，它的阶跃响应曲线如图 2-7b 中的虚线 line1 所示。当控制阀开度变化而产生扰动后，水要经过较长的流动通道才流入水槽，即需要经过一段传输时间才会使流量 q_2 也跟着变化并开始对水位发生影响。因此水位的实际阶跃响应过程如图 2-7b 中实线 line2 所示，它等于曲线 1 向右平移一个距离 τ_0。

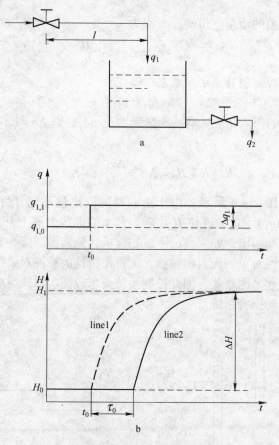

图 2 - 7　纯滞后单容对象及响应曲线
a—纯滞后单容对象；b—响应曲线

2.1.2.2　双容液位对象

A　具有自衡特性的双容对象——拉速可变的连铸中间包与结晶器液位系统

当结晶器的铸坯拉速可以根据中间包的液位变化而变化时，这时的中间包和结晶器就构成了具有自衡特性的双容被控对象，拉速可变的连铸中间包与结晶器液位系统如图 2 - 8 所示。它相当于两个串联在一起的容器，两者的液位是不同的。钢包的钢液以 q_1 的流量首先进入中间包，然后再通过中间包以流量 q_2 流入结晶器，最后以流量 q_3 流出。流入量 q_1 由钢包水口开口度控制，中间包钢液流出量 q_2 决定于中间包水口的开口度，被控变量是结晶器的液位 h_2。下面分析 h_2 在钢包水口开度扰动下的动态特性。

根据质量守恒可以写出两个关系式。中间包的动态平衡关系为

$$q_1 - q_2 = A_1 \frac{\mathrm{d}h_1}{\mathrm{d}t} \tag{2-20}$$

结晶器的动态平衡关系为

$$q_2 - q_3 = A_2 \frac{\mathrm{d}h_2}{\mathrm{d}t} \tag{2-21}$$

式（2 - 20）与式（2 - 21）相加得

$$q_1 - q_3 = A_1 \frac{\mathrm{d}h_1}{\mathrm{d}t} + A_2 \frac{\mathrm{d}h_2}{\mathrm{d}t} \tag{2-22}$$

同理，在 q_2、q_3 变化量极小时，通过线性化处理，水流出量与液位的关系近似为

$$q_2 = \frac{h_1}{R_{s1}} \tag{2-23}$$

$$q_3 = \frac{h_2}{R_{s2}} \tag{2-24}$$

将式（2-23）和式（2-24）代入式（2-21），得

$$\frac{h_1}{R_{s1}} - \frac{h_2}{R_{s2}} = A_2 \frac{dh_2}{dt} \tag{2-25}$$

对时间微分，得

$$\frac{dh_1}{dt} = \frac{R_{s1}}{R_{s2}} \frac{dh_2}{dt} + A_2 R_{s1} \frac{d^2 h_2}{dt^2} \tag{2-26}$$

将式（2-24）和式（2-26）代入式（2-22），得

$$A_1 A_2 R_{s1} R_{s2} \frac{d^2 h_2}{dt^2} + (A_1 R_{s1} + A_2 R_{s2}) \frac{dh_2}{dt} + h_2 = R_{s2} q_1 \tag{2-27}$$

式中 A_1，A_2——分别为中间包和结晶器的截面积；

R_{s1}，R_{s2}——分别为中间包水口和结晶器的流量阻力系数。

令 $T_1 = A_1 R_{s1}$，$T_2 = A_2 R_{s2}$，$K = R_{s2}$，则上式变为

$$T_1 T_2 \frac{d^2 h_2}{dt^2} + (T_1 + T_2) \frac{dh_2}{dt} + h_2 = K q_1 \tag{2-28}$$

式（2-28）是描述有自衡特性的双容容器被控对象的二阶微分方程式。通常，这样的被控对象叫做二阶被控对象。式中的 T_1 为中间包的时间常数，T_2 为结晶器的时间常数，K 为被控对象的放大倍数。图 2-9 显示了有自衡特性双容容器在阶跃输入 Δq_1 的作用下的响应曲线。

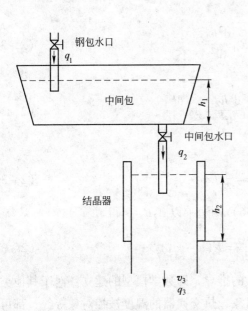

图 2-8 拉速可变的连铸中间包与
结晶器液位系统

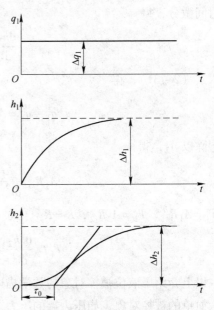

图 2-9 有自衡特性双容容器在
阶跃输入作用下的响应曲线

B 无自衡特性的双容对象——恒拉速的连铸中间包结晶器液位系统

当结晶器的铸坯拉速恒定不变，而中间包水口开口度也不变时，这时的中间包和结晶器就构成了无自衡特性的双容被控对象，拉速不变的连铸中间包与结晶器液位系统如图2－10所示。

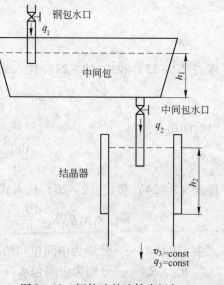

被控对象由一个有自衡特性的单容对象（中间包）和一个无自衡特性的单容对象（结晶器）串联组成，由质量守恒定律可得

$$q_1 - q_2 = A_1 \frac{\mathrm{d}h_1}{\mathrm{d}t} \qquad (2-29)$$

$$q_2 - q_3 = A_2 \frac{\mathrm{d}h_2}{\mathrm{d}t} \qquad (2-30)$$

两式相加，得

$$q_1 - q_3 = A_1 \frac{\mathrm{d}h_1}{\mathrm{d}t} + A_2 \frac{\mathrm{d}h_2}{\mathrm{d}t} \qquad (2-31)$$

线性化处理，得

图2－10　恒拉速的连铸中间包结晶器液位系统

$$q_2 = \frac{h_1}{R_{s1}} \qquad (2-32)$$

上式代入式（2－30），得

$$\frac{h_1}{R_{s1}} - q_3 = A_2 \frac{\mathrm{d}h_2}{\mathrm{d}t} \qquad (2-33)$$

对时间微分，得

$$\frac{\mathrm{d}h_1}{\mathrm{d}t} = A_2 R_{s1} \frac{\mathrm{d}^2 h_2}{\mathrm{d}t^2} \qquad (2-34)$$

代入式（2－31），得

$$q_1 - q_3 = A_1 A_2 R_{s1} \frac{\mathrm{d}^2 h_2}{\mathrm{d}t^2} + A_2 \frac{\mathrm{d}h_2}{\mathrm{d}t} \qquad (2-35)$$

两边除以 A_2，得

$$A_1 R_{s1} \frac{\mathrm{d}^2 h_2}{\mathrm{d}t^2} + \frac{\mathrm{d}h_2}{\mathrm{d}t} = \frac{1}{A_2}(q_1 - q_3) \qquad (2-36)$$

令 $T_1 = A_1 R_{s1}$，$T_2 = A_2 R_{s2}$，$K = R_{s2}$，式（2－36）两边乘以 $A_2 R_{s2}$，得

$$T_1 T_2 \frac{\mathrm{d}^2 h_2}{\mathrm{d}t^2} + T_2 \frac{\mathrm{d}h_2}{\mathrm{d}t} = K(q_1 - q_3) \qquad (2-37)$$

以上介绍了液位被控对象的数学描述形式的推导，即数学模型的建立。对于其他类型比较简单的被控对象，如压力罐的压力被控对象、热交换器的温度被控对象等等，都可以用这种方法建立其数学模型。对于复杂的被控对象，直接用数学方法来建立模型是比较困难的。另外，数学模型除了用方程式表示外，还可以用图形、表格等形式来表示。

2.1.3　被控对象的特性参数

2.1.3.1　放大系数

式（2-13）、式（2-28）和式（2-37）中的 K 就是被控对象的放大系数，又称静态增益，是被控对象重新达到平衡状态时的输出变化量与输入变化量之比。如图 2-3 所示，容器液位在阶跃干扰作用下产生变化，当它重新达到平衡状态时，液位 H 稳定在一个新的数值上。此时，输出变化量 ΔH 与输入变化量 Δq_1 由式（2-13）可得

$$K = \lim_{t \to \infty} \frac{\Delta H}{\Delta q_1 (1 - e^{-t/T})} = \frac{\Delta H}{\Delta q_1} \qquad (2-38)$$

由上述结果可以归纳出有关放大系数的几个一般性结论：

（1）放大系数 K 表达了被控对象在阶跃输入作用下重新达到平衡状态的性能，是不随时间变化的参数。所以 K 是被控对象的静态特性参数。

（2）在相同的输入变化量作用下，被控对象的 K 越大，输出变化量就越大，即输入对输出的影响越大，被控对象的自身稳定性越差；反之，K 越小，被控对象的稳定性越好。

K 在任何输入变化情况下都是常数的被控对象，称为线性对象。输入不同的变化量被控对象的放大系数不为常数的被控对象，称为非线性对象。非线性对象是比较难控制的对象。

处于不同通道的放大系数 K 对控制质量的影响是不一样的。对控制通道而言，如果 K 值大，则即使调节器的输出变化不大，即被控对象的输入量不大，对被控变量的影响也会很大，控制很灵敏。对于这种对象其控制作用的变化应相应的和缓一些，否则被控变量波动较大，不易稳定。反之，K 小，该环节易稳定，但会使被控变量变化迟缓。对干扰通道而言，如果 K 较小，即使干扰幅度很大，也不会对被控变量产生很大的影响；若 K 很大，则当干扰幅度较大而又频繁出现时，系统就很难稳定，除非设法排除干扰或者采用较为复杂的控制系统，否则很难保证控制质量。

2.1.3.2　时间常数

时间常数 T 是指当被控对象受到阶跃输入作用后，被控变量保持初始速度变化，达到新的稳态值所需的时间。从自衡特性的单容对象特性方程

$$\Delta H = K \Delta q_1 (1 - e^{-(t - t_0)/T}) \qquad (2-39)$$

可知，当 $t - t_0 = T$ 时，有

$$\Delta H = K \Delta q_1 (1 - e^{-1}) = 0.632 K \Delta q_1 = 0.632 \Delta H_\infty \qquad (2-40)$$

换言之，时间常数 T 是当被控对象受到阶跃输入作用后，被控变量达到新的稳态值的 63.2% 所需时间。如图 2-11 所示。

时间常数 T 是由于物料或能量的传递受到一定的阻力而引起的，反映被控变量达到稳定状态的快慢，因此，它是被控对象的一个重要动态参数。图 2-12 显示了不同时间常数下单容对象的响应曲线。随着时间常数 T 的增加，输出量到达新稳态值的时间也变长。

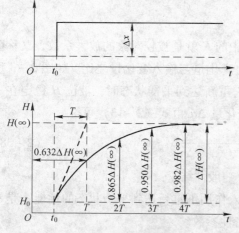
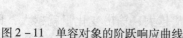

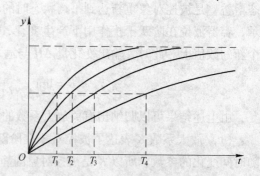

图 2 - 11　单容对象的阶跃响应曲线　　　　　　　图 2 - 12　不同时间常数比较

处于不同通道的时间常数对控制系统的影响是不一样的。对于控制通道，若时间常数大，则控制对象的输出量需要较长的时间才能达到新的稳定值，即被控变量的变化比较缓和，一般来讲，这种被控对象比较稳定，容易控制，但缺点是控制过于缓慢；若时间常数小，则被控变量的变化速度快，不易控制。因此，时间常数太大或太小，对过程控制都不利。而对于干扰通道，时间常数大则有明显的好处，此时阶跃干扰对系统的影响会变得比较缓和，被控变量的变化平稳，被控对象容易控制。

如果在控制通道上有两个或更多个时间常数，则最大的时间常数决定过程的快慢。

由上面的推导过程可知，对于自衡单容液位被控对象，时间常数和放大系数分别等于 $T = AR_s$，$K = R_s$。流阻 R_s 对放大系数 K 和时间常数都有影响，R_s 越大，被控对象的放大系数和时间常数越大。A 在这里为对象的截面积，它只对时间常数有影响，A 越大，T 就越大。称 A 为容量系数。

2.1.3.3　滞后时间

有不少对象，在受到输入变量的作用后，其被控变量并不立即发生变化，而是过一段时间才发生变化，这种现象称为滞后现象。滞后时间是描述对象滞后现象的动态参数。根据滞后性质的不同可分为传递滞后和容量滞后两种。

A　传递滞后 τ_0

传递滞后 τ_0 又称纯滞后。是由于信号的传输、介质的输送或热的传递要经过一段时间而产生的。如图 2 - 7a 所示的单容对象，在当进水阀门加大进水流量后（即阶跃输入），进水流量的变化需等这部分水流到被控对象中后，才会影响容器的水位。若以进水流量作为对象的输入，以容器液位作为对象的输出，则其响应曲线如图 2 - 7b 所示。显然纯滞后 τ_0 与进水管的水流速度 u 和流动距离 L 有如下关系

$$\tau_0 = \frac{L}{u}$$

(2 - 41)

B 容量滞后 τ_c

容量滞后一般是由于物料或能量的传递过程中受到一定的阻力而引起的,或者说是由于容量数目多而产生的,例如连铸过程,钢包水口流量的变化要经过中间包这一中间容器后才对结晶器的液位产生影响。如图 2 - 8 所示的双容液位对象,从其响应曲线图 2 - 9 可以看出结晶器液位变化和中间包的液位变化不同。容量滞后时间就是在响应曲线的拐点处作切线,切线与时间轴的交点与被控变量开始变化的起点之间的时间间隔就是容量滞后时间。

从原理上讲,传递滞后和容量滞后的本质是不同的,但实际上很难严格区分。当两者同时存在时,通常把这两种滞后时间加在一起,统称为滞后时间

$$\tau = \tau_0 + \tau_c \tag{2-42}$$

在控制系统中,滞后的影响与其所在的通道有关。对控制通道来讲,滞后的存在不利于控制。例如,调节器距被控对象较远,控制作用的效果要隔一段时间才能显现出来,这将使控制不够及时,在干扰出现后不能迅速调节,严重影响控制质量。如高炉炼铁过程的控制,由于高炉容量大,如果炉料发生变化或者误操作造成炉料结构变化时,需要很长时间才能对炉况产生影响,才能反映出变化和偏差,使得控制不及时,严重时甚至会造成生产事故。

而对于干扰通道,纯滞后只是推迟了干扰作用的时间,因此对控制质量没有影响;而容量滞后则可以缓和干扰对被控变量的影响,因而对控制系统是有利的。

2.1.4 测试建模

对于一些复杂的生产过程,难以采用机理建模,这时就要通过对被控对象的实验测试求出其特性参数。在工程上常常用实验方法测定对象的动态特性,原因如下:

(1) 一些对象的动态特性虽可运用基本理论来推导求解,但由于实际生产的被控对象的物理化学过程是复杂的,在数学推导过程中必须作许多假设和简化,推导的结果尚需实验测试来验证。

(2) 实际工业对象的机理很复杂,有时很难用数学方法推导,这时只能用实验方法来测定对象的动态特性,以建立其数学模型。

(3) 有许多被控对象的特性在运行过程中会随工况变化而改变,或随其他因素而改变,为了提高控制系统的品质,有时需要采用自整定控制或自适应控制,这种系统就非得在运行过程中用实验方法测定对象的动态特性不可。

被控对象的实验测定法,就是给所要研究的对象人为地输入一个扰动信号,然后测定被控对象输出变量随时间的变化规律,得出一系列的实验数据或曲线,这些数据和曲线就表征了一定的被控对象的特性。

被控对象的实验测定方法有多种,它们主要区别于所加入的输入变量的信号形式。下面介绍两种常用的方法。

2.1.4.1　响应曲线法

响应曲线法就是用实验的方法测定对象在阶跃输入作用下，其输出量随时间的变化规律。

A　单点法

如要测定有纯滞后单容容器液位对象的动态特性，假定在时间 $t = t_0$ 前，对象处于稳定状态，液位 y 保持不变；在 t_0 时刻，突然开大进水阀，使对象的输入量 x 增加 Δx 并一直保持不变，即加入一个阶跃输入，测出对象输出量 y 从 t_0 时刻起随时间 t 的变化规律，就得到容器液位的特性曲线，如图 2 – 13 所示。

将测得的响应曲线转化成近似的数学表达式有三个步骤。

（1）求静态放大系数。静态放大系数是被控对象重新达到平衡状态时的输出变化量与输入变化量之比，即

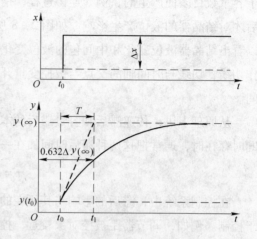

图 2 – 13　响应曲线法

$$K = \frac{y(\infty) - y(t_0)}{\Delta x} \tag{2 – 43}$$

式中，Δx 为阶跃输入幅值，$y(\infty) - y(t_0) = \Delta y$ 是在阶跃输入作用下控制对象被控变量达到新的稳定值后的变化值，如图 2 – 13 所示。

（2）求时间常数 T。在响应曲线上找到输出量变化至终值 63.2% 时的坐标点，它所对应的时刻与输出量开始变化时的时刻之差就是时间常数 T，如图 2 – 13 所示。

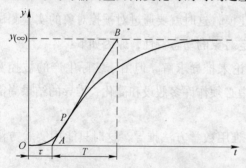

图 2 – 14　有延迟时间的对象的响应曲线

（3）求纯滞后时间 τ。对于有延迟时间 τ 的对象，其相应曲线如图 2 – 14 所示。为了求得有滞后对象的 T 和 τ 的值，在图 2 – 14 所示的响应曲线上，在拐点 P 处作切线，它与时间轴交于 A 点，与响应稳态值渐近线交于 B 点。图中所标出的 T 和 τ 即为所求之值。

单点法被广泛应用于 PID 调节器的参数确定中。单点法在拐点 P 处作切线来确定 T 和 τ 的值，通过一点作切线的画法有较大的随意性，这关系到 T 和 τ 值的精确度。为了提高确定 T 和 τ 的精确度，可采用下面的两点法。

B　两点法

确定有纯滞后的一阶对象的特征参数时，针对单点切线法不够准确的缺点，可利用阶跃响应曲线上的两点来计算出 T 和 τ 之值。

为了便于处理，首先将 $y(t)$ 转换成无量纲形式 $y^*(t)$，即定义

$$y^*(t) = \frac{y(t)}{y(\infty)} \qquad\qquad (2-44)$$

这样，由式（2-12）和当 $t\to\infty$ 时有 $y(\infty)=kx$，并考虑有纯滞后时，相对应的阶跃响应无量纲形式为

$$y^*(t) = \begin{cases} 0 & \text{当 } t<\tau \\ 1-e^{-\frac{t-\tau}{T}} & \text{当 } t\geqslant\tau \end{cases} \qquad\qquad (2-45)$$

为了求出两个参数 T 和 τ，需要建立两个方程联立求解。为此，需选择两个时刻 t_1 和 t_2，并且 $t_2 > t_1 \geqslant \tau$。现从测试结果中读出 $y^*(t_1)$ 和 $y^*(t_2)$，列出方程如下

$$y^*(t) = \begin{cases} 1-e^{-\frac{t_1-\tau}{T}} = y^*(t_1) \\ 1-e^{-\frac{t_2-\tau}{T}} = y^*(t_2) \end{cases} \qquad\qquad (2-46)$$

由上述方程组可以解出 T 和 τ 之值

$$T = \frac{t_2-t_1}{\ln[1-y^*(t_1)] - \ln[1-y^*(t_2)]} \qquad\qquad (2-47)$$

$$\tau = \frac{t_2\ln[1-y^*(t_1)] - t_1\ln[1-y^*(t_2)]}{\ln[1-y^*(t_1)] - \ln[1-y^*(t_2)]} \qquad\qquad (2-48)$$

为了计算方便，取 $y^*(t_1)=0.39$，$y^*(t_2)=0.63$，则可得

$$T = 2(t_2-t_1) \qquad\qquad (2-49)$$

$$\tau = 2t_1 - t_2 \qquad\qquad (2-50)$$

响应曲线法是一种比较简单的对象特性实验测定方法，但由于实际生产过程中的干扰因素较多，而且一般不允许输入量变化太大，通常为额定值的 5%~10%，因此这种方法的精度较差。

2.1.4.2 脉冲响应法

脉冲响应法是用实验的方法测取对象在矩形脉冲输入信号作用下，其输出量随时间的变化规律。当对象处于稳定工况下，在时刻 t_0 突然加入一阶跃输入量，作用一段时间后，在 t_1 时刻再突然撤除该阶跃信号，测量输出量从 t_0 时刻起随时间的变化规律。

矩形脉冲响应曲线与阶跃响应曲线有着密切的关系。可以将矩形脉冲输入信号看做是 t_0 时刻的正向阶跃信号 x_0 与 t_1 时刻的反向阶跃信号 $-x_0$ 的组合信号，如图 2-15a、b所示。

那么其响应曲线也就是这两条阶跃响应曲线的合成曲线，即 $y(t)=y_1(t)-y_1(t-\Delta t)$，其中 $\Delta t = t_1 - t_0$。根据这个关

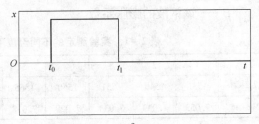

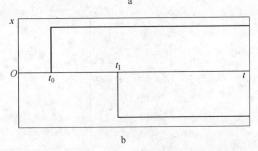

图 2-15　矩形脉冲输入及其等效的
阶跃输入信号曲线

a—脉冲输入信号；b—正、反向阶跃输入信号

系，可以很容易地得到完整的脉冲响应曲线，如图 2 – 16 中的实线所示，从而求得对象的特性参数。

　　用矩形脉冲干扰来测取对象特性时，由于加在对象上的输入量变化经过一段时间即被撤掉，因此输入量变化的幅度可取得较大些，以提高实验测定的精度；同时，对象输出量又不至于长时间地偏离给定值，因而对正常生产影响较小。所以，这种方法是测定对象特性常用的方法之一。

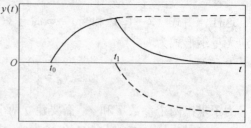

图 2 – 16　矩形脉冲输入的响应曲线

2.1.4.3　最小二乘法

　　最小二乘法是高斯在预测行星轨道工作时提出的。最小二乘法的基本思想是未知量的最可能值是这样的数，它使各次观察值和精确值（理论值）的差值的平方和为最小。最小二乘法的优点在于，它可以适用于任何系统的参数估计，不论是动态的还是静态的，线性的还是非线性的，甚至在其他方法都无法采用的情况下，用最小二乘法依然可以提供解决问题的方法。下面举例来说明最小二乘法的思想。

　　由于热胀冷缩，高温金属液在不同的温度下有不同的密度，通过测定各温度 $T_i(i = 1, 2, 3, \cdots, n)$ 时金属液的密度 $y_i(i = 1, 2, 3, \cdots, n)$，可以得到 n 组测定数据，根据这些数据，采用最小二乘法，确定金属液密度与温度的函数关系。

　　表 2 – 1 为不同实验温度下测定的一定成分的 IF 钢液的密度，首先确定 y 和 T 之间的数学模型的类型，以实验测定的该高温钢液密度对实验温度进行作图，如图 2 – 17 所示。由图形可知，y 与 T 可按线性关系处理。习惯上，常把 y 和 T 写成如下的形式

$$y = y_0 [1 + \beta(T - T_0)] \tag{2 – 51}$$

式中　y_0——参考温度 T_0 时该钢液的密度；

　　　β——该钢液的膨胀系数。

表 2 – 1　实验测定的不同温度下一定成分的 IF 钢液密度值

i	1	2	3	4	5	6	7	8	9	10	11
$T_i/℃$	1531	1546	1551	1560	1565	1575	1580	1585	1596	1600	1610
$x_i/Mg \cdot m^{-3}$	7.053	7.033	7.034	7.029	7.018	7.011	7.005	6.994	6.988	6.986	6.966

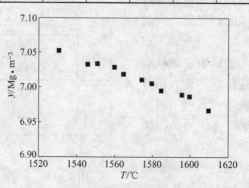

图 2 – 17　钢液密度与实验测定温度的关系

因此，可以确定 y 与 T 为如下的线性关系

$$y = a + bT \tag{2-52}$$

式中，a 和 b 是待定参数，可以通过实验得到的数据确定。如果实验测定是精确无误的，只要测定两个温度下的熔体密度，就可以解出 a 和 b 来。但由于测量误差存在，每次测量的熔体密度不是精确的 y_i，而是实测的 x_i，设共测定了 n 个温度下的密度值，则每个测定温度下的密度误差为

$$e_i = y_i - x_i = a + bT_i - x_i \qquad (i = 1, 2, \cdots, n) \tag{2-53}$$

采用误差平方的方法来避免正、负误差加和时造成的误差抵消，所有的误差平方和为

$$E = \sum_{i=1}^{n} e_i^2 = \sum_{i=1}^{n} (a + bT_i - x_i)^2 \tag{2-54}$$

其次的问题是 a、b 取何值时，能够使误差平方和 E 最小。根据极值定理，有

$$\frac{\partial E}{\partial a} = 2 \sum_{i=1}^{n} (a + bT_i - x_i) = 0 \tag{2-55}$$

$$\frac{\partial E}{\partial b} = 2 \sum_{i=1}^{n} (a + bT_i - x_i) T_i = 0 \tag{2-56}$$

或

$$na + b \sum_{i=1}^{n} T_i = \sum_{i=1}^{n} x_i \tag{2-57}$$

$$a \sum_{i=1}^{n} T_i + b \sum_{i=1}^{n} T_i^2 = \sum_{i=1}^{n} T_i x_i \tag{2-58}$$

利用测定的不同温度下的密度值，联立求解式（2-57）和式（2-58）两个方程，可以得到两个未知数 a、b 的值，即

$$a = \frac{\sum_{i=1}^{n} T_i^2 \sum_{i=1}^{n} x_i - \sum_{i=1}^{n} T_i \sum_{i=1}^{n} T_i x_i}{n \sum_{i=1}^{n} T_i^2 - (\sum_{i=1}^{n} T_i)^2} \tag{2-59}$$

$$b = \frac{n \sum_{i=1}^{n} T_i x_i - \sum_{i=1}^{n} T_i \sum_{i=1}^{n} x_i}{n \sum_{i=1}^{n} T_i^2 - (\sum_{i=1}^{n} T_i)^2} \tag{2-60}$$

对于表 2-1 的实验数据，应用最小二乘法，可以得到该成分的 IF 钢液密度与温度的线性关系

$$y = 8.645 - 1.039 \times 10^{-3} T \tag{2-61}$$

将该直线与实验测定的数据画在同一个图内，得到如图 2-18 所示的图形。由图可以看出，该密度与温度的函数关系与实验测定点吻合很好。可以用该数学模型来预测在其他温度时，该成分的 IF 钢液的密度。

对于复杂的工艺过程，一个被控变量受到许多因素的影响。如转炉炼钢终点控制主要目标是吹炼终点钢水温度和钢水碳含量，将终点温度 T 和终点钢水的含碳量 $w[C]$ 分别作为模型输出的被控变量。在吹炼过程中转炉炼钢终点温度 T 和碳含量 $w[C]$ 与装入铁

水量 x_1、废钢量 x_2、氧气量 x_3、冷却剂加入量 x_4、石灰加入量 x_5；轻烧白云石加入量 x_6、副枪测得的钢水温度 x_7、副枪测得的钢水碳含量 x_8 等因素有关。由于整个吹炼过程既有化学反应又有物理变化，因此转炉炼钢是一个具有多输入多输出、存在严重非线性的复杂系统，需要用非线性系统方程来表示。对于这样的一个复杂的过程，也可以用最小二乘法建模。

下面利用最小二乘法的思想，给出如图 2–19 所示的 n 个自变量 $x_i(i=1, 2, \cdots, n)$ 与一个输出变量之间为线性关系时，待定系数的确定方法。即

$$y = a_0 + \sum_{i=1}^{n} a_i x_i \qquad (2-62)$$

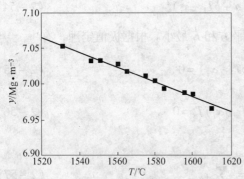

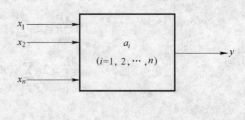

图 2–18   某成分的 IF 钢液密度与温度的   图 2–19   单个输出变量与 n 个
          函数关系与实验测定值的比较   输入变量的关系

设一共进行了 m 次实验，对于第 j 次实验测定，有

$$y(j) = a_0 + \sum_{i=1}^{n} a_i x_i(j) \qquad (j=1, 2, 3, \cdots, m) \qquad (2-63)$$

上式可用矩阵表示，上式各项的矩阵为

$$\boldsymbol{Y} = \begin{pmatrix} y(1) \\ y(2) \\ \vdots \\ y(m) \end{pmatrix}, \boldsymbol{X} = \begin{pmatrix} 1 & x_1(1) & \cdots & x_n(1) \\ \vdots & \vdots & \ddots & \vdots \\ 1 & x_1(m) & \cdots & x_n(m) \end{pmatrix}, \boldsymbol{A} = \begin{pmatrix} a_0 \\ a_1 \\ \vdots \\ a_n \end{pmatrix}$$

用上述矩阵表示的方程（2–63）为

$$\boldsymbol{Y} = \boldsymbol{X}\boldsymbol{A} \qquad (2-64)$$

同样，由于实验存在误差，误差矩阵方程为

$$\boldsymbol{e} = \boldsymbol{Y} - \boldsymbol{X}\boldsymbol{A} \qquad (2-65)$$

误差平方和为

$$\boldsymbol{E} = \sum_{j=1}^{m} e_j^2 = \boldsymbol{e}^{\mathrm{T}}\boldsymbol{e} \qquad (2-66)$$

为了能够估计 $n+1$ 个待定参数 a_i $(i=0, 1, \cdots, n)$，必须 $m \geqslant n+1$。如果测量没有误差，当 $m = n+1$ 时，只要方阵 $\boldsymbol{X}$ 的逆矩阵存在，则能够唯一解出系数矩阵 $\boldsymbol{A}$

$$\boldsymbol{A} = \boldsymbol{X}^{-1}\boldsymbol{Y} \qquad (2-67)$$

当 $m > n+1$ 时，即有大量的测量数据可用时，使 E 最小的 A 应满足

$$\frac{\partial E}{\partial A} = \frac{\partial(e^{T}e)}{\partial A} = \frac{\partial\left[(Y-XA)^{T}(Y-XA)\right]}{\partial A} = 0 \tag{2-68}$$

$$\frac{\partial\left[(Y-XA)^{T}(Y-XA)\right]}{\partial A} = (-X)^{T}(Y-XA) + (Y-XA)^{T}(-X) = 0$$

由矩阵运算法则，得

$$X^{T}(Y-XA) + (Y-XA)^{T}X = X^{T}Y - X^{T}XA + Y^{T}X - A^{T}X^{T}X = 0 \tag{2-69}$$

因为 Y 和 A 均为列矩阵，所以有

$$Y^{T}X = X^{T}Y \tag{2-70}$$

$$A^{T}X^{T}X = (X^{T}X)^{T}A = X^{T}XA \tag{2-71}$$

代入式（2-69），可得

$$-2X^{T}Y + 2X^{T}XA = 0$$

$$X^{T}XA = X^{T}Y$$

于是，$n+1$ 个待定参数 $a_i(i=0,1,\cdots,n)$ 可由下式求得

$$A = (X^{T}X)^{-1}(X^{T}Y) \tag{2-72}$$

待定参数 $a_i(i=0,1,\cdots,n)$ 求出后，被控对象的被控变量 y 与影响因素 x_i 的数学模型便建立起来了。

式（2-72）也可直接按照如下的方法进行推导求得，即

$$E = \sum_{j=1}^{m} e_j^2 = \sum_{j=1}^{m}\left(y_j - a_0 - \sum_{i=1}^{n} a_i x_{ij}\right)^2 \tag{2-73}$$

$$\frac{\partial E}{\partial a_i} = \sum_{j=1}^{m} 2\left(y_i - a_0 - \sum_{i=1}^{n} a_i x_{ij}\right)(-x_{ij}) = 0, (i=1,2,\cdots,n) \tag{2-74}$$

$$\sum_{j=1}^{m}\left(y_j x_{ij} - a_0 x_{ij} - x_{ij}\sum_{i=1}^{n} a_i x_{ij}\right) = 0, (i=1,2,\cdots,n) \tag{2-75}$$

$$\sum_{j=1}^{m} y_j x_{ij} - a_0\sum_{j=1}^{m} x_{ij} - \sum_{j=1}^{m} x_{ij}\sum_{i=1}^{n} a_i x_{ij} = 0, (i=1,2,\cdots,n) \tag{2-76}$$

$$a_0\sum_{j=1}^{m} x_{ij} + \sum_{j=1}^{m} x_{ij}(a_1 x_{1j} + a_2 x_{2j} + \cdots + a_n x_{nj}) = \sum_{j=1}^{m} y_j x_{ij} \tag{2-77}$$

$$a_0\sum_{j=1}^{m} x_{ij} + a_1\sum_{j=1}^{m} x_{ij}x_{1j} + a_2\sum_{j=1}^{m} x_{ij}x_{2j} + \cdots + a_n\sum_{j=1}^{m} x_{ij}x_{nj} = \sum_{j=1}^{m} y_j x_{ij}, (i=1,2,\cdots,n) \tag{2-78}$$

当 $i=0$ 时，有

$$a_0\sum_{j=1}^{m} 1 + a_1\sum_{j=1}^{m} x_{1j} + a_2\sum_{j=1}^{m} x_{2j} + \cdots + a_n\sum_{j=1}^{m} x_{nj} = \sum_{j=1}^{m} y_j \tag{2-79}$$

这 $(n+1)$ 个方程可以唯一确定列矩阵 A。用矩阵表示该线性方程组，令列矩阵 Z 表示等号右侧的常数项组成的列矩阵，$(n+1)$ 阶方阵 B 表示等号左侧的系数项 x_{ij} 矩阵，得矩阵方程

$$BA = Z \tag{2-80}$$

列矩阵 Z 可写成

$$Z = \begin{pmatrix} \sum\limits_{j=1}^{m} y_j \\ \sum\limits_{j=1}^{m} y_j x_{1j} \\ \sum\limits_{j=1}^{m} y_j x_{2j} \\ \vdots \\ \sum\limits_{j=1}^{m} y_j x_{nj} \end{pmatrix} = \begin{pmatrix} y_1 + y_2 + \cdots + y_m \\ y_1 x_{11} + y_2 x_{12} + \cdots + y_m x_{1m} \\ y_1 x_{21} + y_2 x_{22} + \cdots + y_m x_{2m} \\ \vdots \\ y_1 x_{n1} + y_2 x_{n2} + \cdots + y_m x_{nm} \end{pmatrix} = \begin{pmatrix} 1 & 1\cdots & 1 \\ \vdots & \ddots & \vdots \\ x_{n1} & x_{n2}\cdots & x_{nm} \end{pmatrix} \begin{pmatrix} y_1 \\ y_2 \\ \vdots \\ y_m \end{pmatrix} = X^{\mathrm{T}} Y$$

$$(2-81)$$

$(n+1)$ 阶方阵 B 可表示成

$$B = \begin{pmatrix} \sum\limits_{j=1}^{m} 1 & \sum\limits_{j=1}^{m} x_{1j} & \cdots & \sum\limits_{j=1}^{m} x_{nj} \\ \sum\limits_{j=1}^{m} x_{1j} & \sum\limits_{j=1}^{m} x_{1j} & \cdots & \sum\limits_{j=1}^{m} x_{nj} x_{1j} \\ \vdots & \vdots & \ddots & \vdots \\ \sum\limits_{j=1}^{m} x_{nj} & \sum\limits_{j=1}^{m} x_{1j} x_{nj} & \cdots & \sum\limits_{j=1}^{m} x_{nj} x_{nj} \end{pmatrix}$$

$$(2-82)$$

$$B = \begin{pmatrix} 1 + 1 + \cdots + 1 & x_{11} + x_{12} + \cdots + x_{1m} & \cdots & x_{n1} + x_{n2} + \cdots + x_{nm} \\ x_{11} + x_{12} + \cdots + x_{1m} & x_{11} x_{11} + x_{12} x_{12} + \cdots + x_{1m} x_{1m} & \cdots & x_{n1} x_{11} + x_{n2} x_{12} + \cdots + x_{nm} x_{1m} \\ \vdots & \vdots & \ddots & \vdots \\ x_{n1} + x_{n2} + \cdots + x_{nm} & x_{11} x_{n2} + x_{12} x_{n2} + \cdots + x_{1m} x_{nm} & \cdots & x_{n1} x_{n1} + x_{n2} x_{n2} + \cdots + x_{nm} x_{nm} \end{pmatrix}$$

$$(2-83)$$

B 可以用两个矩阵相乘而得，即

$$B = \begin{pmatrix} 1 & 1 & \cdots & 1 \\ x_{11} & x_{12} & \cdots & x_{1m} \\ \vdots & \vdots & \ddots & \vdots \\ x_{n1} & x_{n2} & \cdots & x_{nm} \end{pmatrix} \begin{pmatrix} 1 & x_{11} & x_{21} & \cdots & x_{n1} \\ 1 & x_{12} & x_{22} & \cdots & x_{n2} \\ \vdots & \vdots & \vdots & \ddots & \vdots \\ 1 & x_{1m} & x_{2m} & \cdots & x_{nm} \end{pmatrix} = X^{\mathrm{T}} X \qquad (2-84)$$

最后得到

$$X^{\mathrm{T}} X A = X^{\mathrm{T}} Y \qquad (2-85)$$

$$A = (X^{\mathrm{T}} X)^{-1} X^{\mathrm{T}} Y \qquad (2-86)$$

同样得到与式 (2-72) 相同的待定参数矩阵 A 的计算式。

　　最小二乘法不仅适用于线性系统，也适用于非线性系统；不仅适用于单变量系统，也适用于多变量系统。但由于数学模型是在对象的具体条件和数据下建立起来的，所以由最小二乘法得到的数学模型只适用于实测的具体对象。

　　对于复杂过程的对象，采用最小二乘法建立其数学模型时，需要进行复杂的矩阵计算和求解矩阵方程。利用 MatLab 软件可以很容易利用实验数据进行上述矩阵的计算，从而求得描述被控对象的数学模型。

除上述方法外，还可采用不同频率的正弦波作为对象的输入信号来获取对象的动态特性，即频域方法；或直接利用对象正常运行状态下的数据或对象在特殊信号（如伪随机信号）作用下的响应数据进行分析统计获得对象的动态特性，即统计方法。在此不再进行介绍，可以参考有关专著。

2.2　铁水喷镁脱硫过程建模

现代钢铁冶金为了冶炼低硫钢、超低硫钢，常采用铁水预处理技术对铁水进行脱硫预处理，降低铁水硫含量。采用的脱硫剂有石灰基熔剂或金属镁以及两者的混合物。下面以喷吹金属镁进行铁水预处理脱硫的过程为例，建立其数学模型。金属镁脱硫的反应为

$$[Mg] + [S] = (MgS)_s \qquad (2-87)$$

该反应的平衡常数与温度的关系为

$$\lg K_{Mg} = \lg f_s[\%S]f_{Mg}[\%Mg] = \frac{-17026}{T} + 5.161 \qquad (2-88)$$

对于碳饱和的铁液，在 1260℃时，$f_s = 4.4$，$f_{Mg} = 0.22$。

假定在反应界面上脱硫反应达到平衡，铁液内部的镁和硫向反应界面传质为脱硫过程的限制环节。则镁、硫的界面浓度存在以下关系

$$[\%Mg]^* = \frac{K_{Mg}}{f_s f_{Mg}[\%S]^*} \qquad (2-89)$$

设反应物向反应界面传质的 mol 通量相等，即

$$J = k_{Mg}([Mg] - [Mg]^*) = k_S([S] - [S]^*) \quad mol/(m^2 \cdot s) \qquad (2-90)$$

式中，k 为传质系数，m/s；$[Mg]$、$[S]$ 为铁液中反应物本体浓度，mol/m^3。由 mol 浓度与质量分数的关系

$$[Mg] = [\%Mg]\frac{100\rho_{Fe}}{M_{Mg}} \qquad (2-91)$$

$$[S] = [\%S]\frac{100\rho_{Fe}}{M_S} \qquad (2-92)$$

得

$$k_{Mg}([\%Mg] - [\%Mg]^*)\frac{1}{M_{Mg}} = k_S([\%S] - [\%S]^*)\frac{1}{M_S} \qquad (2-93)$$

从式（2-93）中求出镁的界面浓度，得

$$[\%Mg]^* = [\%Mg] - \frac{M_{Mg}k_S}{M_S k_{Mg}}([\%S] - [\%S]^*) \qquad (2-94)$$

将式（2-89）代入式（2-94），并整理后得

$$\frac{K_{Mg}M_S k_{Mg}}{f_S f_{Mg}M_{Mg}k_S} = [\%S]^*(\frac{M_S k_{Mg}}{M_{Mg}k_S}[\%Mg] - [\%S]) + [\%S]^{*2} \qquad (2-95)$$

这是一个关于硫的界面浓度的一元二次方程，令

$$b = \frac{M_S k_{Mg}}{M_{Mg} k_S} [\% Mg] - [\% S] \tag{2-96}$$

$$c = -\frac{K_{Mg} M_S k_{Mg}}{f_S f_{Mg} M_{Mg} k_S} \tag{2-97}$$

得

$$[\% S]^{*2} + b[\% S]^* + c = 0 \tag{2-98}$$

则可求得反应界面上硫的界面浓度为

$$[\% S]^* = \frac{-b \pm \sqrt{b^2 - 4c}}{2} \tag{2-99}$$

求出的硫的界面浓度应满足以下条件

$$[\% S]_0 > [\% S]^* > 0 \tag{2-100}$$

利用式（2-89）和求得的硫的界面浓度，便可求出镁的界面浓度。得到镁、硫的界面浓度后，就可计算镁和硫在铁液中的传质速率。

通过喷吹方法，向铁液内部吹入金属镁粉，一方面金属镁溶解到铁水中，另一方面溶解的镁与硫发生脱硫反应，则铁液中镁浓度随时间变化率为

$$\frac{d[\% Mg]}{dt} = f_d \frac{m_{i,Mg}}{W_m} \times 100 + \left(\frac{d[\% Mg]}{dt}\right)_{MgS} \tag{2-101}$$

式中，f_d 为喷吹的镁溶解到铁液中的分率；$m_{i,Mg}$ 为镁的喷吹速率，kg/s。当 $f_d = 1$ 时，喷入的 Mg 全部溶解进入铁液中。W_m 为铁液重量，kg。因脱硫反应，铁液中镁的浓度变化速率为

$$\left(\frac{d[\% Mg]}{dt}\right)_{MgS} = -\frac{k_{Mg} A}{V_m}([\% Mg] - [\% Mg]^*) \tag{2-102}$$

式中，A 为铁液脱硫反应的界面积，m^2；V_m 为铁液体积，m^3。由镁脱硫反应，铁液中硫的浓度变化速率为

$$\left(\frac{d[\% S]}{dt}\right)_{MgS} = -\frac{k_S A}{V_m}([\% S] - [\% S]^*) \tag{2-103}$$

利用式（2-101）～式（2-103）进行数值积分，可以求得铁液硫含量、镁含量随时间的变化关系。根据铁液温度、初始硫含量、处理结束硫含量、喷镁速率和铁液体积，利用该模型可以确定铁液喷镁脱硫过程的耗镁量、喷吹时间，用于对铁水喷镁脱硫过程进行控制。

以上是根据喷吹金属镁进行铁水脱硫反应的机理，建立的脱硫反应数学模型，其中含有难以确定的动力学参数如传质系数 k 和反应界面积 A。将它们的乘积 $kA = F$ 称为容量系数，该容量系数可以对实际生产数据进行仿真后确定出来。于是上述的机理建模就变成了机理建模和测试建模组合的混合建模。

图 2-20 为应用上述建立的模型设计的铁水喷镁脱硫控制系统的界面，该界面给出了喷镁脱硫的动力学参数、热力学参数、铁水条件和处理结束的硫含量。图 2-21 为给定条件下应用该脱硫模型计算得到的结果，从图可以看出，计算得到的喷镁参数与实际的喷镁参数很接近，图中的曲线分别为计算得到的铁液中硫、镁含量随时间变化的动力学曲线。

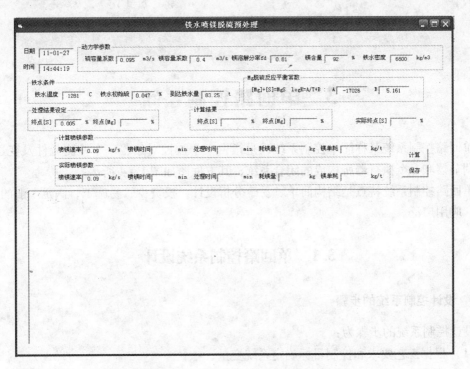

图 2-20 铁水喷镁脱硫控制系统界面

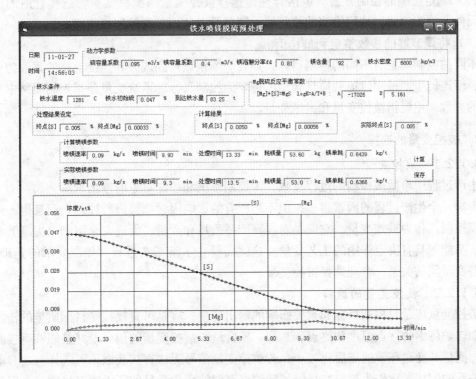

图 2-21 铁水喷镁脱硫结果

3 单回路控制系统

单回路控制系统又称简单控制系统，是指由一个被控对象、一个检测元件及变送器、一个调节器和一个执行器所构成的闭合系统，其方框图如图1－4所示。

单回路控制系统特点是结构简单、易于分析设计，投资少、易施工，满足一般的控制要求，应用广泛。

3.1 单回路控制系统设计

3.1.1 设计控制系统的步骤

设计控制系统的步骤为：

（1）根据工艺要求和控制目标确定系统变量；

（2）建立数学模型；

（3）确定正确的控制方案，包括合理地选择被控变量与操纵变量，选择合适的检测变送元件及检测位置，选用恰当的执行器、调节器以及调节器控制规律等；

（4）将调节器的参数整定到最佳值。

不同的控制对象有不同的控制目标，如转炉炼钢以得到成分和温度合格的钢液为控制目标，而连铸生产过程以得到质量合格的铸坯为控制目标。系统变量是指控制回路中所涉及到的参数，主要指被控变量和操纵变量。

3.1.2 被控变量的选择

3.1.2.1 被控变量

生产过程中希望被控制的过程参数，为控制系统和控制对象的输出量。

影响一个生产过程的因素很多，但不是所有的影响因素都要进行控制，而且也不可能都加以控制。作为被控变量，它应是对提高产品质量和产量、促进安全生产、提高劳动生产率、节能等具有决定作用的工艺变量。这就需要在了解工艺过程、控制要求的基础上，分析各变量间的关系，合理选择被控变量。

3.1.2.2 被控变量的选择

被控变量应是对控制目标起重要影响的输出变量；应是可直接控制目标质量的输出变量。如转炉炼钢的终点温度和终点碳、磷、硫含量。被控变量的信号最好是能够直接测量获得，测量和变送环节的滞后比较小；若被控变量信号无法直接获取，可选择与之有单值函数关系的间接参数作为被控变量。如转炉终点钢液碳含量目前还无法直接测量，但通过采用副枪直接测量终点钢液的凝固平台温度，由铁碳相图可以确定出转炉终点钢液的含碳量。此外选择被控变量还必须考虑工艺的合理性，即选择的被控变量能够满足工艺要求。

3.1.3 操纵变量的选择

3.1.3.1 操纵变量

操纵变量是用来克服干扰对被控变量的影响，实现控制作用的变量。

在冶金生产过程中，最常见的操纵变量是流量、压力、温度、成分等。如在转炉炼钢中氧枪枪位、炉渣碱度和氧化性、渣量、冷却剂等均可作为操纵变量。

如图 3 - 1 所示的换热器，如果被控变量是被加热介质的温度，那么，能够影响该温度的变量有载热体的流量、温度和被加热体的流量。它们均可以作为操纵变量。

3.1.3.2 操纵变量选择

操纵变量的选择首先要满足工艺合理性或者说满足工艺要求。对于图 3 - 1 所示的换热器，在载热体的流量、温度和被加热体的流量中，无论哪一个量发生变化，都会使被加热介质的温度（被控变量）发生变化。从工艺合理性考虑，应选择载热体流量作为操纵变量。因为，被加热介质一般为生产过

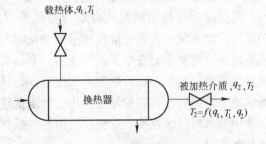

图 3 - 1 换热器示意图

程中需要使用的物料，用它的变化来克服干扰因素的影响，达到温度控制的目的，势必会影响生产工艺过程中的负荷，甚至影响正常的生产。而载热体是用来加热介质的，它不直接影响生产所需物料量。因此，选择载热体流量作为操纵变量能满足工艺上的合理性。

其次要考虑被控对象的特性。操纵变量与被控变量之间的关系构成了被控对象的控制通道特性；干扰与被控变量之间的关系构成了被控对象的干扰通道特性。要获得好的控制质量，操纵变量选择的一般原则为：被控对象控制通道的放大系数较大，时间常数较小，纯滞后时间越小越好，以防止控制不及时，控制质量下降；被控对象干扰通道的放大系数尽可能小，时间常数越大越好，以减小干扰对被控变量的影响，有利于控制；最后选择对被控变量影响较大的输入变量和选择变化范围较大的输入变量为操纵变量，以保证系统的可控性强。

例如，在控制转炉炼钢终点温度时，如果钢液温度过高，则需要加入冷却剂降低出钢温度。冷却剂有废钢、矿石和石灰等其他造渣材料可供选择，废钢和石灰等其他造渣材料的冷却能力小于矿石，另外在吹炼过程中废钢加入困难，不易熔化。所以，从工艺合理性、冷却能力考虑，应选择矿石加入量作为降低出钢温度的操纵变量。

3.1.4 检测变送环节

检测变送环节在控制系统中起着获取信息和传送信息的作用。一个控制系统如果不能正确及时地获取被控变量变化的信息，并把这一信息及时地传送给调节器，就不可能及时有效地克服干扰对被控变量的影响，甚至会产生误调、失调等危及生产安全的问题。

在过程控制中，由于检测元件安装位置的不适当将会产生纯滞后。图 3 - 2 所示是一个用蒸汽来控制水温的系统，蒸汽量的变化一定要经过长度为 L 的路程以后才能反映出来，这是由于蒸汽作用点与被控变量的测量点间相隔一定距离所致。如果水的流速为 u，则蒸汽量变化引起的温度变化需经过一段时间 $\tau = L/u$ 才表现出来，τ 就是纯滞后时间。

纯滞后使测量信号不能及时地反映被控变量的实际值，从而降低了控制系统的控制质量。由于检测元件安装位置所引起的纯滞后是不可避免的，因此，在设计控制系统时，只能尽可能地减小纯滞后时间，唯一的方法就是正确选择安装检测点位置，使检测元件不要安装在死角或易造成控制不及时的地方。当纯滞后时间太长时，就必须考虑使用复杂控制方案。

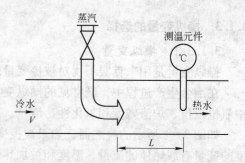

图 3 - 2　蒸汽直接加热系统

测量滞后是指由测量元件本身特性所引起的滞后。当测量元件感受被控变量的变化时，要经过一个变化过程，才能反映被控变量的实际值，这时测量元件本身就构成了一个具有一定时间常数的惯性环节。例如，测温元件测量温度时，由于存在传热阻力和热容，元件本身具有一定的时间常数 T，因而测温元件的输出总是滞后于被控变量的变化。如果把这种测量元件用于控制系统，调节器接受的是一个不能及时反映被控变量变化的信号，控制系统不能及时发挥正确的控制作用，因而影响控制质量。

克服测量滞后的方法通常有两种，尽量选用快速测量元件，以测量元件的时间常数为被控对象的时间常数的十分之一以下为宜；在测量元件之后引入微分作用。

在调节器中加入微分控制作用，使调节器在偏差产生的初期，根据偏差的变化趋势发出相应的控制信号。采用这种超前补偿作用来克服测量滞后，如果应用适当，可以大大改善控制质量。

传递滞后即信号传输滞后，主要是由于气压信号在管路传送过程中引起的滞后，电信号的传递滞后可以忽略不计。

在采用气动仪表实现集中控制的场合，调节器和显示器均集中安装在中心控制室，而检测变送器和执行器安装在现场。在由测量变送器至调节器和由调节器至执行器的信号传递中，由于管线过长就形成了传递滞后。由于传递滞后的存在，调节器不能及时地接受测量信号，也不能将控制信号及时地送到执行器上，因而会降低控制系统的控制质量。

克服或减小信号传递滞后的方法是尽量缩短气压信号管线的长度，一般不超过 300m；改用电信号传递，用转换器把调节器输出的信号变成电信号，送到现场后，再用转换器变换成可执行信号送到执行器上；增大输出功率，减少传递滞后的影响；如果变送器和调节器都是电动的，而执行器采用的是气动执行器，则可将电气转换器靠近执行器或采用电气阀门定位器；按实际情况采用基地式仪表，以消除信号传递上的滞后。

测量滞后和传递滞后对控制系统的控制质量影响很大，特别是当被控对象本身的时间常数和滞后很小时，影响就更为突出，在设计控制系统时必须注意这些问题。

3.1.5　执行器环节

3.1.5.1　执行器的作用

执行器的作用是接受调节器送来的控制信号，调节操纵变量，从而实现生产过程的自动控制。

执行器通常为调节阀,包括执行机构和阀两个部分。由于调节阀直接与介质接触,在各种恶劣条件下工作时,其重要性就更为突出。如果执行器选择不当或维护不善,常常会使整个系统不能可靠工作,或严重影响控制系统的质量。

3.1.5.2 执行器的选择

按照生产过程的特点、安全运行等来选用气动、电动或液动执行器,在易燃易爆场所不能选用电动执行器;根据被控变量的大小选择调节阀的调节能力;从生产安全的角度选取调节阀的气开或气关形式;从被控对象的特性、负荷的变化情况等选择调节阀的流量特性等。所以,执行器的选择首先需要满足生产与安全要求,然后执行器应有足够的调节能力。如连铸中间包液位控制中,钢包水口滑板的质量和水口孔径的大小会影响到中间包的液位控制质量。顶底复吹转炉底吹气体流量控制的调节阀的选择对底吹气量的调节及响应时间有很大的影响。

从广义对象的角度考虑,执行器可以看做是被控对象的一部分,其动态特性相当于在被控对象中增加了一个容量滞后环节。当执行器的时间常数与被控对象的时间常数接近时,将会使广义对象的容量滞后显著增大,这种容量滞后对于控制是非常不利的。

3.2 调节器的调节规律

调节器的作用是将测量信号与给定值相比较产生偏差信号,然后按一定的运算规律产生输出信号,推动执行器工作。

调节规律是指调节器的输出信号随输入信号变化的关系。基本的调节规律有四种,即位式、比例、积分、微分调节规律。其中,除位式调节规律是断续调节外,其他三种均是连续调节规律。

不同的调节规律适应不同的生产要求,在了解常见的基本调节规律的特点及适用条件的基础上,根据过渡过程的控制质量指标要求,结合被控对象的特性,才能正确地选择适当的调节规律。

3.2.1 位式调节

双位调节是位式调节规律中最简单的形式。理想的双位调节规律的数学表达式为

$$\Delta u = \begin{cases} u_{\max} & \text{当 } e > 0 \quad (e < 0) \\ u_{\min} & \text{当 } e < 0 \quad (e > 0) \end{cases} \tag{3-1}$$

相应调节器的输出特性曲线见图3-3。双位调节规律是一种典型的非线性调节规律,当测量值大于或小于给定值时,调节器的输出达到最大或最小两个极限位置。与调节器相连的执行器相应也只有"开"和"关"两个极限工作状态。

图3-4所示为一个最简单的温度双位控制系统。其中,加热炉为被控对象,炉温是被控变量,热电偶是检测元件,系统有一个双位调节器,继电器为执行机构,电阻丝是将电能转化为热能的加热装置。通过双位调节器上的指针由人工设置温度的给定值,炉温由热电偶测量并送至双位调节器。双位调节器根据温度测量值与给定值的偏差大小发出使继

电器通电、断电的控制信号，从而控制加热炉内部的温度。

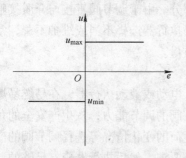

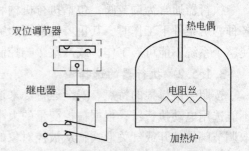

图 3-3　理想的双位调节规律　　　　　　图 3-4　双位炉温自动控制系统

　　理想的情况是当被控变量的测量温度低于给定温度时，调节器输出的信号使继电器闭合给加热炉供电，使被控温度上升；而当测量温度一旦高于给定温度时，调节器立刻输出另一信号使继电器断开停止给加热炉供电，使被控温度下降，如此反复进行，使温度维持在给定温度附近很小的范围内波动。

　　位式调节结构简单、成本较低、使用方便、对配用的调节阀无任何特殊的要求。其主要缺点是被控变量总在给定值附近波动，控制质量不高。当被控对象纯滞后较大时，被控变量波动幅度较大。因此，在控制质量要求稍高的场合，不宜使用。

　　在图 3-4 所示的理想双位控制系统中，调节机构（继电器）的启停过于频繁，系统中的运动部件（继电器触头）容易损坏，这样就很难保证控制系统安全可靠地运行。因此，实际应用的双位调节器都有一个中间区域。具有中间区域的双位调节规律如图 3-5 所示。从图中可以看出，只有当偏差达到一定数值（e_{min} 或 e_{max}）时，调节器的输出才会变化，而在中间区域内调节器的输出将取决于它原来所处的状态。中间区域的出现还有另外两个原因，一是执行机构都有不灵敏区，这时理想双位调节实际上是具有中间区域的双位调节；二是采用双位调节的系统本身的要求就不高，只要求被控变量在两个极限值之间，这就是可用中间区域的双位调节方案。采用具有中间区域双位调节器的控制系统的过渡过程曲线如图 3-6 所示。

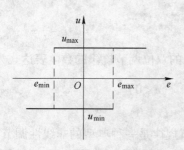

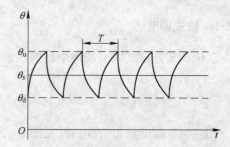

图 3-5　实际的双位调节规律　　　　　　图 3-6　实际的双位调节响应曲线

　　从图 3-6 中可以看出，该过程是一种断续作用下的等幅振荡过程。对于双位控制的质量不能用连续控制作用下的衰减振荡过程的性能指标来衡量，而是用振幅和周期作为其控制质量指标。在图 3-6 中，振幅为 $\theta_u - \theta_s$，周期为 T。显然，振幅小、周期长，控制品质就高。然而，对同一个双位控制系统来说，若要振幅小，其周期必然短；若要周期长，则振幅必然大。只有通过合理地选择中间区域才能使振幅在限制的范围之内，同时又可以尽可能地获得较长的周期。此外，振幅的大小还与对象的滞后时间 τ 有关，τ 越大则振幅也越大。

双位调节的特点是调节机构只有两个位置，也就是说不是全开就是全关，它不能停留在两者中间任何位置上，因此它是设备上最简单、投资最少的一种调节方式。比如，数显报警仪是一种双位调节器，通过报警接点实现与报警接点相串联电路的通、断。

在位式调节中，除了双位调节外，还有三位或更多位的调节规律。

3.2.2 比例 (P) 调节

3.2.2.1 比例调节规律

在比例调节中，调节器的输出信号变化量 $\Delta u(t)$ 与输入信号 $e(t)$ 成比例关系

$$\Delta u(t) = K_p e(t) \tag{3-2}$$

式中，K_p 称为比例放大倍数或比例放大系数。当输入信号或偏差信号为零时，调节器的输出量的增量为零。所以，比例调节的特点是有差调节，即有偏差存在时调节器才有输出信号的变化量输出，如图 3-7 所示。

图 3-8 是比例调节开环特性，图 3-9 是一个简单的比例控制系统的例子。被控变量是水箱液位，O 为杠杆的支点，杠杆的一端固定着浮球，另一端与调节阀的执行机构相连。通过浮球和杠杆的作用，调整阀门开

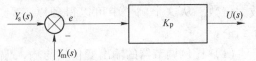

图 3-7 比例调节规律信号传递

度使液位保持在适当的高度上。当进水量等于出水量时，水箱液位稳定；当进水水压升高时，进水量大于出水量，水箱的液位将升高，浮球也随之升高，通过杠杆的作用使进水阀关小，使新的进水量与出水量达到平衡，但水箱液位与原来的液位不同，即调节结束后出现了静态偏差；反之，当用水量增加时，出水量大于进水量，液位降低，浮球通过杠杆使进水阀开大；当进水量与出水量相等时，浮球停在某一位置，阀门开度不变，液位在新的位置保持稳定。在这里，浮球是测量元件，杠杆是一个具有比例作用的简单调节器。从静态（稳定状态）看，阀门开度与液位偏差成正比；从动态（过渡过程）看，阀门的动作与液位的变化是同步的，没有时间上的迟延。

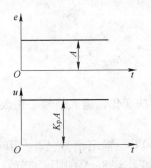

图 3-8 比例调节开环特性

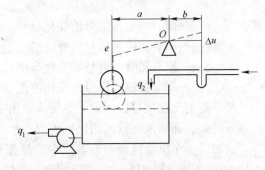

图 3-9 简单比例控制系统

又例如在采用比例调节器的加热炉温度自动控制中，当系统处于平衡状态时，被控量（炉温）维持不变。系统受到扰动后（如负荷加大），被控量（炉温）发生变化，炉温开

始下降。通过比例调节器使燃料调节阀开度开大，燃料量增加，使被控量（炉温）下降速度逐渐缓慢下来，经过一段时间，又建立了新的平衡，此时被控量（温度）达到新的稳定值，这时调节过程结束。但此时被控量（炉温）的新的稳定值与给定值不相等，它们之间的这个差值就是静差。这个静差的大小，与调节器放大系数 K_p 有关，K_p 大，对应静差小。反之，K_p 小，对应静差大。如图 3-10 所示，该图给出了比例调节中不同放大系数对单位阶跃响应的过渡曲线。

设图 3-9 中的虚线位置达到了新的平衡状态，则调节器输出变化量 $\Delta u(t)$（即阀门开度）与输入变化量 $e(t)$（即液位偏差）之间的关系，可由相似三角形的关系得到

$$\Delta u(t) = \frac{b}{a} \times e(t) \qquad (3-3)$$

式中，b/a 即为比例放大倍数，改变杠杆支点 O 的位置即可改变该调节器的放大倍数。从这个例子中可以得到以下结论：

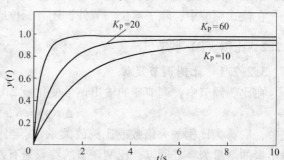

图 3-10　比例调节中放大系数 K_p 对单位阶跃
响应的静差影响

（1）比例调节器的输出变化量与输入偏差具有对应的比例关系，因此比例控制具有控制及时、克服偏差有力的特点。

（2）在系统的平衡遭到破坏后，要改变进入被控对象的物料建立起新的平衡，这就要求调节器有输出作用。而要使调节器有输出，就必须要有偏差存在（$e(t) \neq 0$），因此比例控制必然有余差存在。如图 3-9 所示的两个前后平衡状态时的液位差就是余差，除非造成液位变化的因素消失（进水水压或用水量恢复原平衡状态的值）液位才能回复到原来的液位。

工业上使用的调节器，常常采用比例度（而不是放大倍数）来表示比例作用的强弱。比例度是指调节器的输入相对变化量与相应输出的相对变化量之比的百分数，用式子表示为

$$\delta = \frac{e/(e_{max} - e_{min})}{\Delta u/(u_{max} - u_{min})} \times 100\% \qquad (3-4)$$

式中　　　e——调节器输入信号的变化量；

　　　　　Δu——调节器输出信号的变化量；

$e_{max} - e_{min}$——调节器输入信号的变化范围；

$u_{max} - u_{min}$——调节器输出信号的变化范围。

调节器的比例度可以理解为要使输出信号作全范围的变化，输入信号必须改变全量程的百分之几，即输入与输出的比例范围。

例如，一个电动比例调节器，它的量程是 100~200℃，输出信号是 0~10mA，当输入从 140℃变化到 160℃时，相应的调节器输出从 3mA 变化到 8mA，则该调节器的比例度为

$$\delta = \frac{(160-140)/(200-100)}{(8-3)/(10-0)} \times 100\% = 80\% \qquad (3-5)$$

如果把比例度写成如下的表达式

$$\delta = \frac{e}{\Delta u} \times \frac{e_{max} - e_{min}}{u_{max} - u_{min}} \times 100\% \tag{3-6}$$

由式（3-6）可以看出，比例度与比例放大倍数互为倒数关系，即调节器的比例度越小，则比例放大倍数越大，比例控制作用越强。如图3-11所示，当图3-9所示的比例控制系统的支点 O 从点1向左移动至点2时，有

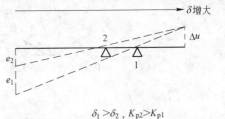

图 3-11 比例度与放大倍数的关系

$$\delta_1 = \frac{e_1}{\Delta u} \times \frac{e_{max} - e_{min}}{u_{max} - u_{min}} \times 100\%$$

$$\delta_2 = \frac{e_2}{\Delta u} \times \frac{e_{max} - e_{min}}{u_{max} - u_{min}} \times 100\%$$

因为 $e_1 > e_2$，则 $\delta_1 > \delta_2$，由图3-9和图3-11，可知 $K_{p2} = b_2/a_2 > K_{p1} = b_1/a_1$。

3.2.2.2 比例度（放大倍数）对过渡过程的影响

在比例控制系统中，调节器的比例度不同，其过渡过程的形式也不同。如何通过改变比例度来获得所希望的过渡过程，就要分析比例度对系统过渡过程的影响，其结果如图3-12所示。$K_p = 0.01$ 的曲线，由于其放大倍数小，意味着在相同的偏差下，调节阀的动作幅度很小，被控量的变化平稳，但需要的调节时间长，最后存在的余差很大。$K_p = 2.5$ 的曲线的放大倍数为临界值，此时系统处于稳定的边界状态，被控量产生等幅振荡；在临界放大倍数值的基础上，如果进一步增加放大倍数，即减小比例度 δ 的值，被控量将产生发散振荡，就会造成系统的不稳定，如 $K_p = 3$ 的曲线；在 $K_p = 0.01$ 的曲线和 $K_p = 2.5$ 之间存在合适的 K_p，使调节阀的动作幅度加大，被调量产生衰减振荡，余差减小，如 $K_p = 0.25$ 和 $K_p = 1$ 的曲线。

（1）比例度对余差的影响。比例度越大，放大倍数越小，由于 $\Delta u = K_p e(t)$，要获得同样大小的 Δu 变化量所需的偏差就越大，因此在相同的干扰作用下，系统再次平衡时的余差就越大。反之，比例度减小，放大倍数增加，系统的余差也随之减小。见图3-10和图3-11。

（2）比例度对最大偏差、振荡周期的影响。在相同大小的干扰下，调节器的比例度越小，比例放大倍数 K_p 越大，则比例作用越强，调节器的输出越大，使被控变量偏离给定值越小，被控变量达到新的稳定值所需的时间越短。所以，比例度越小，最大偏差越小，振荡周期也越短，工作频率提高。

（3）比例度对系统稳定性的影响。比例度 δ 越大，则比例放大倍数 K_p 小，即调节器的输出变化越小，被控变量变化越缓慢，过渡过程越平稳。随着比例度的减小，即放大倍数增加，系统的稳定程度降低，其过渡过程逐渐从衰减振荡走向临界振荡直至发散振荡，见图3-12。

由以上的分析可知，比例度大，则余差大。从这方面考虑，希望尽量减小比例度。但比例度小意味系统的稳定性降低，可能导致系统急剧振荡或不稳定。

在调节器的基本调节规律中，比例调节是最基本、最主要、应用最普遍的规律，它能较为迅速地克服干扰的影响，使系统很快地稳定下来。比例控制作用通常适用于干扰少、

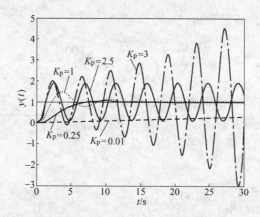

图 3 - 12　单位阶跃输入时不同放大倍数的比例控制的过渡过程

扰动幅度小、负荷变化不大、滞后较小或者控制精度要求不高的场合。当单纯的比例控制作用不能满足工业过程的控制要求时，则需要在比例控制的基础上适当引入积分控制作用和微分控制作用。

3.2.3　比例积分（PI）调节

3.2.3.1　积分（I）调节规律

在积分调节规律中，调节器输出信号的变化量与输入偏差的积分成正比，或者说，调节器的输出信号增量的变化速度与偏差成正比。其数学表达式为

$$\Delta u(t) = K_I \int_0^t e(t)\,\mathrm{d}t = \frac{1}{T_I} \int_0^t e(t)\,\mathrm{d}t \qquad (3-7)$$

或

$$\frac{\mathrm{d}\Delta u(t)}{\mathrm{d}t} = K_I e(t) = \frac{1}{T_I} e(t) \qquad (3-8)$$

式中，K_I 为积分速度，T_I 为积分时间。

对积分调节器来说，其输出信号的大小不仅与输入偏差信号的大小有关，而且还取决于偏差存在时间的长短·只要有偏差，调节器的输出就不断变化。偏差存在的时间越长，输出信号的变化量也越大，对于衰减振荡过程，可以直至偏差减小到等于零，或者使调节器的输出达到上限或下限为止。只有在偏差等于零的情况下，积分调节器的输出信号才能保持不变，可见积分作用能消除偏差。因此可以认为，积分控制作用是完全消除余差，即无差调节，如图 3 - 13 所示，而调节阀则可以停留在新的负荷所要求的开度上。

在幅值为 A 的阶跃偏差输入作用下，积分调节器的开环输出特性如图 3 - 14 所示。将 $e(t) = A$ 代入式（3-7）可得

$$\Delta u(t) = K_I \int_0^t e(t)\,\mathrm{d}t = K_I A t \qquad (3-9)$$

显然，该式所描述的是一条斜率为 $K_I A$ 的直线，其斜率正比于调节器的积分速度。K_I 越大（即 T_I 越小），直线越陡峭，积分调节器的输出信号越大，即积分作用越强。

如果在时间 $t = t_1$ 后，阶跃偏差为零时，积分调节器的输出量并不为零，只是不再增加，保持在 t_1 时刻的累积值上，表明积分调节器具有累积和记忆功能。即如果偏差与时间的关系为

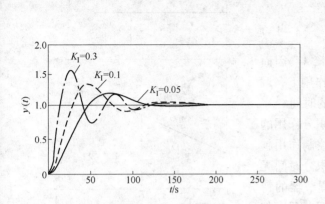

图 3 – 13 积分调节的单位阶跃响应过程

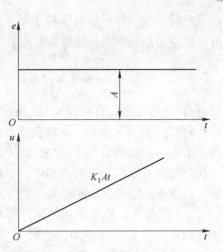

图 3 – 14 积分调节在 A 的阶跃偏差
输入时的开环输出特性

$$e = \begin{cases} A & 当\ 0 < t \leqslant t_1 \\ 0 & 当\ t > t_1 \end{cases} \qquad (3-10)$$

代入式（3 – 7），得

$$\Delta u(t) = \begin{cases} K_I \int_0^t A\mathrm{d}t = K_I A t & 当\ 0 < t \leqslant t_1 \\ K_I \int_0^{t_1} A\mathrm{d}t + K_I \int_{t_1}^{\infty} 0 \times \mathrm{d}t = K_I A t_1 & 当\ t > t_1 \end{cases} \qquad (3-11)$$

该偏差信号输入时的积分调节输出特性如图 3 – 15
所示，值得注意的是，当 $t \geqslant t_1$ 后，输出信号稳定
在 $K_I A t_1$ 值，而偏差已为零。

　　纯积分控制的缺点在于，在调节初期，其输出
变化比较小。这样就不能及时有效地克服扰动的影
响，其结果是加剧了被控变量的波动，使系统难以
稳定下来。因此，在工业过程控制中，通常不单独
使用积分控制规律，而是将它与比例控制组合成比
例积分控制规律来应用。

　　综上所述，积分调节的特点是无差调节，具有
积累和记忆功能，调节初期的调节作用小，稳定性
差。

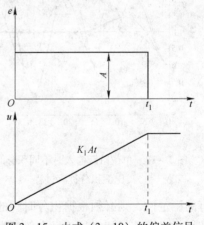

图 3 – 15 由式（3 – 10）的偏差信号
得到的积分调节输出特性

3.2.3.2 比例积分（PI）控制规律

　　比例积分控制规律是比例与积分两种控制规律的组合，其数学表达式为

$$\Delta u(t) = K_p \left[e(t) + \frac{1}{T_I} \int_0^t e(t)\mathrm{d}t \right] \qquad (3-12)$$

PI 规律将比例调节反应快和积分调节能不断积累来消除偏差的优点结合在一起，因而在
生产中得到了广泛应用。

　　在幅值为 A 的阶跃偏差输入作用下，比例积分调节器的开环输出特性如图 3 – 16 所

示。开始时，比例作用使输出跳变至 K_pA，然后是积分作用使输出随时间线性增加。用数学式表示为

$$\Delta u(t) = K_pA + \frac{K_p}{T_I}At \qquad (3-13)$$

显然，在 $t=T_I$ 时刻，有输出 $\Delta u(t) = 2K_pA$。因而可将积分时间 T_I 定义为在阶跃偏差输入作用下，调节器的输出达到比例输出两倍时所经历的时间。

积分时间可以用来控制调节规律中积分作用的强弱。T_I 越小，则积分速度越大，积分控制作用越强；反之，T_I 越大，积分作用越弱。若积分时间无穷大，则表示没有积分作用，这时 PI 调节器的特性就变成了纯比例调节的特性。工业用调节器中都有改变积分时间的旋钮。

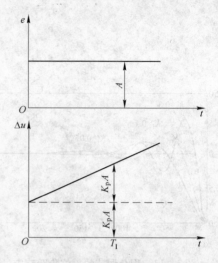

图 3-16　比例积分调节器的
开环输出特性

如在采用 PI 调节器的空调机的控制系统中，
PI 调节器的比例部分 P 与当前测量温度和设定温度偏差成正比，积分部分 I 是历次测量值与设定值的差的和，这两个数相加作为控制输出量来控制制冷速度，通过调节适当的 P、I 的系数可以让空调最快最稳地达到和稳定在设定的温度。

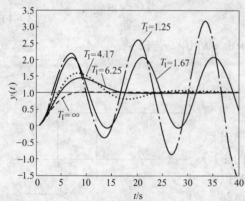

图 3-17　单位阶跃输入时不同积分时间的
比例积分过渡过程

在比例积分控制系统中，若保持调节器的比例度不变，则积分时间对过渡过程的影响如图 3-17 所示。从图中可以看出，随着积分时间的减小，积分作用不断增强，在相同的扰动作用下，调节器的输出增大，最大偏差增加，系统的响应速度加快，但同时系统的振荡加剧，稳定性下降。当 T_I 等于临界值（图中为 $T_I=1.67$ 的曲线）时，过渡过程为等幅振荡。再进一步减小 T_I，系统的过渡过程变为振荡发散，导致系统不稳定。

在比例控制系统中，加入积分作用将会使系统的稳定性有所下降，因此若要保持原有的稳定性，则必须根据积分时间的大小，适当地增加比例度，这样就会使系统的振荡周期增大，调节时间增加，最大偏差增加。也就是说，积分作用的引入，一方面消除了系统的余差，而另一方面却降低了系统的其他品质指标。

PI 调节规律的优点是适用性很强，在多数场合下均可采用。缺点是当被控对象的滞后很大时，可能 PI 调节的时间较长；或者当负荷变化特别剧烈时，PI 调节不够及时。在这种情况下，可再增加微分作用。

3.2.4　比例积分微分（PID）调节

3.2.4.1　微分（D）调节规律

在微分调节中，调节器输出信号的变化量与输入偏差的变化速度成正比。其数学表达

式为

$$\Delta u(t) = T_D \frac{de(t)}{dt} \qquad (3-14)$$

式中，T_D 为微分时间。

由式（3-14）可知，若在某一时刻 $t = t_0$ 输入一个阶跃变化的偏差信号 $e(t) = A$，则在该时刻调节器的输出为无穷大，即 $e(t)$ 的变化速度（斜率）在 $t = t_0$ 处是无穷大，其余时间输出为零，其特性曲线如图 3-18 所示。显然这种特性没有实用价值，称为理想微分作用特性。

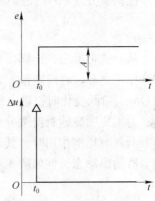

从图 3-18 中还可看出，微分调节器的输出只与偏差的变化速度有关，而与偏差的存在与否无关，它是根据偏差变化速度的快慢而进行调节的，这叫做超前作用，只要偏差变化一露头，调节就立即起作用，当偏差没有变化时，微分调节不起作用。即微分作用对恒定不变的偏差是没有克服能力的。因此，微分调节不能单独使用。实际上，微分控制总是与比例控制或比例积分控制组合使用的。

实际微分作用的动态特性如图 3-19a 所示。在输入作用阶跃变化的瞬间，调节器的输出为一个有限值，然后微分作用逐渐下降，最后为零。对于其后一个固定偏差来说，不管这个偏差有多大，因为它的变化速度为零，故微分输出亦为零。对于一个等速增加的偏差来说，即 $de(t)/dt = C$

图 3-18 理想微分调节器
开环输出特性

（常数），则微分输出亦为常数 $T_D C$，如图 3-19b 所示。这就是微分作用的特点。

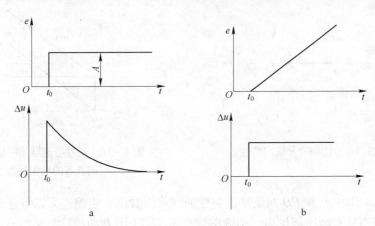

图 3-19 实际微分调节器的开环输出特性
a—实际微分作用特性；b—等速偏差时微分作用特性

到此，已了解了比例、积分、微分调节规律及作用，将它们的调节作用对比总结如下。比例调节规律的作用是，偏差一出现就能及时调节，调节作用同偏差量成比例，调节终了会产生静态偏差。

积分调节规律的作用是，只要有偏差，就有调节作用，积分调节作用的强弱取决于偏差大小和偏差存在时间的长短，随着时间的增加，积分调节作用会增大。这样，即便偏差很小，积分调节作用也会随着时间的增加而加大，它使控制器的输出增大，使稳态偏差进一步减小，直到偏差为零，因此它能消除偏差。但积分作用过强，又会使调节作用过强，引起被调参数超调，甚至产生振荡。

微分调节规律的作用是，根据偏差的变化速度进行调节，因此能提前给出较大的调节作用，大大减小了系统的动态偏差量及调节过程时间。但微分作用过强，又会使调节作用过强，引起系统超调和振荡。

3.2.4.2　比例微分（PD）控制规律

比例微分（PD）控制规律是比例与微分两种控制规律的组合，其数学表达式为

$$\Delta u(t) = K_{\mathrm{P}} \left[e(t) + T_{\mathrm{D}} \frac{\mathrm{d}e(t)}{\mathrm{d}t} \right] \tag{3-15}$$

从上式可看出，比例微分调节器是在比例作用的基础上再加上微分作用，其输出为两部分作用之和。在阶跃偏差输入下，其理想输出特性如图 3-20 所示。由图可见，当输入信号 e 为阶跃变化时，输出信号立即升至无限大，然后余下便为比例作用的输出。

为了更明显地看出微分调节的作用，设输入为一等速增加的偏差信号 $\mathrm{d}e/\mathrm{d}t = V_0$。当调节器只有比例作用时，其动态特性如图 3-21 中 P 曲线，当加入微分作用后，则理想的调节器输出动态特性如图 3-21 中 PD 曲线。

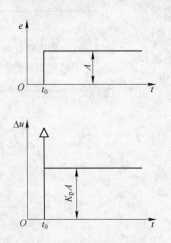

图 3-20　理想比例微分输出特性

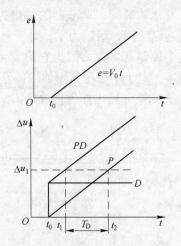

图 3-21　偏差等速增加时比例微分
调节器的输出特性

比较图 3-21 中 P 和 PD 两条动态特性曲线可以看出，当偏差 e 以等速变化时，如果没有微分作用而只有纯比例作用，则输出就是图 3-21 中 P 曲线；如果没有比例作用而只有微分作用，则输出就是一个阶跃变化（D 线），由于输入以等速变化，故微分输出也一直维持某一数值不变。从图 3-21 还可看出，在同样输入作用下，单纯比例作用的输出要较比例加微分的小。由于有了微分作用，当 $t = t_1$ 时，输出可以达到 Δu_1 位置；而单靠比例作用，要使 $\Delta u = \Delta u_1$，就要等到 $t = t_2$ 时才能达到。可见加上微分之后，总的输出加大了，相当于控制作用超前了，超前的时间为 $t_2 - t_1 = T_{\mathrm{D}}$，超前时间就是微分时间 T_{D}。

严格按式（3-15）动作的调节器在物理上是不能实现的。工业上实际采用的 PD 调节规律是比例作用与近似微分作用的组合，以趋近于理想比例微分特性。当输入偏

差$e(t)$的幅值为A的阶跃信号时，比例微分的输出特性曲线如图3-22所示，其数学表达式如下

$$\Delta u(t) = K_\mathrm{p}A + K_\mathrm{p}A(K_\mathrm{D}-1)e^{-K_\mathrm{D}t/T_\mathrm{D}}$$

$$(3-16)$$

式中，K_D为微分增益。工业调节器的K_D一般为$5 \sim 10$。由式（3-16），当$t = T_\mathrm{D}/K_\mathrm{D}$时，有

$$\Delta u(t) = K_\mathrm{p}[A + 0.368A(K_\mathrm{D}-1)]$$

$$(3-17)$$

即在$t = T_\mathrm{D}/K_\mathrm{D}$时，PD调节器的输出从变化脉冲顶点下降了微分作用部分最大输出的63.2%。

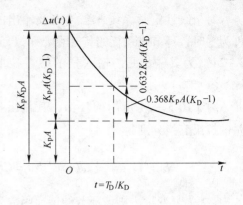

图3-22 实际比例微分调节的输出特性

由$T_\mathrm{D} = K_\mathrm{D}t$可知，此时的$t$的$K_\mathrm{D}$倍就是微分时间$T_\mathrm{D}$。利用这些关系式，可以通过试验来确定微分时间。

由式（3-16）可知，微分作用总是力图阻止被控变量的振荡，所以适当的微分作用有抑制振荡的效果。若微分作用选择适当，将有利于提高系统的稳定性；若微分作用过强，即微分时间T_D过大，反而不利于系统的稳定。工业用调节器的微分时间可在一定范围内（例如$3\mathrm{s} \sim 10\mathrm{min}$）进行调整。

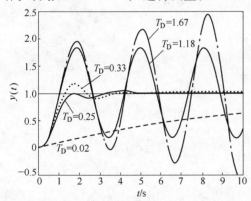

图3-23 单位阶跃输入时不同微分
时间下的比例微分过渡过程

在比例微分控制系统中，若保持调节器的比例度不变，微分时间对过渡过程的影响如图3-23所示。从图中可以看出，微分时间T_D太小，微分调节作用减弱，其对系统的品质指标影响很小，如图中$T_\mathrm{D} = 0.02$的曲线；随着微分时间的增加，微分作用增强，当T_D适当时，控制系统的品质指标将得到全面的改善，如图中$T_\mathrm{D} = 0.25$和$T_\mathrm{D} = 0.33$的曲线；当$T_\mathrm{D} = 1.18$时，系统进入等幅振荡过渡过程；在此基础上若进一步增加微分时间，则微分作用太强，反而会引起系统振荡加剧，如图中$T_\mathrm{D} = 1.67$的曲线。

在生产实际中，一般的温度控制系统，惯性比较大，常需加微分作用，可提高系统的控制质量。而在压力、流量等控制系统中，则多不加微分作用。

3.2.4.3 比例积分微分（PID）控制规律

理想的PID调节规律的数学表达式为

$$\Delta u(t) = K_\mathrm{p}\left[e(t) + \frac{1}{T_\mathrm{I}}\int_0^t e(t)\mathrm{d}t + T_\mathrm{D}\frac{\mathrm{d}e(t)}{\mathrm{d}t}\right] \qquad (3-18)$$

同样，严格按式（3-18）动作的调节器在物理上是不能实现的。工业上实际采用的PID调节规律是比例作用、积分作用与近似微分作用的组合。在介绍实际的PID调节规律前，先介绍过程控制的一个重要概念，即控制系统或其中环节的传递函数。

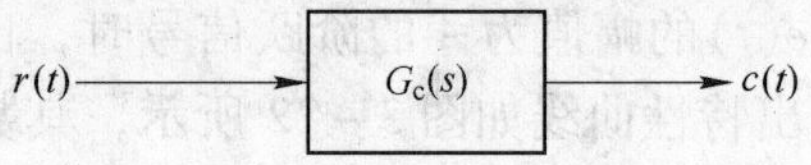

对于线性定常系统，当输入及输出的初始条件为零时，环节或系统的传递函数 $G_c(s)$（见图 3-24）为其输出量、输入量的拉普拉斯变换之比。

图 3-24　控制系统环节的输入、输出及传递函数

对于图 3-24 所示的环节，其输出量、输入量的拉氏变换分别为

$$L[c(t)] = \int_0^{+\infty} c(t)e^{-st}dt = C(s),\ L[r(t)] = \int_0^{+\infty} r(t)e^{-st}dt = R(s)$$

式中，s 为复变量。则该环节的传递函数为

$$G_c(s) = \frac{L[c(t)]}{L[r(t)]} = \frac{C(s)}{R(s)} \tag{3-19}$$

如果知道了环节的传递函数和输入量的拉氏变换，就可以确定该环节的输出量，即

$$c(t) = L^{-1}[C(s)] = L^{-1}[G_c(s)R(s)]$$

对于 PID 调节规律，有式（3-18）。对式（3-18）两边进行拉氏变换，得输出信号项为

$$L[\Delta u(t)] = \int_0^{+\infty} \Delta u(t)e^{-st}dt = U(s)$$

比例调节项为

$$L[e(t)] = \int_0^{+\infty} e(t)e^{-st}dt = E(s)$$

积分调节项为

$$L\left[\frac{1}{T_I}\int_0^t e(t)dt\right] = \frac{1}{T_I}\int_0^{+\infty}\left(\int_0^t e(t)dt\right)e^{-st}dt = \frac{1}{T_I}\left[-\frac{1}{s}\int_0^{+\infty}\left(\int_0^t e(t)dt\right)de^{-st}\right]$$

$$= -\frac{1}{T_I s}\left[\left(\int_0^t e(t)dt\right)e^{-st}\Big|_0^{+\infty} - \int_0^{+\infty} e(t)e^{-st}dt\right] = \frac{1}{T_I s}E(s)$$

微分调节项为

$$L\left[T_D\frac{de(t)}{dt}\right] = T_D\int_0^{+\infty}\frac{de(t)}{dt}e^{-st}dt = T_D\left[e(t)e^{-st}\Big|_0^{+\infty} + s\int_0^{+\infty} e(t)e^{-st}dt\right] = T_D s E(s)$$

最后得到

$$U(s) = K_p\left[E(s) + \frac{1}{T_I s}E(s) + T_D s E(s)\right] = K_p\left[1 + \frac{1}{T_I s} + T_D s\right]E(s)$$

则理想的 PID 调节的传递函数为

$$G(s) = \frac{U(s)}{E(s)} = K_p\left[1 + \frac{1}{T_I s} + T_D s\right] \tag{3-20}$$

由于微分调节的加入，这样的调节规律在物理上是无法实现的。在工业上采用的 PID 调节器，如 DDZ 型调节器的传递函数与式（3-20）类似，即

$$G(s) = K_p^* \frac{1 + \dfrac{1}{T_I^* s} + T_D^* s}{1 + \dfrac{1}{K_I T_I s} + \dfrac{T_D}{K_D} s} \qquad (3-21)$$

式中，$K_p^* = FK_p$，$T_I^* = FT_I$，$T_D^* = \dfrac{T_D}{F}$，F 为相互干扰系数，K_I 为积分增益。图 3 - 25 给出了单位阶跃输入时理想 PID 调节和工业用 PID 调节器的输出特性对比。

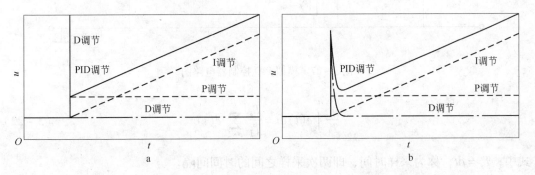

图 3 - 25　PID 调节输出特性

a—理想 PID 调节输出；b—实际 PID 调节输出

在 PID 调节器中，比例、积分和微分作用取长补短、互相配合，如果比例度、积分时间、微分时间这三个参数整定适当，就可以获得较高的控制质量，见图 3 - 26。因此，PID 调节器的适应性较强，应用也较为普遍。

PID 调节器分为模拟式和数字式两种。模拟 PID 调节器，实际上是由电阻、电容、运算放大器构成的模拟电子电路来实现 PID 运算的功能，如图 3 - 27 所示。

图 3 - 27 的 PID 电路是由 P、PD、PI 三种运算电路串联构成的。在比例微分（PD）

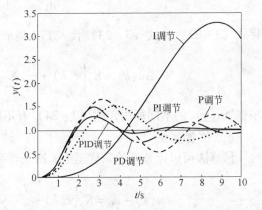

图 3 - 26　不同调节规律阶跃响应比较

电路中，C_D、R_{PD} 及 R_5、R_6 组成比例微分电路，运算放大器 A_2 构成同相比例放大器。在比例积分电路中，C_I、R_{PI} 构成输入电路，C_M 为反馈电容，电阻 R_{PI}、电容 C_M 构成积分电路，电容 C_I、C_M 和运算放大器 A_3 构成比例电路。输入信号 u_I 通过 PID 运算电路得到输出电压信号 u_0。调节其中的电位器来获得不同的比例、积分、微分作用，这就是常规的模拟 PID 调节的原理。

随着微处理器的发展，采用单片微型计算机的数字式 PID 调节器应用越来越广泛。数字 PID 调解器主要是依靠数字计算机来实现的，把输入量与输出量之间的数学关系通过软件的运算来完成。因此数字 PID 调解器比模拟 PID 调解器使用更方便，可以实现更完美的控制。采用如下转换公式即可由模拟控制算法近似得到数字化控制算法。

对于积分调节，由积分的近似算法，有

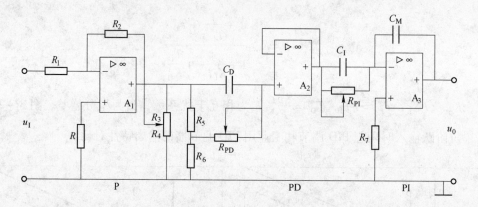

图 3 – 27　模拟 PID 控制器电路图

$$\frac{1}{T_\mathrm{I}}\int_0^t e(t)\,\mathrm{d}t = \frac{T_\mathrm{s}}{T_\mathrm{I}}\sum_{i=1}^k e(i) \tag{3-22}$$

式中，$T_\mathrm{s} = \mathrm{d}t$，称为采样时间，即两次采样之间的时间间隔。

对于微分调节，由微分的近似算法，有

$$T_\mathrm{D}\frac{\mathrm{d}e(t)}{\mathrm{d}t} = T_\mathrm{D}\frac{e(k)-e(k-1)}{T_\mathrm{s}} \tag{3-23}$$

将式（3-22）和式（3-23）代入 PID 调节规律计算式（3-18），得

$$\Delta u(k) = K_\mathrm{p}\left[e(k) + \frac{T_\mathrm{s}}{T_\mathrm{I}}\sum_{i=1}^k e(i) + T_\mathrm{D}\frac{e(k)-e(k-1)}{T_\mathrm{s}}\right] \tag{3-24}$$

根据 $\Delta u(k)$ 的不同算法，式（3-24）有不同的表达式。

A　位置算法

该算法可以计算开始采样至第 k 次采样后的输出量的增量，即

$$u(k) - u_0 = K_\mathrm{p}\left[e(k) + \frac{T_\mathrm{s}}{T_\mathrm{I}}\sum_{i=1}^k e(i) + T_\mathrm{D}\frac{e(k)-e(k-1)}{T_\mathrm{s}}\right] \tag{3-25}$$

B　增量算法

该算法可以求出两次相邻采样间隔的输出量的增量，即

$$\Delta u(k) = u(k) - u(k-1) = K_\mathrm{p}\left[e(k) + \frac{T_\mathrm{s}}{T_\mathrm{I}}\sum_{i=1}^k e(i) + T_\mathrm{D}\frac{e(k)-e(k-1)}{T_\mathrm{s}}\right] -$$

$$K_\mathrm{p}\left[e(k-1) + \frac{T_\mathrm{s}}{T_\mathrm{I}}\sum_{i=1}^{k-1} e(i) + T_\mathrm{D}\frac{e(k-1)-e(k-2)}{T_\mathrm{s}}\right] \tag{3-26}$$

$$u(k) - u(k-1) = K_\mathrm{p}\left[e(k)-e(k-1)\right] + \frac{K_\mathrm{p}T_\mathrm{s}}{T_\mathrm{I}}e(k) + \frac{K_\mathrm{p}T_\mathrm{D}}{T_\mathrm{s}}\left[e(k)-2e(k-1)+e(k-2)\right]$$

$$\tag{3-27}$$

C 速度算法

该算法可以计算出输出量的局部速度，即

$$v(k) = \frac{u(k) - u(k-1)}{T_s} = \frac{K_p}{T_s}[e(k) - e(k-1)] + \frac{K_p}{T_I}e(k) + \frac{K_p T_D}{T_s^2}$$

$$[e(k) - 2(k-1) + e(k-2)] \qquad (3-28)$$

数字 PID 控制系统如图 3-28 所示。与模拟 PID 控制系统相比，其中的模拟 PID 调节器采用数字 PID 调节器，增加 A/D（模/数）、D/A（数/模）转换器和三个电子开关。因为计算机是分时工作的，只有在进行调节时，设定值才输入 PID 调节器中，由计算机软件的运算来替代模拟电路中的电阻、电容、运算放大器的工作，运算后的数字量必须通过 D/A 转换，才能送到执行器上进行调节。

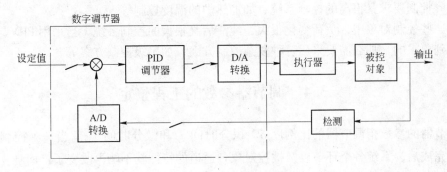

图 3-28 数字 PID 控制系统

在使用数字式 PID 调节器的过程中，必须考虑采样周期 T_s 对系统的影响。从过程控制性能考虑，采样周期 T_s 应尽可能的短，这样接近于连续控制，不仅控制效果好，而且可借用模拟 PID 控制参数的整定方法。但采样周期越短，对计算机的运行速度和存储容量要求越高。从执行机构的特性要求来看，由于过程控制通常采用气动或电动调节阀，它们的响应速度较低。如果周期过短，执行机构来不及响应，仍达不到控制的目的，所以采样周期也不能过短。

采样周期的选取还应考虑被控对象的时间常数 T 和纯滞后时间 τ，当 $\tau = 0$ 或 $\tau < 0.5T$ 时，可选 T_s 介于 $0.1T$ 到 $0.2T$ 之间；当 $\tau > 0.5T$ 时，可选 T_s 等于或接近 τ。最终还要通过现场试验确定最合适的采样时间。

3.3 调节规律的选取

为了对各种调节规律进行比较，图 3-26 所示为同一被控对象在相同阶跃干扰作用下，采用不同调节规律时具有同样衰减比的响应曲线。显然，PID 调节的控制作用最佳，但这并不意味着在任何情况下采用 PID 规律都是合理的。在 PID 调节器中有三个参数需要整定，如果这些参数整定不合适，则不仅不能发挥各种调节规律的应有作用，反而会适得其反。

（1）比例调节器的选择。比例调节器的特点是调节器的输出和偏差成比例，阀门的开度与偏差之间有对应的关系。当负荷变化时，其抗干扰能力强，过渡过程的时间短，但过程终了存在余差。因此，它适用于控制通道滞后较小，负荷变化不大，允许被控量在一定范围内变化的系统，如贮液罐的液位控制、贮气罐的压力控制等。

（2）比例积分调节器的选择。比例积分调节器的特点是调节器的输出和偏差的积分成比例，积分作用使过渡过程结束时无余差，但系统稳定性降低，虽然通过加大比例度可补偿，但又使过渡过程时间加长。因此比例积分控制器适用于滞后比较小，负荷变化不大，被控量不允许有余差的控制系统。如流量、压力和要求比较高的控制系统。这是工程中应用较多的控制器。

（3）比例积分微分调节器的选择。比例积分微分调节器的特点是微分作用使调节器的输出与偏差变化的速度成比例。对于克服容量滞后的影响有明显效果，使稳定性得以提高。又由于有积分作用，可以消除余差，因此这样的控制器适用于负荷变化大，容量滞后也较大，控制要求又很高的控制系统，如加热炉的温度控制等。

在一些控制对象中，负荷变化很大，纯滞后又很大的控制系统，当采用 PID 调节器还不能达到要求的，那么需要采用各种复杂控制方案，如串级控制方案等。

3.4　调节器参数的工程整定

调节器的参数指调节器的比例度 δ、积分时间 T_I 和微分时间 T_D。当一个控制系统设计安装完成后，系统各个环节以及被控对象各通道的特性就不能再改变了，而唯一能改变的就是调节器的参数。为了使控制系统的控制质量优良，需要对调节器的参数进行优化确定。

通过改变调节器参数的大小，可以改变整个控制系统的性能，获得较好的过渡过程和控制质量。调节器参数整定的目的就是按照已确定的控制系统，求取控制系统质量最好的调节器参数。

调节器参数的整定方法主要有理论计算整定法和工程整定法。

理论计算整定法有根轨迹法、频率响应法、偏差积分准则（ISE、IAE 或 ITAE）等。采用理论计算整定法必须知道被控对象的特性，然后通过理论计算来求取调节器的最佳参数。但是，在缺乏足够的被控对象特性资料的情况下，使用理论计算整定法很难得到准确可靠的调节器参数，而且对复杂过程来讲，它的计算方法烦琐、工作量大，比较费时。因此，理论计算整定法一般适用于科研工作中的方案比较用，在实际过程控制中常采用工程整定法。

工程整定法是在被控对象运行时，直接在控制系统中，通过改变调节器参数，观察被控变量的过渡过程，来获取调节器参数的最佳数值。

工程整定法是一种近似的方法，所得到的调节器参数不一定是最佳数值，但却很实用，因此在工程实践中得到了广泛的应用。下面介绍几种简单控制系统调节器参数的工程整定方法。

3.4.1　经验法

根据经验，选择一组 δ、T_I、T_D 值，直接用于调节器中，人为加上阶跃干扰，通过观察调节器的过渡曲线，并以 δ、T_I、T_D 各参数对过渡过程的影响，反复改变它们的大小，直到获得满意的过渡曲线为止。

经验法整定参数的顺序是，先整定比例度 δ，待过渡过程稳定后，再加积分作用以消除余差，最后加入微分作用，以加快过渡过程，进一步提高控制质量。对于不同的控制器，具体的整定步骤为：

（1）P 调节器。将比例度 δ 放在较大位置，逐步减小，观察被控量的过渡过程曲线，直到曲线满意为止。

（2）PI 调节器。先置 $T_I = \infty$，按纯比例作用先整定比例度 δ，使之达到 4:1 衰减过程，然后将比例度放大（10~20）%，而积分时间 T_I 由大到小逐步加入直到达到 4:1 的衰减过程。

（3）PID 调节器。将 T_D 置为 0，按 PI 调节器的方法整定 δ、T_I 的值，然后将比例度 δ 减低到比原值小（10~20）%的位置，而 T_I 也适当减小，再把 T_D 由小到大逐步加入，观察曲线，直到达到满意的过程为止。

在整定过程中，观察到曲线振荡频繁，则要把比例度 δ 加大，以减小振荡；若曲线最大偏差大，需把比例度 δ 减小；当曲线波动较大时，应增加积分时间 T_I，曲线偏离设定值长时间回不来，则需减小积分时间。如果曲线振荡得厉害，需把微分作用减到最小或不加微分作用；如曲线最大偏差大而衰减慢，则需加长微分时间 T_D；总之，根据曲线，以 δ、T_I、T_D 对控制质量的影响为依据，就可以把过渡过程调整到稳定状态。

对于温度控制系统，其对象容量滞后较大，被控变量受干扰作用后变化迟缓，一般选用较小的比例度，较大的积分时间，同时要加入微分作用，微分时间是积分时间的四分之一。

对于流量控制系统，是典型的快速系统，对象的容量滞后小，被控变量有波动。对于这种过程，不用微分作用，宜用 PI 调节规律，且比例度要大，积分时间可小。

对于压力控制系统，通常为快速系统，对象的容量滞后一般较小，其参数的整定原则与流量系统的整定原则相同。但在某些情况下，压力系统也会成为慢速系统，这时系统的参数整定原则应参照典型的温度系统。

对于液位系统，其对象的时间常数范围较大，对只需要实现平均液位控制的地方，宜用纯比例控制，比例度要大，一般不用微分作用，要求较高时应加入积分作用。

调节器参数经验值如表 3-1 所示。经验法简单可靠，容易掌握，适用于各种系统。特别是对于外界干扰作用较频繁的系统，采用这种方法更为适合。但这种方法对于调节器参数较多的情况，不易找到最好的整定参数。

表 3-1 调节器参数经验值

系 统	参 数		
	δ/%	T_I/min	T_D/min
温 度	20~60	3~10	0.5~3
流 量	40~100	0.1~1	
压 力	30~70	0.4~3	
液 位	20~100		

3.4.2 稳定边界法

首先求取在纯比例作用下的闭环系统为等幅振荡过程时的临界比例度 δ_k 和临界振荡周期 T_k，见图 3 - 29，然后根据经验公式（表 3 - 2）计算出相应的调节器参数。

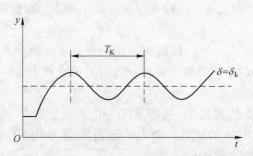

图 3 - 29   临界振荡曲线

表 3 - 2   稳定边界法经验计算式

调节规律	$\delta/\%$	$T_I/\min$	$T_D/\min$
P	$2\delta_k$		
PI	$2.2\delta_k$	$0.85T_k$	
PID	$1.7\delta_k$	$0.5T_k$	$0.13T_k$

稳定边界法又称齐格勒（Ziegler）- 尼可尔斯（Nichols）方法，早在 1942 年就已提出。稳定边界法便于使用，而且在大多数控制回路中能得到较好的控制品质。具体步骤如下：

（1）设置调节器积分时间 T_I 到最大值（$T_I = \infty$），微分时间 $T_D = 0$，比例度 δ 置较大值，使控制系统投入运行。

（2）待系统运行稳定后，逐渐减小比例度，直到系统出现等幅振荡，即所谓临界振荡过程。记录下此时的比例度 δ_k，并计算两个波峰间的时间 T_k。

（3）利用 δ_k 和 T_k 值，按表 3 - 2 给出的相应的计算公式，求出调节器各稳定参数 δ、T_I、T_D 的数值。

采用稳定边界法时要注意以下三点：

（1）这种方法的关键是准确测定临界比例度 δ_k 和临界振荡周期 T_k，因此控制器的刻度和记录仪应调校准确；

（2）当控制系统的时间常数很大时，临界比例度很小，这会使调节阀处于位式控制状态，因而不宜采用这种方法；

（3）有的工艺过程不允许被控量作等幅振荡，如锅炉水位控制系统，该系统不宜采用这种方法。

3.4.3 衰减曲线法

在一些不允许或不能得到等幅振荡的情况下，可考虑采用衰减曲线法。它与稳定边界法的唯一差异仅在于衰减曲线法是以获得4:1衰减振荡曲线为参数整定的依据。具体步骤为：

（1）置调节器积分时间 T_I 到最大值（ $T_I = \infty$ ），微分时间 $T_D = 0$ ，比例度 δ 置较大值，使控制系统投入运行。

（2）待系统稳定后，作设定值阶跃扰动，并观察系统响应。若系统响应衰减太快，则减小比例度，反之，系统响应过慢，应增大比例度。如此反复，直到系统出现如图3-30所示的4:1的衰减振荡过程，记下此时的比例度 δ_s ，并在4:1曲线上求得振荡周期 T_s 的数值。

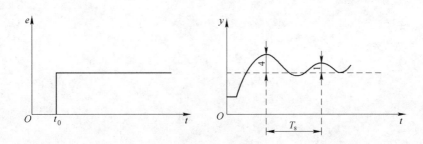

图3-30　衰减曲线法的4:1衰减曲线

（3）利用表3-3中的经验公式，求得控制器的 δ 、 T_I 、 T_D 数值。

表3-3　衰减曲线法经验计算式

调节规律	$\delta/\%$	T_I/min	T_D/min
P	δ_k		
PI	$1.2\delta_k$	$0.5T_k$	
PID	$0.8\delta_k$	$0.3T_k$	$0.1T_k$

（4）将比例度放到比计算值大一些的数值上，然后把积分时间按计算值加入，再加入微分时间，最后把比例度减小到计算值，观察过渡过程曲线，如不满意，再作适当的调整。

衰减曲线法的整定方法简单、可靠，而且整定的质量较高，目前得到了广泛的应用。但这种方法要求在工艺稳定的条件下通过改变设定值信号加入阶跃干扰，工艺上的其他干扰要设法去除，否则，记录曲线将是几种外界干扰同时作用影响的结果，不可能得到正确的4:1衰减曲线上的比例度和振荡周期。因此，衰减曲线法适用于干扰较小的系统。

以上介绍了调节器参数的几种工程整定方法。它们都不需要预先知道被控对象的特性，而是直接在闭合的系统中进行整定。如果预先知道被控对象特性的话，那么，根据理论分析计算的方法求出调节器参数的数值，再在闭合系统投运中进行适当调整，将会更方便、迅速和准确。另外需要指出的是，对调节器参数的整定是在某一工作状态下进行的，即在一定的工艺操作条件和一定的负荷下进行的。那么一组调节器参数在一种工作状态下是最佳的，而在另一种工作状态下就不一定是最佳的。所以，当工艺操作条件或负荷发生较大变化时，调节器参数往往需要重新整定。

　　PID 控制器参数的工程整定的顺序和方法总结如下：为了得到最佳的控制器参数，应从小到大顺序查找；先是确定比例度，然后确定积分时间，最后再施加微分时间；如果曲线振荡很频繁，应放大比例度值；如果过渡曲线绕大弯，可将比例度值往小调；如果曲线偏离大回复慢，将积分时间往下降；如果曲线波动周期长，可将积分时间加长；如果曲线振荡频率快，先把微分时间往下降；如果动差大且波动慢，微分时间应延长；理想的过渡曲线应呈现两个波，前高后低且两个波峰为 4∶1。

4 复杂控制系统

单回路控制系统中只使用了一个调节器、一个执行器和一个检测变送器。从系统的方框图看，只有一个闭环，即一个回路，由此称为单回路控制系统。在大多数情况下，这种简单控制系统已能够满足工艺生产的要求。因此，它是一种最基本、最广泛的控制系统。

但对于复杂的、要求控制质量高的过程，单回路控制系统就不能满足控制要求。例如被控对象的动态特性决定了它很难控制，而工艺对调节质量的要求又很高；或者被控对象的动态特性虽然并不复杂，但控制的任务却比较特殊。

另外还应看到，随着生产过程向大型化、连续化和强化方向发展，对操作条件要求更加严格，参数间相互关系更加复杂，对控制系统的精度和功能提出了许多新的要求，对能源消耗和环境污染也有明确的限制。

为此，需要在单回路控制的基础上，设计开发复杂的控制系统，以满足生产过程控制的要求。下面介绍一些复杂的控制系统。

4.1 串级控制系统

4.1.1 串级控制的基本原理

如图 4-1 所示为一生产烧结矿的单回路温度控制系统示意图。物料连续从烧结室的一端进入，经烧结后从烧结室的另一端离开。烧结需要的热量由燃料进入燃烧室燃烧产生，从烧结室下部传给物料。为了保证烧结产品的质量，必须严格控制烧结温度 T_1，为此，需要严格控制进入燃烧室的燃料量。控制烧结室温度的单回路控制系统的控制框图如图 4-2 所示，该系统采用一个温度检测元件、一个调节器、一个控制器，根据烧结室的温度与其设定值的偏差来调节控制进入燃烧室的燃料流量。

从图 4-1 所示的控制系统中可以看出，如果燃料的压力发生变化，燃料的流量将随之变化，则影响到燃烧室的温度 T_2。由于热量传递属于较慢的过程，T_2 的改变，需要通过较长时间传热才能引起 T_1 的变化。等 T_1 的变化被控制系统发现后，T_2 已变化很大了。所以这样设计控制系统，不能及时发现对 T_2 的干扰，从而造成控制不及时。

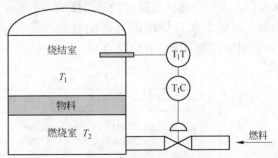

图 4-1 控制烧结室温度的单回路控制系统

如果对燃烧室的温度进行单回路控制，控制系统如图 4-3 所示。这种控制系统，对 T_2 的干扰可以及时监控，但对进入烧结室的干扰如物料的运行速度、物料的初始温度、物

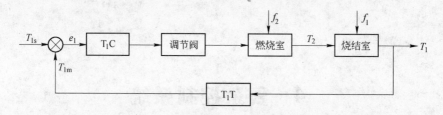

图 4-2　控制烧结室温度的单回路控制框图

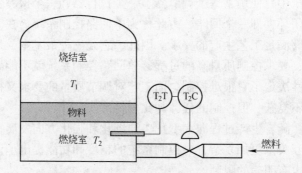

图 4-3　控制燃烧室温度的单回路控制系统

料的组成等却无法监控。所以这种单回路控制系统也不能很好地控制烧结温度。

　　分析引起温度变化的扰动因素,主要来自两个方面,在烧结矿方面有它的运行速度、进入烧结室的初始温度和烧结矿化学组分等,称为 f_1；在燃料方面有它的入口温度以及调节阀前的压力等,称为 f_2。f_1 与 f_2 分别作用于系统的不同地点,当燃料方面发生扰动时,例如燃料压力升高引起燃料流量增加,它首先影响燃烧室温度,而后影响烧结室的温度。

　　采用串级控制系统,可以提高控制质量。烧结室温度的串级控制系统和控制框图分别如图 4-4 和图 4-5 所示,它是以燃烧室温度作为中间变量构成的。从图中可以看出,控制系统有两个环路,扰动因素 f_2 包括在内环之中,因此可以大大减小这些扰动对烧结温度的影响。而对于来自烧结矿方面的扰动 f_1,由串级控制系统的外回路克服。

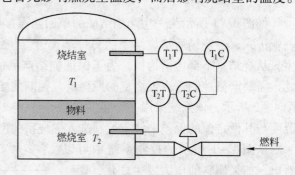

图 4-4　烧结室温度的串级控制系统

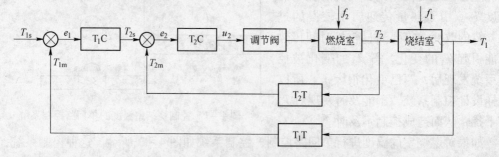

图 4-5　烧结室温度串级控制系统框图

通过上面的例子，可以归纳出一个通用的串级控制系统，如图 4 - 6 所示。从图中可以看出，串级控制系统由两套检测变送器、两个调节器、两个被控对象和一个调节阀组成，其中的两个调节器串联起来工作，前一个调节器的输出作为后一个调节器的给定值。后一个调节器的输出才送往调节阀。串级控制系统与简单控制系统有一个显著的区别，它在结构上形成了两个闭环。一个闭环在里面，称为副环或副回路；一个闭环在外面，称为主环或主回路，以保证被控变量满足工艺要求。

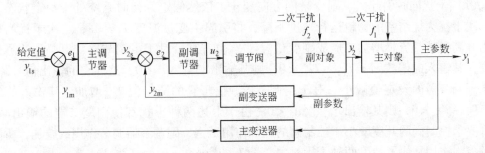

图 4 - 6　串级控制系统框图

处于主回路的被控变量为主变量，控制系统是要使它保持平稳，是控制的主要目标。副回路的被控变量为副变量，它是一个中间变量。副回路所包括的控制对象为副对象，主回路所包括的控制对象称为主对象。处于副回路的调节器为副调节器，处于主回路的调节器成为主调节器。进入主回路的干扰称为一次干扰，进入副回路的干扰称为二次干扰。

4.1.2　串级控制系统的工作过程

串级控制系统只有副调节器的输出去操纵控制阀，来控制主、副被控对象。下面分不同的干扰来讨论串级控制系统。设两个调节器都选择的作用方式工作为：当偏差 $e = T_s - T_m > 0$ 时，调节器的输出增量 $\Delta u > 0$，也就是调节器的输出量增加。

4.1.2.1　只有二次干扰

假定开始时系统处于稳定状态。如果燃料压力突然升高，在流量阀门开度不变时，引起燃料流量增加，则燃烧室温度 T_2 会升高，并被副回路的温度检测元件测到，副调节器接受到的温度值增加。如果温度增加不能马上引起烧结室的温度变化，所以主调节器的输入暂时还不变化，因此副调节器处于定值控制状态。这时，副调节器的输入信号 $e_2 = T_{2s} - T_{2m} < 0$，则其输出将是力图控制燃烧室的温度升高，输出量将减小，也就是 $\Delta u_2 < 0$，即关小调节阀以减少燃料流量，减少燃烧热。如果这个二次干扰幅度不大，经副回路的调节，很快得到克服，不至于引起主变量烧结室温度的变化。如果干扰作用强，尽管副回路的控制作用已大大削减了它对主变量 T_1 的影响，但随着时间推移，主变量 T_1 还是会受到它的影响而偏离稳定值升高。经主回路的温度检测变送器后，主调节器接受的输入偏差信号 $e_1 = T_{1s} - T_{1m} < 0$，则主调节器的输出 $\Delta u_1 < 0$，所以主调节器的输出将减小。结果副调节器的设定值减小，使得 $e_2 = T_{2s} - T_{2m}$ 更小于零，副控制器的输出在原来基础上就变得更小，从而进一步减小燃料流量，以克服干扰对主变量的影响。

4.1.2.2　只有一次干扰

假定开始时系统处于稳定状态。如果烧结矿物料的运行速度加快，则必然导致烧结室

温度 T_1 下降。对于定值控制的主调节器来说，其测量值 T_{1m} 减小，则偏差 $e_1 = T_{1s} - T_{1m} > 0$，这样主调节器的输出增量 $\Delta u_1 > 0$，也就是它的输出必然增加，则副控制器的设定值增加了。因为一次干扰只进入主回路，它对副变量——燃烧室温度没有影响，所以副调节器的测量值暂时不变，则副调节器的输入信号 $e_2 = T_{2s} - T_{2m} > 0$，则 $\Delta u_2 > 0$，结果使得副控制器的输出信号增加，控制阀的开度增大，加大燃料流量，使烧结室温度升高。

4.1.2.3　一次干扰和二次干扰同时存在

（1）干扰同时引起主、副变量同方向变化。依然假定开始时系统处于稳定状态。如果一次干扰为烧结室的物料运行速度下降，将引起主变量温度 T_1 升高；二次干扰为燃料压力升高导致其流量增加，造成副变量温度 T_2 也升高。对于主调节器，由于它的测量值升高，其输入的偏差 $e_1 = T_{1s} - T_{1m} < 0$，则其输出增量 $\Delta u_1 < 0$，这样它的输出信号降低，结果副调节器的设定值减小。对于副调节器，由于它的测量值 T_{2m} 增加，其输入的偏差 $e_2 = T_{2s} - T_{2m} < 0$，则其输出增量 $\Delta u_2 < 0$。由于上述两种干扰都使副调节器的输出减小，即都要求控制阀的开度减小。控制阀的调节作用是主、副调节器调节作用的叠加，所以叠加的控制作用加快了消除两种干扰对主变量 T_1 的影响。

（2）干扰引起主、副变量反方向变化。还是假定开始时系统处于稳定状态。如果烧结室的物料运行速度增大，必然导致烧结室的温度 T_1 下降；二次干扰为燃料压力升高其流量增加，导致副变量温度 T_2 升高。对于主调节器，由于其测量值 T_{1m} 减小，$e_1 = T_{1s} - T_{1m} > 0$，所以 $\Delta u_1 > 0$，即主调节器的输出将增大，结果副调节器的设定值 T_{2s} 也增大。对于副调节器，其测量值 T_{2m} 增大，根据 $e_2 = T_{2s} - T_{2m}$，如果副调节器的设定值 T_{2s} 和测量值 T_{2m} 在相同的时间里增大的幅度相同，则 $e_2 = 0$，即无偏差信号，副调节器的 $\Delta u_2 = 0$，即输出信号不变，控制阀的开度不变。即二次干扰补偿了一次干扰，控制阀无需动作。如果副调节器的设定值和测量值的变化幅度不同，则副调节器可以根据偏差 e_2 的大小和方向进行信号输出，控制阀门的开度，将主变量稳定在设定值上。

4.1.3　串级控制系统的主要特点

（1）对二次干扰具有很强的克服能力，一次干扰的克服能力也得到提高。串级控制系统是一个双回路系统。如图 4-6 所示，进入副回路的干扰 f_2 首先影响副变量 y_2，使其发生变化。由于副回路的反馈控制作用，在主变量 y_1 尚未产生明显的变化之前，副调节器就已操纵调节阀动作，以克服干扰 f_2 对 y_2 所造成的影响，使 y_2 的波动减小，从而使干扰 f_2 对主变量 y_1 的影响更小。由于设置了副回路，对进入副回路的干扰 f_2 具有很强的抑制能力，而不像单回路控制系统那样一定要等到 y_1 发生明显变化之后才进行调节，从而串级控制系统可大幅度地减小 y_1 的波动和缩短过渡过程时间，使控制品质得到明显改善。由此可见，对于二次干扰 f_2，副回路实际上起到了快速"粗调"作用，而主回路则担当起进一步"细调"的功能，从而使主变量 y_1 稳定在设定值上。

能够迅速克服进入副回路的干扰，是串级控制系统的最主要的特点。因此，在设计串级控制系统时，应设法让主要扰动的进入点位于副回路内。

（2）能减小被控对象的时间常数，缩短控制通道，控制及时，提高系统克服干扰的能力。在串级控制系统中，副回路可视为主回路的一个环节，或称为等效对象（等效环节）。对主调节器而言，整个被控对象分为两部分：一是副回路等效对象，二是主对象。

如果匹配得好，可使控制通道大大缩短。当副回路整定得很好时，其闭合后的滞后时间将很小，使整个被控对象的滞后时间近似等于主对象的滞后时间。而若不设置副回路，整个被控对象的滞后时间与主、副对象的滞后时间均有关。此外，由于副回路等效被控对象的时间常数比副对象的时间常数小很多，所以由于副回路的引入而使对象的动态特性有了很大的改善，即对象的时间常数减小，缩短了控制通道，使控制作用更加及时，有利于提高系统克服干扰的能力。

（3）对操作条件和负荷的变化具有一定的自适应能力。控制系统的"鲁棒性"是指控制系统的控制质量对控制对象特性变化的敏感程度。系统的控制质量对被控对象特性变化越不敏感，则称该系统的"鲁棒性"越好。

由于实际过程往往具有非线性和时变特性，当工艺变化时，对象特性会产生变化，从而使原来整定好的控制器参数不再是"最佳"的，系统的控制质量就会变差。串级控制系统由于副回路的存在，可以将具有较大非线性的那部分对象包括在副回路中，使副回路成为一个随动控制系统，它的设定值随主调节器的输出而变化。这样主调节器就可以按照操作条件和负荷的变化，调整副调节器的设定值，从而保证在操作条件和负荷发生变化的情况下，控制系统仍然具有良好的控制质量。从这个意义上来讲，串级控制系统也具有一定的"鲁棒性"。

在被控对象的容量滞后大、干扰强、要求高的场合，采用串级控制可以获得明显的效果。

4.2 前馈控制系统

在前面讨论的控制系统中，都是按被控变量的设定值与测量值的偏差来进行调节的反馈控制系统，不论是什么干扰引起被控变量的变化，调节器均可根据产生的偏差进行调节，这是反馈控制的优点。但反馈控制也有一些固有缺点，控制作用总存在滞后。从扰动作用出现到形成偏差需要时间；当偏差产生后，偏差信号要经过整个反馈回路产生调节作用去抵消干扰作用的影响又需要一些时间。也就是说，反馈控制根本无法将扰动克服在被控变量偏离给定值之前，调节作用总不及时，从而限制了调节质量的进一步提高。另外，由于反馈控制构成一闭环系统，信号的传递要经过闭环中的所有元件，因而包含着内在的不稳定因素。为了改变反馈控制不及时和不稳定的内在因素，提出一种前馈控制系统。在此介绍前馈控制的基本原理及其应用。

4.2.1 前馈控制的基本原理

前馈控制思想是测量进入被控系统的干扰（包括外界干扰和设定值变化），并按其信号产生合适的控制作用去改变操纵变量，使被控变量维持在设定值上。下面举例说明前馈控制系统。

图4-7是一个换热器的示意图。加热蒸汽通过换热器中排管的外部，把热量传给排管内流过的被加热流体，它的出口温度 θ 用蒸汽管路上的调节阀来加以调节。引起该出口温度改变的扰动因素很多，其中主要的扰动是被加热物料的流量 q_v 和加热蒸汽的流量 G_s。

　　当流量 q_v 发生扰动时，出口温度 θ 就会受到影响，产生偏差。如果用一般的反馈控制，调节器只根据被加热液体出口温度 θ 的偏差进行调节，则当 q_v 发生扰动后，要等到 θ 变化后调节器才开始动作。而调节器控制调节阀，改变加热蒸汽的流量以后，又要经过热交换过程的惯性，才使被加热流体出口温度变化而反映调节效果。这就可能使出口温度 θ 产生较大的动态偏差。如果根据被加热的流体流量 q_v 的测量信号来控制调节阀，那么当 q_v 发生扰动后，就不必等到流量变化反映到出口温度以后再去进行操作。而是可以根据流量 q_v 的变化，立即对调节阀进行操作，可以在出口温度 θ 还没有变化前就及时将流量的扰动补偿了。这就是前馈控制，这个自动装置就称为前馈控制器或扰动补偿器。前馈控制系统方框图如图 4 - 8 的方框表示。

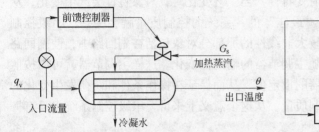

图 4 - 7　换热器前馈控制系统　　　　　图 4 - 8　前馈控制系统方框图

　　从图 4 - 8 可以看出，扰动作用到输出被控变量 y 之间存在着两个传递通道：一个是扰动 f 从扰动通道 G_f 去影响被控变量 y，另一个是从 f 出发经过测量装置和补偿器产生调节作用，经过对象的调节通道 G_p 去影响被控变量 y。调节作用和扰动作用对被控变量的影响应该是相反的。这样，在一定条件下，就有可能使补偿通道的作用很好地抵消扰动 f 对被控对象的影响，使得被控变量 y 不受扰动 f 的影响。这里，首先要求测量装置要十分精确地测出扰动 f，还要求对被控对象特性有充分的了解，以及这个补偿装置的调节规律是可以实现的。在满足了这些条件之后，才有可能完全抵消扰动 f 对 y 的影响。

　　把前馈控制与反馈控制加以比较可以知道，在反馈控制中，信号的传递形成一个闭环系统，而在前馈控制中，则只是一个开环系统，即系统的输出量 y 没有返回到系统的输入端影响被控对象的输入信号。闭环控制系统存在一个稳定性的问题，调节器参数的整定首先要考虑这个稳定性问题。但是，对于开环控制系统来讲，这个稳定性问题是不存在的，补偿的设计主要是考虑如何获得最好的补偿效果。在理想情况下，可以把补偿器设计到完全补偿的状态，即在所考虑的扰动作用下，被控变量始终保持不变，或者说实现了"不变性"原理。

　　由控制原理可知，控制框图中的每个环节的传递函数为输出、输入变量的拉普拉斯变换量之比。由图 4 - 8 可以写出这一前馈控制系统各环节的传递函数，即

$$G_{ff}(s) = \frac{M(s)}{F(s)} \tag{4-1}$$

$$G_p(s) = \frac{Y_1(s)}{M(s)} \tag{4-2}$$

$$G_f(s) = \frac{Y_2(s)}{F(s)} \tag{4-3}$$

式中，$G_f(s)$、$G_p(s)$分别为干扰通道和控制通道的传递函数，$G_{ff}(s)$为包括测量装置在内的前馈补偿器环节的传递函数。由式（4-1）和式（4-2）得

$$Y_1(s) = G_p(s)M(s) = G_p(s)G_{ff}(s)F(s) \qquad (4-4)$$

式（4-3）又可写成

$$Y_2(s) = G_f(s)F(s) \qquad (4-5)$$

系统输出 $Y(s)$ 为 $Y_1(s)$ 和 $Y_2(s)$ 之和，即

$$Y(s) = Y_1(s) + Y_2(s) = G_p(s)G_{ff}(s)F(s) + G_f(s)F(s) \qquad (4-6)$$

最后得到前馈控制系统输出与输入变量之间关系的计算公式

$$\frac{Y(s)}{F(s)} = G_f(s) + G_{ff}(s)G_p(s) \qquad (4-7)$$

要实现完全补偿，则必须使 $Y(s) = 0$，同时 $F(s) \neq 0$，于是得

$$G_{ff}(s) = -\frac{G_f(s)}{G_p(s)} \qquad (4-8)$$

即不论 $F(s)$ 为何值，满足式（4-8）的前馈补偿装置可以使被控变量不受干扰的影响。前馈控制与反馈控制的比较如表4-1所示。

表4-1　前馈与反馈控制的比较

控制形式	检测信号	调节依据	控制及时性	控制方式	控制规律	控制质量	经济性、可能性
反馈	被控变量	偏差大小	滞后	闭环	PID调节	不能使 y 始终保持在 y_s 上	一个回路控制各种干扰
前馈	干扰量	干扰大小	及时	开环	根据对象定	可以使 y 始终保持在 y_s 上	对各种可测干扰建立独立的控制

4.2.2　前馈控制的类型

4.2.2.1　静态前馈控制

在干扰通道和控制通道的动态特性相同的条件下，这两个通道的传递函数中与时间有关的部分是相同的，例如对于干扰通道有 $G_f(s) = K_f e^{-\tau s}/(T_s + 1)$，对于控制通道有 $G_p(s) = K_p e^{-\tau s}/(T_s + 1)$。则由式（4-8），有

$$G_{ff}(s) = -\frac{G_f(s)}{G_p(s)} = -\frac{K_f}{K_p} = -K_{ff} \qquad (4-9)$$

上式表明，补偿器的输出仅仅是输入信号的函数，与时间无关，满足这个条件就称为静态前馈控制。K_{ff}称为静态前馈放大系数。

例如，图4-7所示的热交换过程，假若忽略热损失，并假定100℃的蒸汽经过换热器后冷凝成为100℃的水，则其换热过程的热平衡可表述为

$$q_v C_p (\theta - \theta_i) = G_s H_s \qquad (4-10)$$

式中　C_p——被加热物料的比热容；

θ_i——被加热物料的入口温度；

G_s——蒸汽流量；

H_s——蒸汽汽化热。

由式（4-10）可解得

$$\theta = \theta_i + \frac{G_s H_s}{q_v C_p} \tag{4-11}$$

该式反映了被控量与操纵变量 G_s 和干扰变量 q_v 的关系。

由于干扰量为 q_v，则扰动通道的放大系数为

$$K_f = \frac{d\theta}{dq_v} = -\frac{G_s H_s}{C_p q_v^2} = -\frac{\theta - \theta_i}{q_v} \tag{4-12}$$

因为调节阀控制的变量为 G_s，则控制通道的放大系数为

$$K_p = \frac{d\theta}{dG_s} = \frac{H_s}{q_v C_p} \tag{4-13}$$

于是，静态补偿器的放大系数为

$$-K_{ff} = -\frac{K_f}{K_p} = \frac{C_p(\theta - \theta_i)}{H_s} \tag{4-14}$$

也就是说，静态前馈补偿器满足式（4-14）时，就可实现完全补偿并使被控对象不受干扰的影响。多输入的静态前馈控制系统如图4-9所示。图中虚线方框表示了静态补偿装置。它能对物料的进口温度、流量和出口温度设定值作出静态补偿。

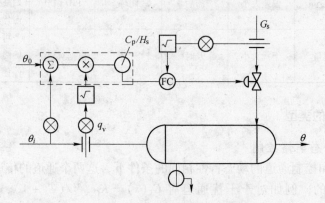

图4-9 换热器的静态前馈控制系统

4.2.2.2 动态前馈控制

在实际中，往往被控对象的干扰通道和控制通道的传递函数是不同的。这时采用静态前馈控制就得不到很好的补偿动态偏差，此时需要采用动态前馈控制。动态前馈控制思想是，通过选择前馈补偿器的传递函数，使干扰信号经过前馈补偿器到被控量通道的动态特性与干扰通道的动态特性完全相同，并使它们符号相反，从而实现对干扰信号进行完全补偿。这种控制方案不仅保证了系统的静态偏差同时又可以保证系统的动态偏差等于零或接近零。

如在热交换器前馈控制系统中，在对冷介质的入口流量进行前馈控制时，假设干扰和

控制通道的传递函数分别为

$$G_f(s) = \frac{K_f e^{-\tau_d s}}{T_f s + 1} \tag{4-15}$$

$$G_p(s) = \frac{K_p e^{-\tau_p s}}{T_p s + 1} \tag{4-16}$$

于是，对干扰量 $F(s)$ 完全补偿时，动态前馈补偿器的传递函数为

$$G_{ff}(s) = -\frac{G_f(s)}{G_p(s)} = -\frac{K_f(T_p s + 1) e^{-(\tau_f - \tau_p)s}}{K_p(T_f s + 1)} \tag{4-17}$$

若实际系统的 $\tau_f = \tau_p$，则动态补偿器的传递函数变为

$$G_{ff}(s) = -\frac{G_f(s)}{G_p(s)} = -\frac{K_f(T_p s + 1)}{K_p(T_f s + 1)} \tag{4-18}$$

再进一步，若 $T_f = T_p$，则有

$$G_{ff}(s) = -\frac{G_f(s)}{G_p(s)} = -\frac{K_f}{K_p} = -K_{ff} \tag{4-19}$$

上式表明，当被控对象的控制通道和干扰通道的动态特性完全相同时，动态补偿器相当于一个静态补偿器的作用，静态前馈控制只是动态前馈控制的特例。

　　除上述的前馈控制系统外，还有多变量前馈控制系统等。这类前馈控制形式较烦琐，构成较复杂，在此不再讨论。

4.3　前馈－反馈控制系统

　　在前馈控制系统中，不存在被控变量的反馈，不知道前馈控制作用后得到的控制效果好坏，即对于补偿的效果没有检验的手段。因此，如果控制的结果无法消除被控变量的偏差，系统也无法获得这一信息而作出进一步的校正。另外对于不可测量的干扰，前馈控制系统也无法实施控制。为了解决前馈控制的这些局限性，在工程上往往将前馈控制与反馈控制结合起来一起使用，构成前馈－反馈控制系统。这样既发挥了前馈校正作用及时的优点，又保持了反馈控制能克服多种扰动及对被控变量最终检验的长处，是一种很好的过程控制的控制方法。图 4-10 所示为换热器的前馈－反馈控制系统，图 4-11 为前馈－反馈控制系统的控制框图。

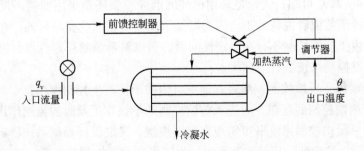

图 4-10　换热器前馈－反馈控制系统

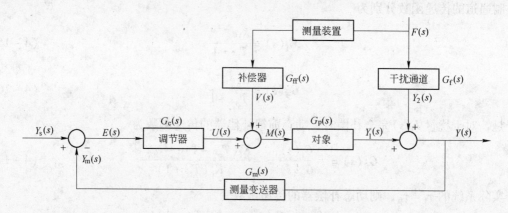

图 4-11　前馈-反馈控制框图

由控制框图和传递函数的定义，可以写出控制系统中各环节的输出量与输入量的关系，即

$$Y(s) = Y_1(s) + Y_2(s), \; E(s) = Y_s(s) - Y_m(s), \; M_s(s) = U(s) + V(s)$$

$$Y_2(s) = G_f(s)F(s), \; Y_1(s) = G_p(s)M(s), \; V(s) = G_{ff}(s)F(s)$$

$$Y_m(s) = G_m(s)Y(s), \; U(s) = G_c(s)E(s)$$

整理后，得到控制系统的被控量与输入量和各环节传递函数的关系

$$Y(s) = \frac{[G_f(s) + G_{ff}(s)G_p(s)]F(s)}{1 + G_m(s)G_c(s)G_p(s)} + \frac{G_c(s)G_p(s)Y_s(s)}{1 + G_m(s)G_c(s)G_p(s)} \qquad (4-20)$$

式（4-20）表明，被控量 $Y(s)$ 的变化受到干扰量 $F(s)$ 和给定值 $Y_s(s)$ 的影响。在干扰作用下，干扰 $F(s)$ 对被控量 $Y(s)$ 闭环传递函数为

$$\frac{Y(s)}{F(s)} = \frac{G_f(s) + G_{ff}(s)G_p(s)}{1 + G_m(s)G_c(s)G_p(s)} \qquad (4-21)$$

对于干扰 $F(s)$，对被控变量 $Y(s)$ 完全补偿的条件是

$$F(s) \neq 0, \; Y(s) = 0$$

由此得前馈补偿器的传递函数为

$$G_{ff}(s) = -\frac{G_f(s)}{G_p(s)} \qquad (4-22)$$

由式（4-21）可知，在前馈控制中引入反馈控制后，扰动对被控变量的影响比纯前馈控制小；由式（4-22）可知，无论是采用单纯的前馈控制还是采用前馈-反馈控制，其前馈补偿器的传递函数或者说特性不会因为增加了反馈回路而改变。另外，在反馈控制中引入前馈控制，由于前馈控制不存在稳定性问题，所以对系统的稳定性没有影响。

前馈-反馈控制系统具有下列优点：

（1）由于增添了反馈控制，能对其他不可测的干扰产生控制作用；

（2）由于前馈控制的存在，对进入前馈控制的干扰作了及时的控制作用；

（3）前馈-反馈控制系统既可实现高精度控制，又能保证控制系统稳定。

对于图 4-10 的前馈-反馈控制系统，为了提高前馈控制的精度，还可以增添一个蒸汽流量控制的闭合回路，使前馈控制器的输出改变这个流量回路的设定值。这样构成的系统称为前馈－串级控制系统，其方框图如图4-12所示。

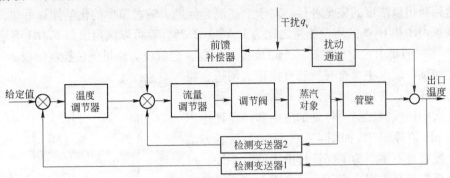

图4-12 换热器前馈－串级控制系统框图

4.4 比值控制系统

在生产中，经常需要两种或两种以上的物料按一定比例混合或进行化学反应，一旦比例失调，轻则造成产品质量不合格，重则造成生产事故或发生危险。如热风炉煤气的燃烧时，要求有一定量的助燃空气，煤气和助燃空气的最佳比例为1:1.05。如果助燃空气不足，煤气燃烧不完全，会造成能源浪费、污染环境；若助燃空气过剩，空气中的非助燃气体又会带走大量的热量，热效率降低。所以，在生产中需要解决几种物料按一定比值进入生产装置中的控制问题。对于这类控制可以采用比值控制来解决。比值控制的目的，就是为了实现几种物料符合一定的比例关系，使生产能正常地进行，保证产品质量。

如某生产过程需连续使用（6%~8%）NaOH溶液，工艺上采用30% NaOH溶液加水稀释配制，如图4-13a所示。一般来讲，由原料厂提供的30%液体NaOH浓度比较稳定，引起混合器出口溶液浓度变化的主要原因是入口水的流量变化。

根据反馈控制原理，为了保证出口浓度，可设计出口浓度为被控变量，入口水流量为操纵变量的单回路反馈控制系统，如图4-13b所示。但由于浓度信号的获取较困难，即使可以获得并组成控制系统，往往因测量变送和对象控制通道滞后较大，影响控制质量。

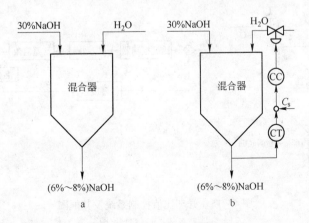

图4-13 NaOH溶液配制

根据前馈控制原理，若某一输入物料流量变化时，另一物料也能按比例跟随变化，则可以达到对出口浓度的完全补偿。对于上述混合问题，通过简单的化学计算可知，只要入口30% NaOH 和 H_2O 的质量流量之比为 1:4~1:2.75，就可以满足出口 NaOH 溶液浓度达到 6%~8% 的要求。对于这样一个浓度控制问题，也就成为流量比值控制问题。

又如某厂废水中含有碱，若直接排入河道，将严重污染环境。常用的解决方法有两种：一种是直接从废水中回收碱，另一种是加酸中和，保证排出废水的 pH 值等于7，如图 4 - 14 所示。后者方法简单，投资也不多。为了保证排出废液呈中性，可以设计反馈控制方案来实现，但由于上述同样的原因，这时的反馈控制质量难以满足控制要求。当含碱废水与添加酸浓度变化都不大时，只要保证两者

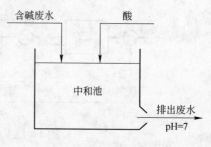

图 4 - 14　废水处理

流量成一定比例，也就可以满足出口 pH 值要求。对于这样一个废水处理问题也成为流量比值控制问题。

4.4.1　定比值控制系统

定比值控制系统的一个共同特点是系统要保持两物料流量比值一定，通过比值控制器来控制物料流量的比值关系。比值控制器的参数经计算设置好后不再变动，工艺要求的实际流量比值 K 也就固定不变，因此，称为定比值控制系统。定比值控制系统共有三类：开环比值控制系统、单闭环比值控制系统和双闭环比值控制系统。

4.4.1.1　开环比值控制系统

对于图 4 - 13 的生产过程控制，为保证混合后的浓度，可设计如图 4 - 15a 所示的控制系统。在稳定状态时，两物料的流量满足 $q_{v2} = Kq_{v1}$。当流量 q_{v1} 随高位槽液面干扰发生变化时，比值控制器 RC（Ratio Controller）根据 q_{v1} 与设定值的偏差，按比例去改变调节阀的开度，则 q_{v2} 也就跟随 q_{v1} 按比例变化，保证 q_{v2} 与 q_{v1} 的比例关系。

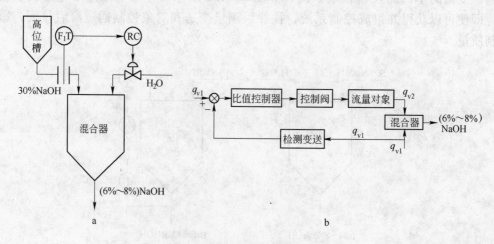

图 4 - 15　开环比值控制系统及其框图

a—原理图；b—控制框图

在上述保持流量比例关系的两物料中，q_{v1} 处于主导地位，称为主动量，q_{v2} 随 q_{v1} 变化，称为从动量。一般情况下，总以生产中的主要物料或不可控物料作为主动量，通过改变可控物料流量（从动量）的方法来实现它们的比例关系。改变控制器的比例度或比值器的比值系数，就可以改变两流量的比值 $K(K = q_{v2}/q_{v1})$。控制系统的方框图如图 4-15b 所示，从图中可以看出系统是开环的，因此称为开环比值控制系统。

在该系统中，如果从动量 q_{v2} 受到干扰发生变化时，两物料的比值关系将被破坏，该系统对此无能力进行控制。也就是说，该控制系统对从动量本身无抗干扰能力。因此对于开环比值控制方案，只有当从动量较平稳且物料比值要求不高的场合才采用。

4.4.1.2 单闭环比值控制系统

为了克服开环比值控制系统的缺点，可以在从动量对象中引入一个闭合回路，组成如图 4-16 所示的控制系统。其工作过程如下。

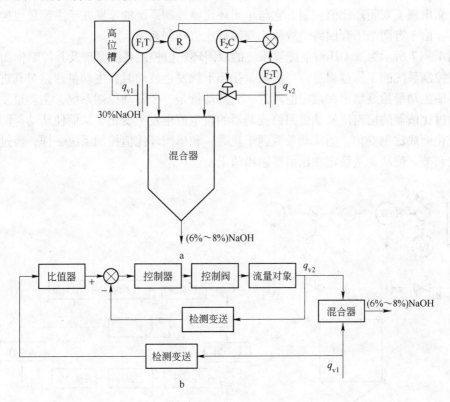

图 4-16 单闭环比值控制系统及框图

a—原理图；b—控制框图

在稳定状态下，两种物料保持比值关系。当主动量 q_{v1} 不变时，比值器的输出保持不变，此时从动量回路是一个定值控制系统，当从动量 q_{v2} 由于干扰而变化时，经从动量回路反馈控制作用克服干扰，把变化了的 q_{v2} 再调回到稳定值，维持 q_{v1} 和 q_{v2} 的原有的比值关系。

当主动量 q_{v1} 变化时，其流量信号经测量变送器送到比值器 R，比值器按预先设置好的比值系数使输出成比例变化，并作为从动量控制器的设定值，此时从动量调节是一个随动系统，q_{v2}经调节作用自动跟踪q_{v1}变化，使其在新的工况下保持两流量比值K不变。从方框图中可以看出，系统中只包含了一个闭合回路，故称为单闭环比值控制系统。

单闭环比值控制系统的优点是两种物料流量的比值较为精确，实施也比较方便，所以在工业中得到了广泛的应用。然而，两物料的比值虽然可以保持一定，但由于主动量q_{v1}是可变的，从动量必然也会变化，所以进入反应器的物料总量也发生变化。这对于直接去化学反应器的场合是不太合适的，因为负荷波动会给反应过程带来一定的影响，有可能使整个反应器的热平衡遭到破坏，甚至造成严重事故，这是单闭环比值控制系统无法克服的一个弱点。

4.4.1.3　双闭环比值控制系统

为了能实现两流量的比值恒定，又能使进入系统的总流量稳定，在单闭环比值控制的基础上又出现了双闭环比值控制。它与单闭环比值控制系统的差别在于主流量也构成了闭合回路，由于有两个闭合回路，故称为双闭环比值控制系统。

图4-17所示为NaOH溶液配置系统的双闭环比值控制系统原理及其控制框图。双闭环比值控制系统的工作过程是，当主动量受到干扰发生波动时，主动量回路对其进行定值控制，使主动量始终稳定在设定值附近。而从动量是一个随动控制系统，主动量发生变化时，通过比值器的输出使从动量回路控制器的设定值也发生变化，从而使从动量随着主动量的变化而成比例变化。当从动量受到干扰时，和单闭环比值控制系统一样，经过从动量回路的调节，使从动量稳定在比值器输出值上。

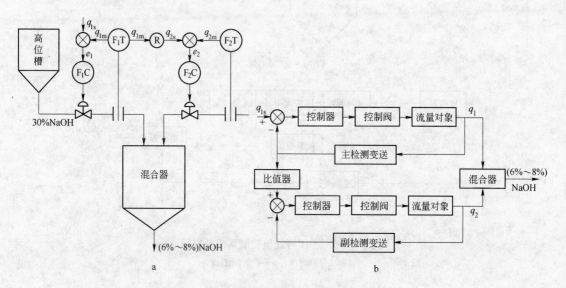

图4-17　双闭环比值控制系统
a—原理图；b—控制框图

所以，在双闭环比值控制系统中，两个闭合回路可以克服各自的外界干扰，使主、副流量都比较平稳，流量间的比值可通过比值器保持稳定，即保证从动量q_{v2}随主动量q_{v1}按照一定的比值关系变化。这样，系统的总流量也将是平稳的，克服了单闭环比值控制的缺点。

双闭环比值控制对主动量实行定值控制，使主动量稳定，则从动量也比较稳定；双闭环比值控制可以保证总的物料流量是稳定的，若改变主动量控制回路的设定值，可以使从动量按比值变化，但总的物料流量在新的稳定值上。双闭环比值控制系统的缺点是所用的仪表较多，投资高。一般情况下，采用两个单回路控制系统分别稳定主流量和副流量，也可以达到目的。

4.4.2 变比值控制系统

如前所述，流量间实现一定比例的目的仅仅是保证产品质量的一种手段，而定比值控制的各种方案只考虑如何来实现这种比值关系，没有考虑成比例的两种物料混合或反应后最终质量是否符合工艺要求。因此，从最终质量的角度来看，定比值控制系统是开环的。由于工业生产过程中的干扰因素很多，当系统中存在着除流量干扰以外的其他干扰（如温度、压力、成分等）时，原来设定的比值器比例系数就不能保证产品的最终质量，需进行重新设置比值器比例系数。但是，这种干扰往往是随机的，且干扰幅度又各不相同，无法用人工经常去修正比值器的参数，于是出现了为保证产品质量而自动修正流量比值的变比值控制系统。它的一般结构形式如图 4 – 18 所示。

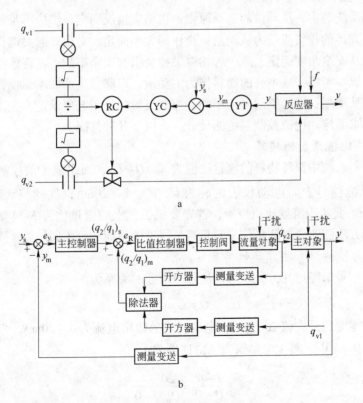

图 4 – 18　变比值控制系统原理图及其框图

a—原理图；b—控制框图

在无任何干扰出现的稳定状态下，主、副流量 q_{v1}、q_{v2} 恒定（即 $q_{v2}/q_{v1} = K$ 为某一定值）。它们分别经流量变送、开方运算后，送除法器相除，其输出表征了它们的比值，同时作为比值控制器 RC 的测量信号。这时表征最终质量指标的主参数 y 也恒定，所以主控制器 YC 的输出信号稳定，且和比值测量信号相等，比值控制器的输出也稳定，调节阀开度一定，产品质量合格。

当系统中出现除流量干扰外的其他干扰引起主参数 y 变化时，主控制器的测量值发生变化，与系统的设定值存在偏差，使主控制器输出发生变化，修改两流量的比值，也就是修改了比值控制器的设定值，通过调节控制阀的开度调节 q_{v2}，以保持被控量的稳定。对于进入系统的主流量 q_{v1} 的干扰，除法器的输出要发生变化，比值控制器的输出变化，经过调节阀门开度，使从动量 q_{v2} 改变，保证两流量的比值不变，这样由于比值控制回路的快速随动跟踪，使副流量按 $q_{v2} = Kq_{v1}$ 关系变化，以保持主参数 y 稳定，它起到了静态前馈的作用。对于副流量本身的干扰，同样可以通过自身的控制回路克服，它相当于串级控制系统的副回路。因此，这种变比值控制系统实质上是一种静态前馈 – 串级控制系统，也可以称为串级比值控制系统。

4.4.3　比值控制系统的设计

4.4.3.1　主、从动量的选择

比值控制系统的主、从动量的选择原则：视供应情况而定，供应不足的物料流量作为主动量，供应充足的物料流量为从动量；视作用大小而定，对生产起关键作用的物料流量作为主动量；从安全角度而定，若一种物料失控会引起安全事故，就将该物料流量作为主动量控制；从成本考虑，成本高的物料作为主动量，以降低生产成本；视物料用量定，用量少的物料为从动量，这样阀门可选小些，控制灵敏；按工艺要求定，主、从动量的选择应服从工艺要求而定。比值控制系统的设计，有以下几种情况。

4.4.3.2　比值系数的换算

在比值控制系统中两种物料的流量比值为 $K = Q_2/Q_1$，而组成比值控制系统的仪表使用的是统一标准信号。如电动仪表的标准信号为 $4 \sim 20\text{mA}$；气动仪表的标准信号是 $0.02 \sim 0.1\text{MPa}$。要实现流量比值控制，首先要把工艺上的流量比值 K 换算成仪表上的比值信号。换算方法随流量与测量信号间是否呈线性关系而有所不同。

A　流量与测量信号成非线性关系

流量检测信号未经过开方处理时，流量与压差的关系为

$$Q = C\sqrt{\Delta p} \tag{4-23}$$

当压差信号由零变到最大值 $\Delta p_{\max}$ 时，电动仪表的输出电流为 $4 \sim 20\text{mA}$，气动仪表的标准信号是 $0.02 \sim 0.1\text{MPa}$。对于电动仪表，由比例关系有

$$\frac{I-4}{Q-0} = \frac{20-4}{Q_{\max}-0}$$

$$\frac{I-4}{\Delta p - 0} = \frac{20-4}{\Delta p_{\max}-0}$$

$$I = \frac{\Delta p}{\Delta p_{\max}}(20-4)+4 \tag{4-24}$$

$$\frac{\Delta p}{\Delta p_{\max}} = \frac{I-4}{16} \qquad (4-25)$$

$$\frac{Q^2}{Q^2_{\max}} = \frac{\Delta p}{\Delta p_{\max}} = \frac{I-4}{16} \qquad (4-26)$$

$$Q^2 = \frac{I-4}{16} Q^2_{\max}$$

$$\frac{Q^2_2}{Q^2_1} = K^2 = \frac{(I_2-4)\,Q^2_{2,\max}}{(I_1-4)\,Q^2_{1,\max}} = K'\frac{Q^2_{2,\max}}{Q^2_{1,\max}} \qquad (4-27)$$

得换算公式为

$$K' = \frac{I_2-4}{I_1-4} = K^2\frac{Q^2_{1,\max}}{Q^2_{2,\max}} \qquad (4-28)$$

式中，K' 称为仪表比值。

B 流量与测量信号呈线性关系

流量测量信号经过开方器后与流量信号呈线性关系。当流量从零变化到最大值 $Q_{\max}$ 时，对应的仪表输出信号为 $4\sim20\mathrm{mA}$，则流量 Q 与所对应的输出电流 I 为

$$I = \frac{Q}{Q_{\max}} \times (20-4) + 4 \qquad (4-29)$$

$$Q = (I-4)\frac{Q_{\max}}{16} \qquad (4-30)$$

$$K = \frac{Q_2}{Q_1} = \frac{(I_2-4)\,Q_{2,\max}/16}{(I_1-4)\,Q_{1,\max}/16} = \frac{(I_2-4)\,Q_{2,\max}}{(I_1-4)\,Q_{1,\max}} \qquad (4-31)$$

则，仪表比值 K' 为

$$K' = \frac{I_2-4}{I_1-4} = K\frac{Q_{1,\max}}{Q_{2,\max}} \qquad (4-32)$$

式中，$Q_{1,\max}$、$Q_{2,\max}$ 分别为主、从流量变送器的最大量程。

对于气动仪表，当仪表的输出信号为 $0.02\sim0.1\mathrm{MPa}$ 时，任一中间流量 Q 对应的仪表输出信号 $\Delta p(\mathrm{MPa})$ 为

$$\Delta p = \frac{Q}{Q_{\max}}(0.1-0.02) + 0.02 \qquad (4-33)$$

经同样的推导，有

$$K' = \frac{\Delta p_2 - 0.02}{\Delta p_1 - 0.02} = K\frac{Q_{1,\max}}{Q_{2,\max}} \qquad (4-34)$$

有了以上这些换算式，就可以进行比值控制系统设计了。

4.4.3.3 开方器的采用

在用压差法测量流量时，由式（4-33）得测量信号与流量的关系为

$$\Delta p = \frac{Q^2}{Q^2_{\max}} \times 0.08 + 0.02$$

它的静态放大系数 k 为

$$k = \frac{\mathrm{d}\Delta p}{\mathrm{d}Q}\bigg|_{Q=Q_0} = \frac{0.08}{Q_{\max}^2} \times 2Q_0 \qquad (4-35)$$

式中，Q_0 为 Q 的静态工作点。由上式可知，采用压差法测量流量时，其静态放大系数正比于流量，即随负荷流量的增大，静态放大系数增加。控制回路中存在这样的环节，将影响系统的动态控制品质，在小负荷时系统稳定，随负荷增大，系统的稳定性下降。若将测量信号经过开方处理后，其输出信号与流量则呈线性关系，从而使包括开方器在内的测量变送环节成为线性，它的静态放大系数与负荷大小无关，系统的稳定性不受负荷变化的影响。

是否采用开方器，可以根据控制系统要求的控制精度及负荷变化来定。当控制精度要求不高，负荷变化不大时，可以忽略非线性的影响而不采用开方器。反之就必须采用开方器，使测量变送环节线性化。

A　应用比值器的方案

图 4-19 是应用比值器实现单闭环比值控制的方案，图中虚线框表示对流量检测信号是否进行线性化处理。以采用 DDZ-Ⅲ 型仪表为例，比值器的输入与输出信号的关系为

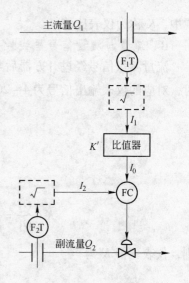

图 4-19　比值器方案

$$I_0 = (I_1 - 4)K' + 4 \qquad (4-36)$$

式中　I_0——副流量控制器的设定值，即比值器的输出信号；

　　　I_1——主流量的测量值，即比值器的输入信号；

　　　K'——比值器的比值系数。

当系统按要求的流量比值稳定操作时，控制器的测量值等于设定值，即

$$I_2 = I_0 = (I_1 - 4)K' + 4 \qquad (4-37)$$

式中　I_2——主流量的测量值。

$$K' = \frac{I_2 - 4}{I_1 - 4} \qquad (4-38)$$

式（4-38）表明，只要将比值器的比值系数 K' 按前面讲的换算公式求得后进行设置，就可实现比值控制。

B　应用乘法器的方案

图 4-20 是应用乘法器实现的单闭环比值控制方案。

比值系统的设计任务是要按工艺要求的流量比值 K 来正确设置图中的 I_s 信号。电动Ⅲ型仪表乘法器的运算式为

$$I_0 = \frac{(I_1 - 4)(I_s - 4)}{16} + 4 \qquad (4-39)$$

式中，I_1、I_s 均为乘法器的输入信号，I_0 为乘法器的输出信号。

当系统稳定时，$I_2 = I_0$，代入上式，可得

$$I_s = \frac{(I_2 - 4)}{(I_1 - 4)} \times 16 + 4 \qquad (4-40)$$

如果采用开方器，则流量为线性变送，将式（4-32）代入式（4-40）得

$$I_s = K \frac{Q_{1,\max}}{Q_{2,\max}} \times 16 + 4 \qquad (4-41)$$

如果不使用开方器，流量为非线性变送，将式（4-28）代入式（4-40）得

$$I_s = K^2 \frac{Q_{1,\max}^2}{Q_{2,\max}^2} \times 16 + 4 \qquad (4-42)$$

利用以上两式，就可按工艺要求的流量比值 K 来设置 I_s。

C　应用除法器的方案

除法器方案如图 4-21 所示，显然，它还是一个单回路控制系统。依然以电动Ⅲ型仪表为例加以分析。除法器的信号关系为：

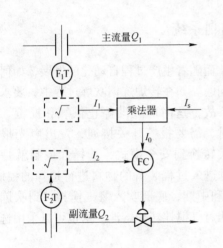

图 4-20　乘法器方案

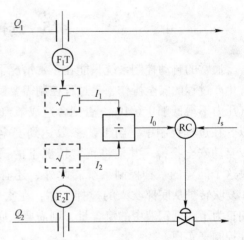

图 4-21　除法器方案

$$I_0 = \frac{I_2 - 4}{I_1 - 4} \times 16 + 4 \qquad (4-43)$$

在稳定态时，有 $I_s = I_0$，则

$$I_s = K' \times 16 + 4 \qquad (4-44)$$

该式与应用乘法器的设定值的计算公式（4-40）一样。

因为除法器的输出是两流量的比值，所以可以直接显示比值。除法器方案的优点是直观，使用方便。但也有其弱点，这可以从除法器的静态放大系数分析看出。由除法器的输出信号计算式可得其静态放大系数为：

$$k_\div = \frac{dI_0}{dI_2}\bigg|_{I_2 = I_{2,0}} = \frac{16}{I_{1,0} - 4} \qquad (4-45)$$

式中，$I_{1,0}$、$I_{2,0}$ 分别为 I_1、I_2 的静态工作点。根据流量 Q 与仪表输出电流的关系，当使用开方器时，有

$$k_\div = \frac{16}{I_{1,0} - 4} = \frac{Q_{1,\max}}{Q_{1,0}} \qquad (4-46)$$

其中 $Q_{1,0}$ 为 Q_1 的静态工作点。当没有采用开方器时，有

$$k_{\div} = \frac{16}{I_{1,0} - 4} = \frac{Q_{1,\max}^2}{Q_{1,0}^2} \qquad (4-47)$$

因为在稳定态时，有

$$K = \frac{Q_2}{Q_1} = \frac{Q_{2,0}}{Q_{1,0}} \qquad (4-48)$$

所以，除法器的静态放大系数与 $Q_{1,0}$ 成反比，即与 $Q_{2,0}$ 也成反比。也就是说，除法器的静态放大系数将随着负荷的减小而增大。由于除法器包含在控制回路中，因此系统的放大倍数随负荷的不同而发生变化，当负荷较小时，系统的稳定性将下降；而随着负荷的增大，系统的控制作用又显得缓慢，控制不及时。就是因为除法器的这种缺点，除了在变比值控制系统中采用外，它在其他比值控制方案中的使用已日趋减少。

4.5　选择性控制系统

通常的自动控制系统只能在正常情况下工作，而随着生产过程自动化的发展，如何保证生产过程的安全操作，是过程控制需要解决的问题。如在转炉炼钢吹炼过程中，要求氧气压力不得低于 0.6MPa，否则会造成氧气回火事故，这时应立即停止供氧和提枪。所以，在过程控制中，当工艺参数达到安全极限时，需要报警开关接通，发出声光报警或自动安全报警，并且将正常情况下的操作模式转换到安全模式，选择性控制就是解决这个问题的一种控制系统。此外，还有一种对进入过程装备的物料进行选择的控制，如复吹转炉从底部吹入的搅拌气体，在吹炼前期和中期，底部吹入氮气搅拌，到吹炼后期，为了降低钢液中的氮含量，则需要从底部吹入氩气搅拌转炉熔池。这也可以采用选择性控制来实现。

4.5.1　选择性控制的基本原理

一般地说，凡是在控制回路中引入选择器的系统都称为选择性控制系统。常用的选择器有高值选择器和低值选择器，它们各有两个或多个输入。低值选择器把低信号作为输出，即

$$u_{\min} = \min(u_1, u_2, \cdots, u_n) \qquad (4-49)$$

而高值选择器把高信号作为输出，即

$$u_{\max} = \max(u_1, u_2, \cdots, u_n) \qquad (4-50)$$

选择性控制在结构上的特点是使用选择器，可以在两个或多个调节器的输出端，或在几个变送器输出端对信号进行选择，以适应不同的工况需要。通常的自动控制系统在遇到不正常工况或特大扰动时，很可能无法适应，只能从自动改为手动。例如，大型压缩机、泵、风机等的过载保护，过去通常采用报警后由人工处理或采用自动连锁方法，这样势必造成操作紧张、设备停车，甚至会引起不必要的事故。在手动操作的这段时间，操作人员为确保安全生产，适应特殊情况，有另一套操作规律，如果将这一任务交给另一个调节器来实现，那就可以扩大自动化的应用范围，使生产更加安全。选择性控制系统正是解决这一问题的方法，有时也称这种控制系统为"超弛控制"或"取代控制"。

在选择性控制系统中，有两个调节器，它们的输出信号通过一个选择器后送往调节阀。这两个调节器，一个在正常情况下工作（称之为"正常"调节器），另一个准备在非正常情况下取代"正常"调节器而投入运行（称之为"取代"调节器或"超驰"调节器）。当生产过程处于正常情况时，系统在"正常"调节器的控制下运行，而"取代"调节器则处于开环状态备用；一旦发生不正常情况，通过选择器使原来备用的"取代"调节器投入自动运行，而"正常"调节器处于备用状态。直到生产恢复正常后，"正常"调节器又代替"取代"调节器发挥调节作用，而"取代"调节器又重新回到备用状态。

与自动连锁保护系统不同，选择性控制可以在不停止生产的情况下解决生产中的不正常状况，但在"取代"调节器运行期间控制质量会有所降低，这种系统保护方式称为"软保护"。

4.5.2 选择性控制的类型

4.5.2.1 选择器位于调节器与执行器之间

A 对控制变量的选择

这种类型的选择性控制系统的特点是两个调节器共用一个执行器，其中一个调节器处于工作状态；另一个调节器处于待命状态。这是使用最广泛的一类选择性控制。

现以锅炉燃烧系统的选择性控制为例加以说明。在锅炉燃烧系统中一般以锅炉的蒸汽压力为被控变量，控制燃料量（在此为燃气）以保证蒸汽压力恒定。但在燃烧过程中，调节阀的阀后压力过高会造成脱火现象，如果炉膛熄火后若燃料气继续进入，则在一定的燃料气、空气混合浓度下，遇火种极易爆炸；而燃料气压力过低会造成回火现象。为此，设置了一个选择性控制系统以防脱火，另外可设置一个低流量连锁系统以防止回火。图 4-22 为该控制系统的原理图，对应的控制框图如图 4-23所示。从图可以看出，被控变量有燃气阀后压力和蒸汽压力两个，操纵变量只有燃气流量一个，形成了通过检测两个被控变量来改

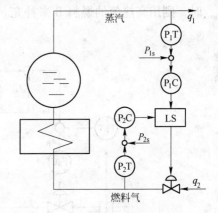

图 4-22 锅炉燃烧系统的选择性控制系统

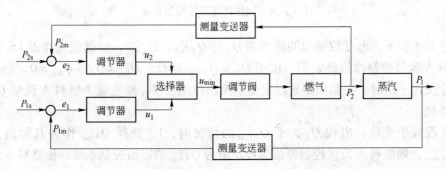

图 4-23 对控制变量选择的控制系统框图

变一个操纵变量的选择性控制系统。

在图 4-22 和图 4-23 中，选择器为低值选择器，蒸汽压力调节器为正常调节器，燃料气阀后压力调节器为取代调节器。在正常工况下，因为蒸汽压力 P_1 的测量值 P_{1m} 与其设定值 P_{1s} 相近，而燃气压力 P_2 的测量值 P_{2m} 与其设定值 P_{2s} 相差大，所以蒸汽压力调节器的输入 e_1 总是小于取代调节器的输入 e_2，即在正常工况下，有 $e_1 < e_2$，则 $u_1 < u_2$。蒸汽压力调节器的输出 u_1 通过低值选择器去控制燃气调节阀，以使蒸汽压力满足工艺需要。

当发生异常情况如燃气的热值降低较大造成蒸汽压力下降时，由于蒸汽压力调节器的作用，使调节阀逐渐打开，增加燃气量以提高蒸汽压力。如果阀门打开过程一直不能使蒸汽压力达到正常的压力时，当阀门打开过大，阀后压力达到极限状态，再增加压力就会产生脱火现象。此时，出现 P_{2m} 与 P_{2s} 很接近，而 P_{1m} 与 P_{1s} 还有较大的差距的情况，结果有 $e_2 < e_1$，则 $u_2 < u_1$。通过低值选择器，立即选择燃气压力调节器作为控制系统的调节器，取代了蒸汽压力调节器的工作，蒸汽调节器处于开环状态，由燃气压力调节器控制燃气阀门，关小阀门，使燃料气压力脱离极限状态，防止了脱火事故发生。在燃气压力调节器的作用下，燃气压力回到正常压力时，蒸汽压力对象的异常情况排除后，蒸汽压力调节器自动重新切换上去，燃气压力调节器再次处于待命状态。

B　对操纵变量的选择

图 4-24 为一加热炉采用两种燃料燃烧的对操纵变量选择的控制系统。控制要求当低热值燃料 A 的流量没超过其上限值 $Q_{A\,max}$ 时，尽量采用燃料 A。在燃料 A 的流量大于 $Q_{A\,max}$ 时，则用高热值的燃料 B 来补充。

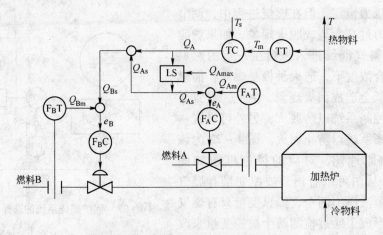

图 4-24　加热炉选择性控制系统

在正常工况下，温度控制器的输出为 Q_A 且 Q_A 小于 $Q_{A\,max}$，经低值选择器 LS 后，Q_A 作为燃料 A 流量控制器的设定值，由于 $Q_A = Q_{As}$，因此，$Q_{Bs} = Q_A - Q_{As} = 0$。则燃料 B 的阀门全关闭。这时，控制回路是以主变量为出口温度 T、副变量为燃料 A 流量 Q_A 的串级控制系统。

在工况发生变化，出现 Q_A 大于 $Q_{A\,max}$ 的情况时，LS 选择 $Q_{A\,max}$ 作为其输出，使得 $Q_{As} = Q_{A\,max}$，则燃料 A 流量控制器成为设定值为 $Q_{A\,max}$ 的定值控制系统，使燃料 A 流量稳定在 $Q_{A\,max}$ 上。这时，由于 $Q_{Bs} = Q_A - Q_{As} = Q_A - Q_{A\,max} > 0$，作为燃料 B 控制回路的设定

值，则打开燃料 B 的阀门，以补充燃料 A 的不足，保证了出口温度的稳定。这时控制回路是以主变量为出口温度 T、副变量为燃料 B 流量 Q_B 的串级控制系统。

对操纵变量进行选择的控制系统其控制框图如图 4 - 25 所示，其被控变量只有一个，而操纵变量有两个，选择器对操纵变量进行选择。

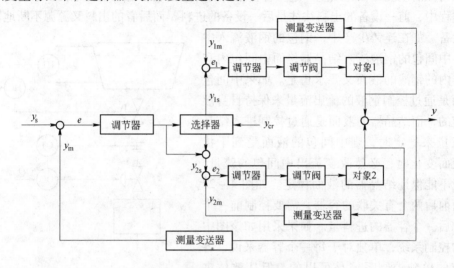

图 4 - 25　对操纵变量选择的控制系统框图

4.5.2.2　选择器在变送器与调节器之间

这类选择性控制系统的特点是多个变送器共用一个调节器，这类系统一般有如下两种使用目的。

（1）选出最高或最低测量值。例如，化学反应器中热点温度的选择性控制。为防止反应温度过高烧坏触媒，在触媒层的不同位置装设了温度检测点，其测得的温度信号送往高值选择器，选出最高的温度进行控制。这样，系统将一直按反应器的最高温度进行控制，从而保证触媒层的安全。在连铸结晶器壁不同高度上埋设多支热电偶，通过测量结晶器壁温度，了解拉坯过程中是否有结晶器内的凝固坯壳被拉漏，利用变送器和调节器之间的高值选择器，选择出最高温度，用于控制拉坯速度，防止拉漏事故发生。

（2）选出可靠或中间测量值。在某些生产过程中，为了可靠，往往同时安装多台测量变送器同时进行测量，然后从中选择出中间值作为比较可靠的测量值。此任务可用选择器来实现。

如图 4 - 26 所示为一反应器，反应器上有多点的温度需要控制，使反应器的温度不能超过某一临界值。因此，反应器的各处温度通过测温变送环节，进入高值选择器，选择最高的温度用于控制。

保证某些工艺变量不超过极限或选择正确表示被测变量的测量值，是选择性控制系统的主要职能，但绝非全部。选择性控制为系统构成提供了新的思路，从而丰富了自动化的内容和范围。

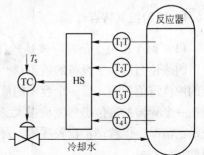

图 4 - 26　选择器在变送器与调节器之间的选择控制系统

4.6　均匀控制系统

　　均匀控制系统是在连续生产过程各种设备前后紧密联系着的情况下提出来的。在这种生产过程中，前一设备的出料往往是后一设备的进料，而后者的出料又源源不断地输送给其他设备。如在连铸生产中，钢包的钢液流入中间包，中间包的钢液流入结晶器，而中间包内和结晶器内的钢液的液面又要求稳定。如果中间包的液面是通过控制钢液的流出流量来保持自身液面稳定的，而结晶器的液面是通过控制进入结晶器的流量来稳定时，则中间包的液面受到干扰后，液面变化时，必然改变流出中间包的流量，结果就不能保证结晶器的液面稳定。如图 4 - 27所示为前后两个有关联的容器，需要控制前一液位和后一个容器的进料量。如果采用如该图中所示的控制系统，单独对于每一个容器来说，各自对应的单独控制系统是可以的，但从整体来看，两个控制系统是矛盾的。因为如果前一个容器的液面由于干扰而发生变化时，对应的控制系

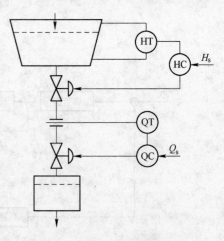

图 4 - 27　前后两个容器的物料供求
关系和各自的控制系统

统为了保证液面稳定，需要开大或关小该系统的控制阀，即改变了流入后一个控制系统的流量，于是这两个控制系统产生了矛盾。

　　解决这种矛盾的有效方法就是采用均匀控制系统。条件是工艺上应该允许前一个容器的液位和后一个容器的进料量在一定的范围内可以缓慢变化。例如前一个容器的液面受到干扰偏离设定值时，并不是采用很强的控制作用，立即改变阀门开度，以出料量的大幅变化，换取液面稳定，而是采取比较弱的控制作用，缓慢地调节控制阀的开度，以出料量的缓慢变化来克服液位所受到的干扰。在这个调节过程中，允许液位适当偏离设定值。从而使前一个容器的液位和后一个容器的进料量都被控制在允许的范围内。这种用来保持有关联的两个被控变量在规定范围内均匀缓慢变化，使前后设备在物料的供求上相互均匀协调的控制系统，就称为均匀控制系统。

4.6.1　均匀控制特点

　　（1）两个被控变量都应该是变化的，且变化是缓慢的。图 4 - 28 所示是反映前一个设备的液位与后一个设备的进料量，分别采用 3 种控制方法的控制结果。图 4 - 28a 是单纯的液位定值控制，后一个容器的流量必然波动很大。图 4 - 28b 是单纯的流量定值控制，则前一个容器的液位必然波动很大。图 4 - 28c 是实现均匀控制以后，液位与流量都发生波动的情况，但波动都比较缓慢，那种试图把液位和流量都调整成直线的想法是不可能实现的。

　　（2）两个被控变量应保持在所允许的范围内。均匀控制要求在最大干扰作用下，液位在容器的上下限内波动，而流量应在一定范围内平稳渐变，避免对后序设备产生较大的

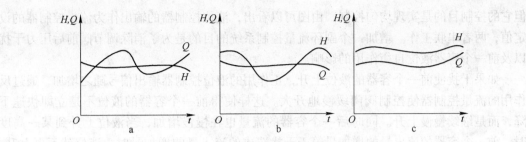

图 4 - 28　连续生产的 3 种控制方法的控制结果

a—只有液位控制；b—只有流量控制；c—均匀控制

干扰。实现均匀控制，有三种可行的控制方案。

4.6.2　均匀控制的形式

4.6.2.1　简单均匀控制

简单均匀控制系统如图 4 - 29 所示。从图 4 - 29 来看，在形式上它像一个单回路液位定值控制系统，但两者所要达到的目的是不同的。为了满足均匀控制的要求，必须选择合适的控制器的控制规律及控制参数。因为在调节过程中，两个被控变量都是变化的，所以在所有的均匀控制系统中都不需要，也不应该加微分控制规律，一般采用纯比例控制，但纯比例控制在系统出现同向干扰时，容易造成被控变量波动超出允许范围，因此，可用比例积分控制作用。

在参数整定上，为了达到均匀控制的目的，比例作用和积分作用不能太强，因此，比例度要宽，积分时间要长。一般比例度大于 100% ~ 200%，积分时间为几分钟到十几分钟，这样才能满足均匀控制的要求。而对于非均匀控制，一般比例度为 20% ~ 100%，积分时间为 0.1 ~ 10min。图 4 - 29 的均匀控制方案结构简单，采用的仪表少。但当前一个容器的液位对象本身具有自衡作用时，或者后一个容器的液面变化时，尽管控制阀的开度不变，其流量仍会发生相应的变化。所以，简单均匀控制系统只适用于干扰小，对流量的均匀程度要求较低的过程。

4.6.2.2　串级均匀控制

串级均匀控制系统原理图如图 4 - 30 所示。从结构看与典型串级控制系统完全一样，

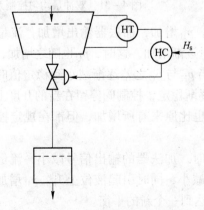

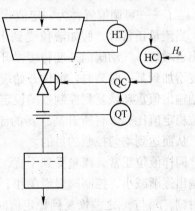

图 4 - 29　简单均匀控制系统　　　　　　　图 4 - 30　串级均匀控制系统

但它的控制目的是实现均匀控制。由图可以看出，液位控制器的输出作为流量控制器的设定值，两者串联工作。增加一个副环流量控制系统的目的是为了消除调节阀前后压力干扰以及前一个容器液位自衡作用的影响。

如果干扰使前一个容器的液位上升，正作用的液位控制器输出信号随之增加，通过反作用的流量控制器使控制阀门缓慢地开大。这样使得前一个容器的液位不是立即快速下降，而是继续慢慢上升。同时后一个容器的流量也在慢慢增加，当液位上升到某一高度时，前一个容器的流出量的增加量等于干扰造成的流入量的增加量时，液位就不再上升，暂时达到最高液位。这样液位和流量均处于缓慢增加中，且使它们的变化不超出允许的控制范围，完成了均匀协调的控制目的。

如果干扰造成后一个容器的流量发生变化时，控制系统首先通过流量控制器进行控制。当这一控制作用影响到前一个容器的液位时，通过液位控制器改变流量控制器的设定值，使流量控制器作进一步的控制，缓慢改变控制阀的开度，使液位和流量在规定的范围内缓慢均匀变化。

要达到上述均匀控制的目的，主控制器（HC）、副控制器（QC）中都不应有微分控制作用。液位控制宜选择 PI 控制规律，流量控制器一般选择比例控制就可以了。如果后一个容器受到的干扰大，对流量的稳定性要求高时，流量控制器也可以采用 PI 控制规律。在串级均匀控制系统中，主控制器的参数整定与简单均匀控制系统相同。副控制器的参数整定一般比例度为 100% ~ 200%，积分时间为 0.1 ~ 1min。

4.6.2.3　双冲量均匀控制

双冲量均匀控制系统如图 4 - 31 所示。双冲量均匀控制系统，是将两个被控变量的测量信号，经过加法器后，作为被控变量，进行均匀控制的控制系统。

假定该系统采用气动单元组合仪表来实现，其加法器的运算规律为

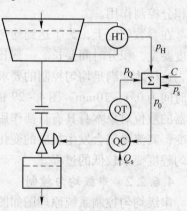

$$p_0 = p_H - p_Q + p_s + C \qquad (4 - 51)$$

式中　p_0——加法器的输出信号；

　p_H，p_Q——分别为液位、流量的测量信号；

　p_s——液位的给定值；

　C——可调偏置，为一定值。

图 4 - 31　双冲量均匀控制系统

当流量正常时，假如液位受到干扰而上升，p_H 增加，加法器输出增加，流量控制器输出也增加。气动阀门开度将缓慢开大，使流量逐渐增加，这时，p_Q 也随之增加，当阀门开度增加到某一时刻时，液位开始缓慢下降，当 p_H 与 p_Q 之差逐渐减小到稳定值时，加法器的输出值重新恢复到控制器的设定值，系统逐渐稳定，控制阀停留在新的开度上。新的液位稳定值比原来有所升高，新的流量稳定值也比原来有所增加，但都在规定控制范围内，从而达到均匀控制的目的。

同样液位正常，流量受到干扰，使 p_Q 增大时，加法器的输出信号减小，流量控制器的输出逐渐减小，控制阀慢慢关小，使 p_Q 慢慢减小，同时引起液位上升，p_H 增加，在某一时刻，p_H 与 p_Q 之差恢复到稳定值时，系统又达到一个新的平衡。

图 4 - 32 为双冲量均匀控制系统方框图，从结构上看，可以看成是主控制器是液位控

制器，副控制器是流量控制器的串级控制系统。因此，它具有串级控制系统的特点，且比串级控制系统还少用了一个控制器。

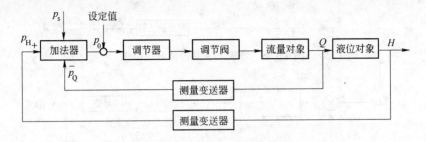

图4-32　双冲量均匀控制系统方框图

4.7　大延迟系统的控制

在实际的工业生产中，有不少的过程特性具有较大的纯延迟。如高炉炼铁过程，从炉顶加入的炉料成分或炉料组成发生变化，要经过数小时到十几小时后才对铁水成分和温度产生影响。具有大延迟的对象在输入的作用下，不能立即观察到它对输出产生的影响，从而使调节控制不及时，它会使系统超调量增大，从而导致过渡过程的振荡剧烈，严重地破坏系统的稳定性。基于这个原因，对于具有纯延迟的对象被认为是最难控制的动态环节。长期以来，人们提出了许多克服纯延迟的方法，但是还没有一种方法达到令人十分满意的程度。因此，如果能通过工艺改革，合理选择控制方案，改变测量方法或移动测量点位置，从根本上减小对象或者测量的纯延迟，将是最理想的方案。对于具有较大纯延迟的对象，目前常用的自动控制方案有三种：常规控制方案、采样控制方案、Smith预估补偿方案。

4.7.1　常规控制方案

对于有纯延迟的对象，最简单的是利用常规控制器适应性强、调整方便的特点，经过仔细调整，在控制要求不太苛刻的情况下，满足生产过程的要求。当对系统进行特别整定后，还不能获得满意的效果时，可以在常规控制的基础上稍加改动，得到以下两种简单易行的方案。

4.7.1.1　微分先行控制方案

微分作用的特点是能够按被控量的变化速率的大小来校正被控量的偏差，因为被控量过大的变化速率将导致超调量增大，所以微分作用对克服超调现象能起到很大作用。微分先行控制方案是将图4-33所示的常规PI+D控制系统中的微分作用提前移到反馈回路，然后再送到控制器，如图4-34所示。由于反馈信号中包含了被控量及其变化速率，这样真正起到按被控量变化速率进行校正的目的，从而加强了微分作用，更好地达到减小超调量的效果。这种控制方案称为微分先行控制方案。

图4-36给出了有纯延迟过程的常规PID控制和微分先行控制的单位阶跃响应曲线，在微分先行控制中，其P、I的控制参数与常规PID控制的P、I参数相同，通过调整微分先行的参数，减小了超调量，缩短了回复时间。

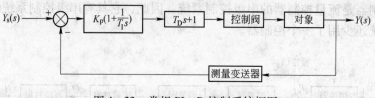

图 4 – 33   常规 PI + D 控制系统框图

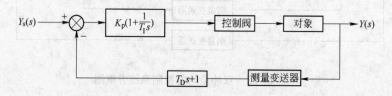

图 4 – 34   微分先行控制系统框图

4.7.1.2   中间反馈控制方案

图 4 – 35 所示为中间反馈控制方案。由图可见，系统中的微分作用是独立的，当被控量发生变化时，能及时根据其变化的速率大小起附加的校正作用。这种微分作用与 PI 控制器的输出信号无关，并且只在输出动态变化时起作用，而在静态时或被控量变化速率恒定时就不起作用。

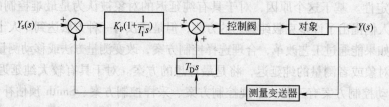

图 4 – 35   中间反馈控制系统框图

对相同的有纯延迟的过程，采用中间反馈控制方案，其 P、I 的控制参数与常规 PID 控制的 P、I 参数相同，通过调整中间反馈的微分参数，获得了更好的控制品质，见图 4 – 36。

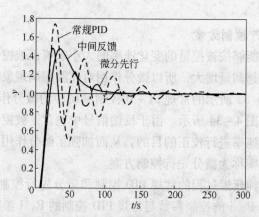

图 4 – 36   有纯延迟过程的常规 PID、微分先行和中间反馈控制的阶跃响应

4.7.2 采样控制方案

图 4-37 是一个加热炉的炉温自动控制系统的框图。炉子是具有纯延迟的惯性环节，其纯延迟时间长达数秒乃至数十秒，而时间常数 T 甚至可长达千秒以上。炉温的偏差信号经过调节器后，输出一个控制信号，使炉子的调节阀开大或关小，以控制炉温。

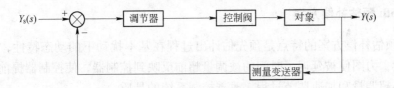

图 4-37 加热炉的炉温自动控制系统

如果纯延迟相当大，就要把 K_p 压得很低。这样所造成的偏差就会很严重，即温度误差必须很大，才足以使阀门动作起来。如果增大 K_p，系统就变得很敏感。结果是炉温稍偏低，阀门就迅速开大。但炉温反应却很慢，跟不上，等到炉温偏差消失，阀门早已调节过头，炉温因而不断上升，阀门反过来旋转。这样往复调节，就形成炉温大幅度振荡，而无法控制。

采用采样控制就可以改善这种情况。办法是在系统中适当位置装一个采样开关 s，如图 4-38 所示，并且令它周期性地自动接通或断开，使开关 s 每隔相当长的时间才闭合一次，这个等待时间一般与纯延迟大小相等或略大一些，例如几秒或几十秒。而每次闭合的时间则很短，如 1s。

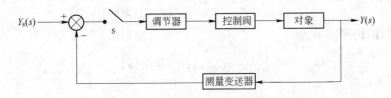

图 4-38 炉温采样控制系统

当出现了偏差信号，这个信号只有在开关 s 闭合时才能通过，它输出控制信号，把阀门开度调节一点儿，当开关 s 断开以后，尽管偏差并未消除，阀门调节也停了下来，等待炉温自己继续变化一段时间。直到开关 s 下次闭合，才检验偏差是否仍然存在，并根据那时的偏差的符号和大小再进行控制。采样控制系统就是这样一会进行闭环控制，一会又不进行控制而"等待"被控量的变化。由于在等待的时候阀门不动，所以调节过头的危险大大减轻。这样就可以采用较大的开环比例系数而仍保持系统稳定，而且能使控制过程无超调，从而使静态性能和动态性能都得到改善。

由于这种系统的基本特点是周期性地测量偏差信号，亦即定时采集偏差信号，所以称为采样控制系统。

采样控制可由专用的模拟式采样控制器来完成。模拟式采样控制器一般具有 PI 控制规律。而采样控制器的控制规律与参数整定一般都凭经验。

采样周期 T_s 大致选择等于纯延时 τ，即 $T_s = \tau$ 或 $T_s = (1.1 \sim 1.5)\tau$。当对象特性中纯延迟占主导地位时，采样控制器宜选用纯积分作用。积分时间按 $T_I = K\Delta t_c$ 确定，其中，K 为对象的放大系数，Δt_c 为采样时间，即开关 s 接通时间。对象有纯延迟，但不起主导作用时，宜采用比例积分控制作用，此时积分时间可按 $T_I = K\Delta t_c K_p$ 计算，K_p 为控制器的比例放大系数。

4.7.3　Smith 预估补偿方案

Smith 预估补偿方案的特点是预先估计出过程在基本扰动下的动态特性，然后由预估器进行补偿，力图使被延迟了时间的被调量超前反映到控制器，使控制器提前动作，从而明显地减小超调量和加速调节过程，改善控制系统的品质。

假定被控对象的传递函数为

$$G_p(s) = G_0(s)e^{-\tau s} \qquad (4-52)$$

式中，$G_0(s)$ 是被控对象传递函数中不包含纯延迟的部分。在这个被控对象上并联一个补偿环节，补偿环节的传递函数为 $G_t(s)$，如图 4-39 所示。

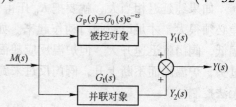

图 4-39　Smith 补偿原理图

由传递函数的定义，得

$$Y_1(s) = G_p(s)M(s)$$
$$Y_2(s) = G_t(s)M(s)$$
$$Y(s) = Y_1(s) + Y_2(s)$$

由上三个式子，得

$$Y(s) = G_0 e^{-\tau s}M(s) + G_t(s)M(s) \qquad (4-53)$$

于是得并联后的传递函数为

$$\frac{Y(s)}{M(s)} = G_0(s)e^{-\tau s} + G_t(s) \qquad (4-54)$$

令

$$G_t(s) = G_0(s)(1 - e^{-\tau s}) \qquad (4-55)$$

式（4-55）为 Smith 预估补偿器数学模型。换言之，当 $G_t(s)$ 满足式（4-55）时，图 4-39 并联环节的传递函数与纯延迟部分无关，消除了纯延迟的影响，即有

$$\frac{Y(s)}{M(s)} = G_0(s)e^{-\tau s} + G_t(s) = G_0(s) \qquad (4-56)$$

这一方案由 Simth 首先提出，所以称为 Smith 补偿法。

具有大延迟的被控对象的单回路控制系统如图 4-40 所示。$G_c(s)$ 为控制器的传递函数，该控制系统的传递函数推导如下。由各环节的输出信号与该环节的输入信号和传递函数的关系，得

$$Y(s) = G_0(s)M(s),\ M(s) = G_c(s)E(s),\ E(s) = Y_s(s) - Y_m(s),\ Y_m(s) = G_m(s)Y(s)$$

整理后，得

$$\frac{Y(s)}{Y_s(s)} = \frac{G_c(s)G_0(s)e^{-\tau s}}{1 + G_m(s)G_c(s)G_0(s)e^{-\tau s}} \qquad (4-57)$$

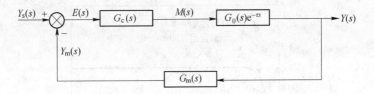

图 4-40　有纯延迟的单回路控制系统

该控制系统的特征方程为

$$1 + G_m(s)G_c(s)G_0(s)e^{-\tau s} = 0 \qquad (4-58)$$

由于特征方程中含有纯延迟项 $e^{-\tau s}$，随着 τ 的增大，延迟滞后增加，系统的稳定性降低，控制质量变差。现在给具有纯延迟的对象加上 Smith 补偿器，并构成单回路控制系统，如图 4-41 所示。

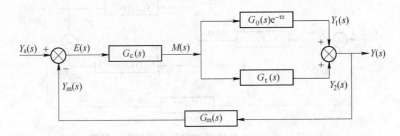

图 4-41　具有 Smith 补偿器的单回路控制系统

该控制系统的传递函数推导如下。同样，由各环节的输出信号与该环节的输入信号和传递函数的关系，得

$$Y(s) = (G_0(s)e^{-\tau s} + G_t(s))M(s), \; M(s) = G_c(s)E(s), \; E(s) = Y_s(s) - Y_m(s)$$

$$Y_m(s) = G_m(s)Y(s), \; G_t(s) = G_0(s)(1 - e^{-\tau s})$$

于是，该控制系统的传递函数为

$$\frac{Y(s)}{Y_s(s)} = \frac{G_c(s)G_0(s)}{1 + G_m(s)G_c(s)G_0(s)} \qquad (4-59)$$

该式表明如图 4-41 所示的系统经 Smith 补偿后相当于不存在纯延迟，从而提高了系统的动态控制质量，如图 4-42 所示。由图可见，在有纯延迟的过程中加上 Smith 补偿器后，采用相同的 PID 控制参数，消除了纯延迟现象，使得控制及时，过渡过程大幅缩短，控制质量得到提高。

尽管将 Smith 补偿器与过程并联后，可以消除纯延迟现象，但这种连接方式难以在实际中实现。将图 4-41 的控制系统改成如图 4-43 的连接方式，这种连接方式是将系统的输出量与 Smith 补偿器的输出信号合并，其结果也可以消除测量信号的延迟。该连接方式的控制系统各环节的输出量与输入量的关系可写成

$$Y(s) = G_0(s)e^{-\tau s}M(s), \; M(s) = G_c(s)E(s), \; E(s) = Y_s(s) - Y_m(s)$$

$$Y_m(s) = G_m(s)K(s), \; Y_2(s) = G_0(s)(1 - e^{-\tau s})M(s)$$

$$K(s) = Y(s) + Y_2(s) = G_0(s)M(s)$$

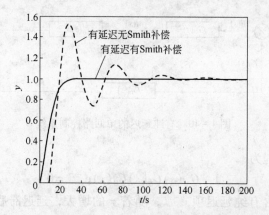

图 4 - 42　有无 Smith 补偿器的延迟过程的阶跃响应曲线

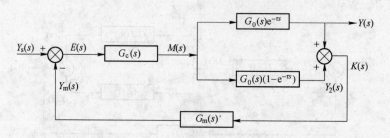

图 4 - 43　有 Smith 补偿器的控制系统的另一种连接法

于是，该控制系统的传递函数为

$$\frac{Y(s)}{Y_s(s)} = \frac{G_c(s)G_0(s)}{1 + G_m(s)G_c(s)G_0(s)} e^{-\tau s} \qquad (4-60)$$

则该 Smith 补偿器连接方式的单回路控制系统的特征方程为

$$1 + G_m(s)G_c(s)G_0(s) = 0 \qquad (4-61)$$

从式中可见，特征方程中不存在纯延迟量，因此，控制系统的控制质量将得到改善。但是，比较式（4-59）和式（4-60）可知，对于这种连接方式的控制系统，其传递函数的分子项依然存在延迟量 $e^{-\tau s}$，说明被调量 $y(t)$ 的响应还是比设定值 y_s 延迟一个 τ 的时间，见图 4-44。

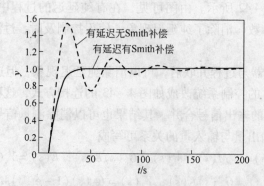

图 4 - 44　有无 Smith 补偿器的控制系统改变连接方式后的延迟过程的阶跃响应曲线

在实际应用中，为了便于实现，Smith 预估器是反向接在控制器上，为了得到图 4 - 43 控制系统的传递函数，需要与 Smith 补偿器串接一个测量变送环节的传递函数，如图 4 -45所示。可以证明该系统的传递函数与式（4 - 60）相同，因此，同样也可以得到如图 4 -44 所示的有 Smith 补偿的单位阶跃响应曲线。

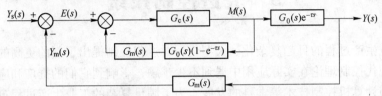

图 4 -45　Smith 补偿器反向接在控制器的控制系统

应当指出，尽管 Smith 补偿控制对于大延迟过程可以提供很好的控制质量，但前提是必须获得精确的被控对象的数学模型。

5 先进控制系统

随着工业生产过程的日趋复杂化、大型化，对过程控制提出了新的更高的要求。经典控制理论和现代控制理论在实际应用中遇到不少难题，影响到它们的推广和应用。随着现代控制理论与计算机控制技术等学科的发展，为了满足复杂的工业生产过程自动化的迫切要求，自 20 世纪 70 年代以来，控制领域加强了复杂过程控制的研究和开发。将现代控制理论移植到过程控制领域，充分发挥计算机的功能，在建模理论、辨识技术、优化控制、最优控制、高级过程控制等方面开展研究，推出了从实际工业生产过程特点出发，寻求对模型要求不高，在线计算方便，对过程和环境的不确定性有一定适应能力的控制策略和方法，形成了先进控制系统。

先进过程控制是基于计算机的各种控制算法，在工业生产过程中已成功应用的控制系统包括内模控制、预测控制、自适应控制、推断控制、软测量技术、模糊控制、神经网络控制和专家控制等，其中模糊控制、神经网络控制和专家控制是智能控制的组成部分。

智能控制（Intelligent Control，IC）是 20 世纪 80 年代出现的一个新的控制系统，它是继经典控制理论方法和现代控制理论方法之后的新一代控制理论方法，是控制理论发展的高级阶段。它主要用来解决那些传统方法难以解决的复杂系统控制问题。所谓智能控制就是以控制理论为基础，模拟人的思维方法、规划及决策实现工业过程自动控制的一种技术，是由人工智能、自动控制及运筹学等学科相结合的产物，是一种以知识工程为指导的，具有思维能力、学习能力及自组织功能等特点，并且能自适应调整的先进控制策略。

专家控制、模糊控制和神经网络控制可以单独使用，也可以结合起来应用；既可应用于现场控制，也可以用于过程建模、优化操作、故障诊断、生产调度和经营管理等不同层次。

本章就预测控制、自适应控制、推断控制、软测量技术、模糊控制、神经网络控制和专家控制做一些介绍。

5.1 预 测 控 制

预测控制是 20 世纪 70 年代末出现的一种基于模型的计算机优化控制系统，预测控制与传统的 PID 控制的基本出发点不同。常规 PID 控制是根据过程当前的输出测量值和设定值的偏差来确定当前的控制输入。而预测控制不但利用了当前的和过去的偏差值，而且还通过预测模型来预估过程未来的偏差值，以滚动优化确定当前的最优控制策略。因此，预测控制优于 PID 控制。它适用于控制不易建立精确数学模型且比较复杂的工业生产过程，所以它一出现就受到国内外工程界的重视，并已在复杂的工业部门的控制系统得到了成功的应用。

预测控制是以模型为基础，既包含预测的原理，同时还具有最优控制的基本特征。预测控制的控制算法尽管其形式不同，但都有一些共同的特点，归结起来有三个基本特征：模型预测、滚动优化和反馈校正。这三方面的工作一般由计算机程序在线连续执行。预测控制的基本结构如图 5-1 所示。图中的参考轨线是用于使过程的输出 y 沿预先规定的轨线平滑地到达设定值 y_s。

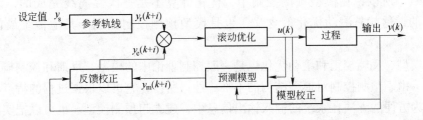

图 5-1 预测控制的基本结构

5.1.1 模型预测

预测控制需要一个描述系统动态行为的模型称为预测模型。它应具有预测功能，即能够根据系统现时刻的控制输入以及过程的历史信息，预测过程输出的未来值。

从方法角度讲，只要是具有预测功能的信息集合，无论它有什么样的表现方式，均可作为预测模型。在实际工业过程中，传递函数、状态方程等模型可作为预测模型；脉冲响应模型和阶跃响应模型等非参数模型也可作为预测模型。通过把对象在脉冲或阶跃干扰作用下得到的一系列响应值作为对象动态特性的信息，构成系统的动态预测模型。

由于预测模型能对过程未来动态行为进行预测，因此，可以像系统仿真一样，任意给出未来控制策略，观察对象在不同控制策略下的输出变化，从而为比较这些控制策略的优劣提供了基础。

5.1.2 反馈校正

在预测控制中，采用预测模型通过优化计算预估未来的控制作用，由于过程存在非线性、时变、模型失配和扰动等不确定因素，模型的预测值与实际过程总是有差别的。

预测控制的一个突出特点就是在每个采样时刻，通过输出的测量值与模型的预估值进行比较，得出模型的预测误差，再利用模型预测误差来校正模型的预测值，从而得到更为准确的将来输出的预测值。

利用修正后的预测值作为计算最优性能指标的依据，实际上也是对测量到的变量的一种负反馈，故称为反馈校正。正是这种由模型预测加反馈校正的过程，使预测控制具有很强的抗扰动和克服系统不确定性的能力。

5.1.3 滚动优化

预测控制是一种优化控制。像所有最优控制一样，它是通过某一性能指标的最优化来确定未来的控制作用。这一性能指标还涉及到过程未来行为，它是通过预测模型由未来的控制策略决定的。

但模型预测控制中的优化又区别于传统的最优控制。这主要表现在模型预测控制中的优化是一种有限时域的优化，在每一采样时刻，优化出的控制参数只在该时刻起未来有限的时域有效，而在下一采样时刻起的有限时域，又优化出另一组控制参数。即模型预测控制不是采用一个不变的全局优化指标，而是在每一时刻有一个相对于该时刻的优化控制参数。所以，在模型预测控制中，优化计算不是一次性离线完成的，而是在线反复进行的，这就是滚动优化的含义，也是模型预测控制区别于其他传统最优控制的根本所在。

预测模型、反馈校正和滚动优化也是一般控制理论中的模型、反馈和控制概念的具体表现形式。由于预测控制对模型结构的不唯一性，所以，它可以根据过程的特点和控制要求，以最为方便的方法在系统的输入输出信息中，建立起预测模型。也可以把实际系统中的不确定因素体现在优化过程中，形成动态优化控制，并可处理约束和多种形式的优化目标。因此，可以认为预测控制的预测和优化模式是对传统最优控制的修正，它使建模简化，并考虑了不确定性及其他复杂性因素，从而使预测控制能适合复杂工业过程的控制，这也正是预测控制首先广泛应用于过程控制领域的原因。

5.1.4 参考轨迹

考虑到过程的动态特性，为了使过程避免出现输入和输出的急剧变化，往往要求过程输出 $y(k+i)$ 沿着一条人们期望的、平缓的曲线达到设定值 y_s。这条曲线通常称为参考轨线 $y_r(k+i)$。它是设定值经过在线"柔化"后的产物。最广泛采用的参考轨线为一阶指数变化形式，可写为

$$y_r(k+i) = \alpha^i y(k) + (1-\alpha^i) y_s \qquad (i=1, 2, \cdots, n, \cdots) \qquad (5-1)$$

式中，$\alpha = e^{\frac{-T_s}{T}}$，其中 T_s 为采样周期，T 为参考轨迹的时间常数；$y(k)$ 为当前过程输出。T 越小，则 α 越小，参考轨迹就能越快达到 y_s。α 是预测控制中重要的设计参数。

5.1.5 在线滚动的实现方法

在预测控制中，通过求解优化问题，可得到现时刻所确定的一组最优控制作用 $\{u(k), u(k+1), \cdots, u(k+m-1)\}$，其中 m 为控制的时域长度。对过程施加这组控制作用有三种方式：

（1）在现时刻 k 只施加第一个控制作用 $u(k)$，等到下一个采样时刻 $k+1$，根据采样到的过程输出，重新进行优化计算，得到新的一组控制作用，还是只施加第一个控制作用。如此类推"滚动"式推进。

（2）在现时刻 k 依次施加前 n 个控制作用，然后，再计算下一组最优控制作用。

（3）在现时刻 k 依次施加完 m 个控制作用后，再计算下一组最优控制作用。

由于预测控制的一些基本特征使其产生许多优良性质：对数学模型要求不高且模型的形式是多样化的；能直接处理具有纯滞后的过程；具有良好的跟踪性能和较强的抗扰动能力；对模型误差具有较强的鲁棒性。这是 PID 控制或现代控制理论无法相比的。因此，预

测控制在实际工业中已得到广泛重视和应用。

5.2 软测量技术

软测量技术是应用计算机技术，用软件代替仪表，选择一些容易测量的变量（称为辅助变量或二次变量），依据易测变量与难测变量（称为主导变量）之间的数学关系（称为软测量模型），从而实现对过程难测变量进行在线估计测量的技术。

如在转炉吹炼过程控制中，钢液碳含量的在线测量是困难的，属于控制中的难测变量。可以通过测定转炉钢液的结晶温度，根据铁碳相图或碳含量与钢液结晶温度的关系确定转炉吹炼后期钢液的碳含量。通过定氧探头测定钢液的氧活度，根据碳氧热力学平衡关系，也可以确定钢液的碳含量，但这种定碳的方法要求钢液中碳和氧已达到热力学平衡，否则确定的碳含量与实际的碳含量有较大的差别。另一种定碳的软测量技术是根据转炉吹炼过程炉气的流量和炉气中 CO、CO_2 含量，计算出熔池碳的氧化量，再由金属料带入的初始碳量，从而确定熔池的钢液碳含量。

早期的软测量技术主要用于控制变量或扰动不可测的场合，其目的是实现工业过程复杂（高级）控制，现今该技术已渗透到需要实现难测参数在线监控的各个领域中，软测量技术已经成为过程控制和过程检测领域的一大研究热点和主要发展趋势之一。

软测量技术的核心是表征辅助变量和主导变量之间数学关系的软测量模型，图 5 - 2 所示为软测量技术的基本结构。由图可知，软测量技术主要有辅助变量的选择、数据采集和处理、软测量模型建立及在线校正等部分。

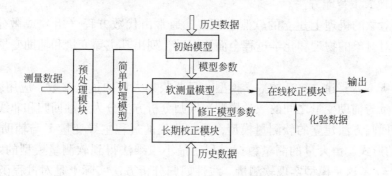

图 5 - 2 软测量基本特征

5.2.1 辅助变量选择

首先根据软测量的任务，确定主导变量。通过机理分析确定影响主导变量的辅助变量。辅助变量的选择包括变量类型、变量数目和检测点位置的选择。在这三方面是相互关联、相互影响，由过程特性所决定的。同时在实际应用中，还应考虑经济性、可靠性、可行性以及维护性等外部因素的制约。

辅助变量的选择方法分为两种：一种是直接根据历史数据记录进行选择，这种方法是对过程变量之间进行相关性分析，选择对主导变量影响最大的一些变量作为辅助变量；另一种是通过对过程的机理分析，初步确定影响主导变量的可以测量的相关变量，对这些变量进行相关性分析，从中选择与过程主导变量密切相关的变量作为辅助变量。

5.2.2　测量数据处理

软测量技术是根据过程辅助变量测量数据经过软测量模型计算从而实现对主导变量的测量，其性能在很大程度上依赖于所获过程测量数据的准确性和有效性，为了保证软测量精度，必须对测量数据进行处理，这是软测量技术实际应用中的一个重要方面，测量数据的处理包括测量数据误差处理和测量数据变换两部分。

测量数据误差处理是通过统计方法剔除有显著测量误差的数据；测量数据变换不仅影响模型的精度和非线性映射能力，而且对数值算法的运行效果也有很重要的作用，它包括标度、转换和权函数。

5.2.3　软测量模型建立

软测量技术的分类一般都是依据软测量模型的建立方法进行的。建模的方法多种多样，且各种方法互有交叉，目前建立软测量模型的方法有以下几种：

（1）工艺机理分析；

（2）回归分析；

（3）过程对象动态数学模型；

（4）人工神经网络；

（5）模式识别；

（6）其他人工智能方法。

从被控对象的机理上建立的软测量模型，通常由代数方程（组）或微分方程（组）构成，通过对对象的物理和化学过程全面认识后，列出其主导变量和辅助变量之间的数学关系方程。

回归分析不需要建立复杂的数学模型，只要收集大量的过程参数，应用统计的方法，建立主导变量与辅助变量之间的数学模型。回归分析方法分为线性回归和非线性回归，采用多元线性回归方法建立的软测量模型，是将收集的过程主导变量 Y 与辅助变量 X 回归成 $Y = AX$ 的形式，由大量的测量数据，利用最小二乘法得到软测量模型的系数向量 A，从而利用 $Y = AX$ 这一模型实现软测量。线性回归分析方法实际上是对过程函数在操作点附近忽略其高阶项的一阶泰勒展开式，如果过程的非线性特性严重，或者过程操作点变化大，采用线性回归方法建立的软测量模型的精度会显著下降，这时应采用非线性回归方法。

人工神经网络的软测量方法无需具备对被控对象的机理认识，它是直接利用对象的输入输出数据进行建模，对高度非线性对象的建模有很大的潜力。对于一些机理尚不清楚且非线性非常严重的过程，将易测的过程辅助变量作为神经网络的输入变量，将待测变量作为神经网络的输出，通过大量的数据，对设计的神经网络模型进行网络学习，得到各神经元之间的连接权值，从而建立神经网络软测量模型。

模式识别是利用计算机模拟人类感知事物的功能，使计算机系统具有模拟人类通过感官接受外界信息、识别和理解周围环境的感知能力。

更好的建模方法是将机理建模和经验建模结合起来，既取两者之长，又补各自之短。如按照机理建立数学模型，其中的参数通过实测得到。

5.2.4 软测量模型的在线校正

由于软测量对象的时变性、非线性以及模型的不完整性等因素，必须考虑模型的在线校正，才能使模型适应新工况。

软测量模型的在线校正包括模型结构的优化和模型参数的修正两方面，具体方法有自适应法、增量法和多时标法。

对模型结构的修正往往需要大量的样本数据和较长的计算时间，难以在线进行。为解决模型结构修正耗时长和在线校正的矛盾，提出了短期学习和长期学习的校正方法。短期学习由于算法简单、学习速度快，便于实时应用。长期学习是当软测量模型在线运行一段时间积累了足够的新样本模式后，重新建立软测量模型。

5.3 推断控制

推断控制（Inferential Control）是由美国学者 C. B. Brosilow 提出来的。所谓推断控制就是在过程数学模型的基础上，利用可测变量将不可测的过程输出推算出来实现反馈控制，或将不可测的过程扰动推算出来实现前馈控制。也可以说，将软测量技术用于控制回路中的控制系统就是推断控制。

生产过程中被控变量（过程输出）能直接测量就可以实现反馈控制。如果扰动可测，则可以采用前馈控制。但是，在工业生产中存在着这样一类情况，即过程的扰动，甚至过程的输出（被控量）无法测量或难以测量，则可以采用软测量技术实现推断控制。

推断控制系统的基本组成如图 5-3 所示。由于过程的主要输出 $Y(s)$ 和扰动 $F(s)$ 均不可测量，只能引入易测量的过程辅助输出 $\theta(s)$。$Y(s)$ 和 $\theta(s)$ 可表示为

$$Y(s) = C(s)M(s) + B(s)F(s) \tag{5-2}$$

$$\theta(s) = P(s)M(s) + A(s)F(s) \tag{5-3}$$

推断控制系统通常由三个基本部分组成。

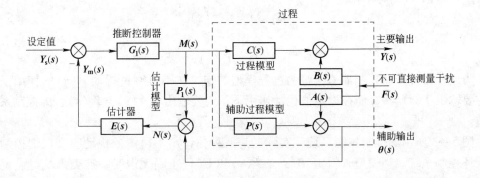

图 5-3　推断控制系统组成

5.3.1 信号分离

引入模型 $P_1(s)$ 将不可测量扰动 $F(s)$ 对辅助输出的影响从 $\theta(s)$ 中分离出来，当 $P_1(s) = P(s)$ 时，则输入估计器的信号为

$$N(s) = \theta(s) - P_1(s)M(s) = P(s)M(s) + A(s)F(s) - P_1(s)M(s) = A(s)F(s)$$

$$(5-4)$$

于是，控制变量 $M(s)$ 经估计模型 $P_1(s)$ 对估计器 $E(s)$ 产生作用与控制变量 $M(s)$ 经辅助过程模型 $P(s)$ 产生作用相抵消，因而送入估计器 $E(s)$ 的信号仅为扰动变量对辅助过程的影响，从而实现信号分离。

5.3.2 估计器 $E(s)$

估计器 $E(s)$ 的作用是估计不可直接测量的扰动 $F(s)$ 对过程主要输出 $Y(s)$ 的影响。为此设计估计器的传递函数为

$$E(s) = B(s)A^{-1}(s) \tag{5-5}$$

或采用最小二乘估计器

$$E(s) = B(s)(A^{\mathrm{T}}(s)A(s))^{-1}A^{\mathrm{T}}(s) \tag{5-6}$$

则估计器的输出

$$Y_{\mathrm{m}}(s) = E(s)N(s) = B(s)A^{-1}(s)A(s)F(s) = B(s)F(s) \tag{5-7}$$

可见，估计器的输出为不可直接测量的扰动 $F(s)$ 对被控变量即过程主要输出 $Y(s)$ 的影响估计值。

5.3.3 推断控制器 $G_1(s)$

推断控制器的设计原则应使系统对设定值具有良好的跟踪性能，对外界扰动具有良好的抗扰动能力，而对选定的不可测量扰动的影响起到完全补偿作用。如图 5-3 所示，控制变量 $M(s)$ 为

$$M(s) = G_1(s)[Y_s(s) - Y_{\mathrm{m}}(s)] = G_1(s)[Y_s(s) - B(s)F(s)] \tag{5-8}$$

代入过程主要输出 $Y(s)$ 的计算式得

$$Y(s) = C(s)G_1(s)[Y_s(s) - B(s)F(s)] + B(s)F(s) \tag{5-9}$$

设计推断器的传递函数为

$$G_1(s) = C^{-1}(s) \tag{5-10}$$

则

$$Y(s) = Y_s(s) \tag{5-11}$$

为此，设计推断控制器 $G_1(s)$ 为过程模型的逆，在不可测量扰动 $F(s)$ 的作用下，过程主要输出 $Y(s) = 0$；而在设定值扰动作用下，主要输出为 $Y(s) = Y_s(s)$，即控制系统无余差。

图 5-3 所示的推断控制系统，实际上是一种估计出不可测的扰动实现前馈控制，属于开环控制系统。当模型 $A(s)$、$B(s)$、$P(s)$ 和 $C(s)$ 正确无误时，这类系统对设定值变化具有良好的跟踪性能，并对不可测量扰动的影响起到完全补偿作用。然而，要准确地知道过程数学模型以及所有扰动的特性，在实际过程控制中往往是相当困难的。为了消除模

型误差以及其他扰动所导致主要输出的稳态误差，若 $Y(s)$ 可测，应尽可能引入反馈，构成推断－反馈控制系统。

5.4 自适应控制系统

自适应控制是建立在系统数学模型参数未知的基础上，而且随着系统行为的变化，自适应控制本身能自动测量被控系统的参数或运行指标，自动地调整控制的参数，以适应其特性的变化，保证整个控制系统的性能指标达到最优。

自适应控制系统的研究始于 20 世纪 50 年代，随着控制理论与计算机技术的迅速发展，自适应控制得到了迅速的发展，在工业生产中的应用越来越广泛。

自适应控制系统是一个具有适应能力的系统，它必须能够辨识过程参数与环境条件变化，在此基础上自动校正控制规律。一个自适应控制系统应至少包含下述三个部分：

（1）具有一个测量或估计环节，能对过程和环境进行监视，并有对测量数据进行分类以及消除数据中噪声的能力。这通常体现为对过程的输入输出进行测量，从而进行某些参数的实时估计。

（2）具有衡量系统的控制效果好坏的性能指标，并且能够测量或计算性能指标，判断系统是否偏离最优状态。

（3）具有自动调整控制规律或控制器参数的能力。

工业上常用的自适应控制系统的形式很多，根据设计原理和结构不同，目前应用较为广泛的自适应系统主要有以下三类。

5.4.1 简单自适应控制系统

这类系统可用一些简单的方法来对过程参数或环境条件的变化进行辨识，按一定的规律来调整控制器的参数，控制算法也比较简单，实际上是一种非线性控制系统或采用自整定控制器的控制系统。系统方框图如图 5－4 所示。该系统在运行过程中，可以根据被控对象的实时输出信号对被控对象的参数或性能连续地或周期地进行在线评价或估计，由决策机构根据所获得的信息按照一定的系统性能优劣的评价准则，决定控制器的参数变化和调整，以保证被控对象在内、外因素影响时具有自动适应能力。

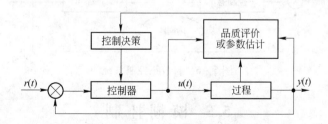

图 5－4 简单自适应控制系统

5.4.2 模型参考自适应控制系统

典型的模型参考自适应控制系统的基本结构如图 5－5 所示。模型参考自适应控制系

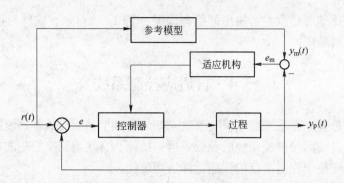

图5−5　模型参考自适应控制系统

统是参考模型和被控系统并联运行，参考模型代表被控对象具有的特性。输入$r(t)$一方面送到控制器，产生控制作用，对过程进行控制，系统的输出为$y_p(t)$；输入$r(t)$另一方面送往参考模型，其输出为$y_m(t)$。它们输出信号的差值$e_m = y_m(t) - y_p(t)$，称为广义误差，送往适应机构，其根据一定的自适应规律改变控制器参数，目的是使$y_p(t)$能更好地接近$y_m(t)$。从而消除e_m，使被控对象具有与参考模型一样的性能。

5.4.3　自校正控制系统

自校正控制系统的原理图如图5−6所示。自校正控制系统由两个回路组成，内回路与通常的反馈控制系统类似，由过程和可调控制器组成；外回路由对象参数估计器和控制器参数调整机构组成。外回路的任务是对象参数估计器在线估计被控对象的未知参数，然后由参数调整机构按一定的规则对可调控制器的参数进行在线计算，用以修改控制器的参数。在自校正控制系统中，对象参数估计通常采用最小二乘法，依据过程的输入、输出数据，得到过程数学模型的参数。控制器参数计算方法常用最小方差控制算法，以实现最优控制。

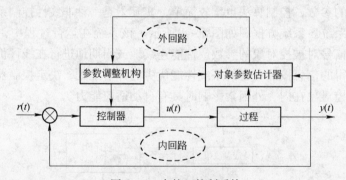

图5−6　自校正控制系统

5.5　模　糊　控　制

在现实中，一些由传统控制方法难以控制的复杂过程，往往可以由一个熟练的操作人员凭着丰富的实践经验取得满意的控制结果。这是由于操作人员在实施控制过程中，并非按照一个所谓的数学模型去操作，而是根据他对被控对象正常工作状态和当前测量数据所反映出的系统输出量的理解（偏低、正常或偏高等），结合长期的操作经验来完成的。

操作人员的手动控制过程，可描述为以下几个步骤：首先，被控对象的精确测量值反映到操作人员的大脑中；其次，将其与被控对象的被控变量的设定值对比，在大脑中将测量值转化为模糊值（低、正常、高），并依据对被控对象特性的长期了解进行推理做出控制决策（如阀门开度的开大或关小）；最后，将控制决策转化为明确的控制值（操作幅度）实现对被控对象的控制。可见，控制过程中存在着一个模糊推理决策的过程，正是这一过程使得操作人员实现了对复杂被控对象的理想控制。模糊控制理论就是吸收了高水平人工控制的这种推理特点。

模糊控制是一种应用模糊集合、模糊语言变量和模糊逻辑推理知识，模拟人的模糊思维方法，对复杂系统实施控制的一种智能控制系统。模糊理论是由美国著名的控制理论学者扎德（Zadeh）教授于 1965 年首先提出的，英国伦敦大学教授马丹尼（Mamdani）1974年研制成功第一个模糊控制器，并用于锅炉和蒸汽机的控制，从而开创了模糊控制的历史。模糊控制不需要准确的被控对象数学模型，甚至不需要精确的定量计算，其更多依靠的是控制经验和知识，在一定程度上模仿了人的控制。

马丹尼教授建立的模糊控制器，用于锅炉和蒸汽机的控制，取得了良好效果。后来的许多研究大多基于他的基本框架。模糊控制可获得满意的调节品质，通过人们搜集各个变量的信息，形成模糊概念，如温度过高、稍高、正好、稍低、过低等，然后依据一些推理规则，决定控制决策。模糊控制在原则上包括以下三个步骤：

（1）把测量信息得到的偏差（精确量）转化为模糊量，其间应用了模糊子集和隶属度的概念；

（2）根据输入变量（模糊量），运用模糊推理规则，得出控制量（模糊量）；

（3）将得到的控制量（模糊量）转换为精确的控制量。

因此，整个模糊控制过程是先把偏差的精确量模糊化，在模糊集合中处理后，再转化为精确量的控制信号的过程，如图 5-7 所示。

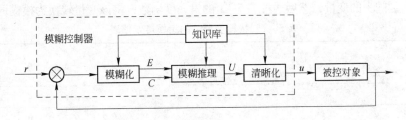

图 5-7　模糊控制系统的基本结构

在手动控制过程中，人所能获取的被控变量测量值与设定值的信息量基本上有三个：

（1）偏差；

（2）偏差的变化；

（3）偏差变化的变化，即偏差变化的速率。

由于模糊控制器的控制规则是根据人的手动控制规则提出的，所以模糊控制器的输入量也可以有以上三个。

模糊集合是一种介于严格定量与定性间的数学表述形式，一般说来，人们总是习惯于对数值的模糊判断分为三个等级，如物体的大小可分为大、中、小；运动的速度可分为快、中、慢等。所以，一般都选用"大"、"中"、"小"三个词汇来作为模糊控制器的输入、输出变量的状态。此外，由于数值还有正、负之分，所以将大、中、小再加上正、负两个方向并考虑变量的零状态，共有七个词汇，称为模糊词集，即

$$[正大、正中、正小、零、负小、负中、负大]$$

用英文字头缩写为

$$[PB、PM、PS、ZR、NS、NM、NB]$$

选择较多的词汇描述输入、输出变量，可以使制定控制规则方便，但是控制规则相应变得复杂。选择词汇过少，使得描述变量变得粗糙，导致控制器的性能变坏。一般情况下，都选择上述七个词汇，但也可以根据实际系统需要选择三个或五个语言变量。

模糊集合理论的核心是对复杂的系统或过程建立一种语言分析的数学模式，使日常生活中的自然语言能够直接转化为计算机所能接受的算法语言。

目前在实际中常用的模糊化处理方法是将偏差和偏差变化率的变化范围设定为 $[-6, +6]$ 区间的连续变化量，设有 13 个等级，即 $[6, 5, 4, 3, 2, 1, 0, -1, -2, -3, -4, -5, -6]$，称为模糊子集论域。在实际中如果输入量 E 的变化范围不在 $[-6, +6]$ 区间，假定 E 的变化范围在 $[a, b]$ 之间，则可以通过下式将其转换到 $[-6, +6]$ 区间的变量 e。

$$e = \frac{12}{b-a}\left(E - \frac{a+b}{2}\right) \tag{5-12}$$

模糊子集论域和模糊词集之间的关系是通过隶属度函数来联系的，用于计算元素属于模糊词集的程度——隶属度的函数称为隶属函数。隶属度的值为 $[0, 1]$ 闭区间上的一个数，其值越大，表示该元素属于模糊集合的程度越高，反之则越低。

若用模糊词集 $[PB、PM、PS、ZR、NS、NM、NB]$ 来描述在 $[-6, +6]$ 区间的输入量时，则可以考虑采用表 5-1 的模糊变量 e 的隶属度赋值表，将偏差数值转换为 $[-6, +6]$ 区间中的变量，然后通过表 5-1 的隶属函数，将该变量转换为模糊词集的变量。

表 5-1   模糊变量 e 的隶属度赋值表

论域 词集	6	5	4	3	2	1	0	-1	-2	-3	-4	-5	-6
NB										0.1	0.4	0.8	1.0
NM									0.2	0.7	1.0	0.7	0.2
NS							0.3	0.9	1.0	0.7	0.1		
ZR						0.5	1.0	0.5					
PS			0.2	0.7	1.0	0.9							
PM	0.2	0.7	1.0	0.7	0.2								
PB	1.0	0.8	0.4	0.1									

例如数值 6 显然属于 PB，隶属度赋值为 1，由于不精确性的存在，6 也有属于 PM 的可能性，隶属度或可赋值 0.2；数值 5 介于 PB 与 PM 之间，对 PB 的隶属度赋值为 0.8，对 PM 的隶属度赋值为 0.7；对其他数值也可作类似解释。

控制器的控制规则是指控制器根据输入信号确定其输出信号的关系。模糊控制器的控

制规则是基于手动控制策略，而手动控制策略又是人们通过学习、试验以及长期生产操作经验积累而逐渐形成的，存贮在操作者头脑中的一种技术知识集合。手动控制过程一般是通过对被控对象（过程）的一些观测，操作者再根据已有的经验和技术知识，进行综合分析并做出控制决策，加到被控对象的控制作用，从而使系统达到预期的目标。

利用语言归纳手动控制策略的过程，实际上就是建立模糊控制器的控制规则的过程。手动控制策略一般都可以用条件语句加以描述，以便于在建立模糊控制规则中选用。模糊控制规则常用一组 If – Then 条件语句进行描述。常见的模糊控制规则语句有：

（1）If A Then B

（2）If A and B Then C

第一类模糊控制规则语句适用于单输入的模糊控制器，第二类模糊控制规则语句适用于双输入的模糊控制器。例如一个温度模糊控制系统选择温度偏差 E 和温度偏差变化 EC 为模糊控制器的输入量，均采用 ［PB、PM、PS、ZR、NS、NM、NB］作为各输入量的模糊词集。如果模糊控制器的输出也采用 ［PB、PM、PS、ZR、NS、NM、NB］这样的模糊词集，且模糊控制器的模糊规则可设计成如表 5 – 2 所示的形式，则所有的模糊控制规则语句可以根据该表写出，如其中的一条语句

$$\text{If } E = \text{PS and } EC = \text{PB Then } U = \text{NB}$$

即如果温度偏差 E 等于正小，温度偏差变化 EC 等于正大，则控制作用等于负大。

表 5 – 2　模糊控制规则

EC ＼ E	NB	NM	NS	ZR	PS	PM	PB
NB	PB	PB	PB	PB	PM	ZR	ZR
NM	PB	PB	PB	PB	PM	ZR	ZR
NS	PM	PM	PM	PS	ZR	NS	NS
ZR	PM	PM	PS	ZR	NS	NM	NM
PS	PS	PS	ZR	NS	NM	NM	NM
PM	ZR	ZR	NM	NB	NB	NB	NB
PB	ZR	ZR	NM	NB	NB	NB	NB

通过模糊推理得到的控制量是一个模糊集合。但是在实际使用中，特别是在模糊控制中，必须要有一个确定值才能去控制或者驱动执行机构。在推理得到的模糊集合中取一个最佳代表这个模糊控制量的精确值的过程称为去模糊化或解模糊化。常用的去模糊化计算方法有如下三种。

5.5.1　最大隶属度函数法

该方法是简单地取所有规则结果的模糊集合中隶属度最大的那个元素作为输出值，即

$$v_0 = \max(u_v(v_i)), \ v_i \in V \tag{5-13}$$

式中，v_0 为输出量精确值，v_i 为具有不同隶属度的模糊输出集合 V 的元素（输出变量），$u_v(v_i)$ 为隶属度函数。

如果在模糊输出集合中，具有相同最大隶属度函数对应的元素有多个时，简单的方法

是取所有具有相同最大隶属度元素的平均值作为模糊控制器的输出值，即

$$v_0 = \frac{1}{J}\sum_{j=1}^{J} v_j, \ v_j = \max_{v \in V}(u_v(v_i)) \tag{5-14}$$

J 为具有相同最大隶属度输出元素的总个数。例如，已知两个模糊输出子集 V_1、V_2 分别为

$$V_1 = \left[\frac{0.2}{2}, \frac{0.7}{3}, \frac{1.0}{4}, \frac{0.7}{5}, \frac{0.2}{6}\right] \tag{5-15}$$

$$V_2 = \left[\frac{0.1}{-4}, \frac{0.4}{-3}, \frac{0.8}{-2}, \frac{1.0}{-1}, \frac{1.0}{0}, \frac{0.4}{1}\right] \tag{5-16}$$

在上面的模糊输出集合中，分母表示输出值元素，分子表示其对应的隶属度。则由最大隶属度函数法，得

$$v_{0,1} = \max(u_v(v_i)) = 4$$

$$v_{0,2} = \max(u_v(v_i)) = \frac{-1+0}{2} = -0.5$$

最大隶属度函数法不考虑输出隶属度函数的形状，只关心其最大隶属度值处的输出值，因此，难免会丢失许多信息，但是它的突出优点是计算简单，所以在一些控制要求不高的场合，采用最大隶属度函数法是非常方便的。

5.5.2　重心法

重心法是取模糊隶属度函数曲线与横坐标围成面积的重心为模糊推理最终输出值，即

$$v_0 = \frac{\displaystyle\int_V v u_v(v)\,\mathrm{d}v}{\displaystyle\int_V u_v(v)\,\mathrm{d}v} \tag{5-17}$$

对于具有 m 个输出量化级数的离散集合情况

$$v_0 = \frac{\displaystyle\sum_{k=1}^{m} v_k u_v(v_k)}{\displaystyle\sum_{k=1}^{m} u_v(v_k)} \tag{5-18}$$

如对于式（5-15）和式（5-16）的模糊输出子集 V_1、V_2，采用重心法时，它们的输出值为

$$v_{0,1} = \frac{2\times0.2+3\times0.7+4\times1.0+5\times0.7+6\times0.2}{0.2+0.7+1.0+0.7+0.2} = 4.0$$

$$v_{0,1} = \frac{(-4)\times0.1+(-3)\times0.4+(-2)\times0.8+(-1)\times1.0+0\times1.0+1\times0.4}{0.1+0.4+0.8+1.0+1.0+0.4} = -1.03$$

与最大隶属度法相比较，重心法具有更加平滑的输出推理控制，即对应于输入信号的微小变化，其推理的最终输出一般也会发生一定的变化，且这种变化明显比最大隶属度函数法要平滑。

5.5.3　加权平均法

加权平均法的最终输出值由下式计算

$$v_0 = \frac{\sum\limits_{i=1}^{m} v_i k_i(v_i)}{\sum\limits_{i=1}^{m} k_i(v_i)} \qquad (5-19)$$

这里的系数 $k_i(v_i)$ 的选择要根据实际情况而定，不同的系数就决定系统有不同的响应特性，当该系数 $k_i(v_i)$ 取为 $u_v(v_i)$ 时，即取其隶属度函数时，就转化为重心法了。在模糊控制中，可以选择和调整该系数来改善系统的响应特性。

模糊控制器的设计包含以下几个步骤：

（1）定义输入输出变量。首先确定模糊控制器输入输出变量。按控制器的输入输出来定义，模糊控制器可分为单输入单输出及多输入多输出的两种形式。对于单输入单输出模糊控制，又可以分为一维控制器、二维控制器和多维控制器。不同维数的模糊控制器的输入与输出如图 5-8 所示。

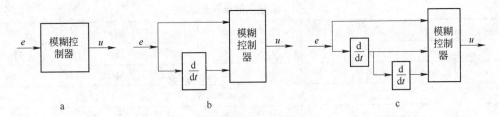

图 5-8 不同维数的模糊控制器

一般来说，模糊控制器的维数越高，控制精度越高，但也导致了控制器规则复杂，控制算法实现困难等问题，目前广泛应用的大多是二维控制器。

（2）定义所有变量的模糊化条件。根据被控对象的实际情况，决定输入变量的测量范围和输出变量的控制作用范围，以进一步确定每个变量的论域；安排每个变量的语言值及其对应的隶属度函数。

（3）设计控制规则库。这是一个把专家知识和熟练操作工的经验转换为用语言表达的模糊控制规则的过程。

（4）设计模糊推理结构。这一部分可以通过设计不同推理算法的软件在计算机上实现，也可以采用专门设计的模糊推理硬件集成电路芯片来实现。

（5）选择精确化策略的方法。即精确化计算时在一组输出量中找到一个有代表性的值，或者说对推荐的不同输出量进行最终控制。

下面以一个具体例子来说明模糊控制器的设计过程。设有一加热炉温度控制系统，要求将温度稳定在某设定值（设为 0 点）附近，控制参数为蒸汽量。

（1）确定输入输出变量。模糊控制器选用系统的实际温度 T 与温度设定值 T_s 的偏差 $e = T - T_s$ 及其变化 de 作为输入变量，把送到执行器的控制信号 u 作为输出变量，这样就构成一个二维模糊控制器，如图 5-9 所示。

（2）定义模糊化条件。取 e、de、u 的语言变量的量化等级都为 9 级，即 x、y、$z = [-4, -3, -2, -1, 0, 1, 2, 3, 4]$。假设误差 e 变化范围为 $[-50, 50]$；误差变化 de 的变化范围为 $[-150, 150]$；控制输出 u 的变化范围为 $[-64, 64]$。则换算到上

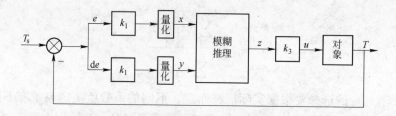

图 5 - 9　加热炉温度模糊控制系统

述 9 个等级的各比例因子为

$$k_1 = 4/50, \quad k_2 = 4/150, \quad k_3 = 4/64$$

其次，确定各语言变量在变化范围内模糊子集的个数。设都取 5 个模糊子集，即 [PB，PS，ZR，NS，NB]。各语言变量模糊子集通过隶属度函数来定义。为了提高控制的精度，这里采用非线性量化方式，给出模糊集的隶属度函数如表 5 - 3 所示。

表 5 - 3　模糊集的隶属度函数

e	-50	-37.5	-25	-12.5	0	12.5	25	37.5	50
de	-150	-112.5	-75	-37.5	0	37.5	75	112.5	150
u	-64	-48	-32	-16	0	16	32	48	-64
					隶属度函数				
	-4	-3	-2	-1		1	2	3	4
PB	0	0	0	0		0	1	0.35	1
PS	0	0	0	0		0.4	0	0.4	0
ZR	0	0	0	0.2	1	0.2	0	0	0
NS	0	0.4	1	0.4		0	0	0	0
NB	1	0.35	0	0		0	0	0	0

（3）模糊控制规则的确定。模糊控制规则实际上是将操作员的控制经验加以总结而得出一条条模糊条件语句的集合。确定模糊控制规则的原则是必须保证控制器的输出能够使系统输出响应的动、静态特性达到最佳。总结得到控制规则库如表 5 - 4 所示。

表 5 - 4　模糊控制规则

de ＼ e	NB	NS	ZR	PS	PB
NB	—	PB	PB	PS	NB
NS	PB	PS	PS	ZR	NB
ZR	PB	PS	ZR	NS	NB
PS	PB	ZR	NS	NS	NB
PB	PB	NS	NB	NB	—

根据模糊控制规则，合理地选用模糊推理机制和精确化方法并编制必要的计算机软件即可完成模糊控制器的设计。

模糊控制表是最简单的模糊控制器之一。它可以通过查询控制表，将当前时刻模糊控制器的输入变量量化值（如误差、误差变化量化值）所对应的控制输出值作为模糊逻辑控制器的最终输出，从而达到快速实时控制。表 5 – 5 为模糊控制器的控制表。

表 5 – 5　模糊控制器输出变量表

de＼e	−4	−3	−2	−1	0	1	2	3	4
−4	4	3	3	2	2	1	0	0	0
−3	3	3	3	2	2	1	0	0	0
−2	3	3	2	2	1	1	0	−1	−2
−1	3	2	2	1	1	0	−1	−1	−2
0	2	2	1	1	0	−1	−1	−2	−2
1	2	1	1	0	−1	−1	−2	−2	−3
2	1	1	0	−1	−1	−2	−2	−3	−3
3	0	0	0	−1	−2	−2	−3	−3	−3
4	0	0	0	−1	−2	−2	−3	−3	−4

　　由于模糊控制表是离线完成的，因此它不影响模糊控制器实时运行的速度。一旦模糊控制表建立起来，模糊逻辑推理控制的算法就是简单的查表法，运算速度极快，完全可以满足实时控制的要求。在实际运行时，控制表可根据运行效果进行修正。

5.6　专家控制系统

　　专家控制又称作基于知识的控制或专家智能控制，是由专家系统的理论和方法与控制理论和方法相结合，应用专家的智能技术指导过程控制，使得过程控制达到专家级控制水平的一种控制方法。

5.6.1　专家系统

　　专家系统主要指的是一种包含知识和推理的人工智能的计算机程序系统，这些程序内部含有大量的某个领域专家水平的知识与经验，能够利用专家的知识和解决问题的经验方法来处理该领域的各种问题。专家系统所要解决的问题一般无基本算法，并且经常需要在不完全、不确定的知识信息基础上进行推理，最终做出结论。简而言之，专家系统是一个模拟人类专家解决某个领域问题的计算机程序系统。

　　专家系统的主要功能取决于大量的知识及合理完备的智能推理机构。系统的基本结构如图 5 – 10 所示，在实际的使用中，由于不同的应用领域和应用目标，往往需要不同的专家系统结构，可以在此基础上进行调整。在专家系统中，知识库、数据库和推理机是主要的部分，在设计一个专家系统时，主要是解决这 3 方面的问题。

　　知识库用于存取和管理求解问题所需的专家知识和经验，例如表达建议、推断、命令、策略的产生规则等。一个专家系统很大程度上取决于其知识库中的知识和质量。知识库的建立包括知识获取和知识表示。知识获取指如何从专家那里获得专门知识；知识表示要解决如何用计算机能理解的形式表达所获取的专家知识并存放在知识库中。

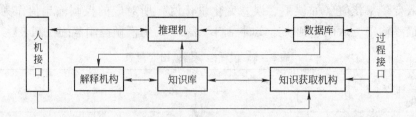

图 5 - 10　专家系统基本结构

　　数据库是求解问题过程中符号和数据的集合，它用于存储解决问题所需的原始数据和推理过程中得到的中间信息，包括原始信息、推理的中间假设和中间结论、推理过程的信息等。

　　推理机是专家系统的组织控制机构。在推理机的控制和管理下，整个专家系统能够以逻辑方式协调工作。它根据用户的输入数据，利用知识库的知识，在一定的推理策略下，根据数据库的当前状态，按照类似专家水平的问题求解方法，进行分析、判断、做出决策，推出新的结论或事实，或执行某个操作。推理机的程序应符合专家的推理过程，而与知识库的具体结构和组成无关，即推理机和知识库是分离的，这样对知识库进行修改和扩充时，无需改动推理机。推理机的具体构造取决于问题领域的特点、专家系统中知识表示的方法。

　　解释机构负责对求解过程作出说明和解释，回答用户提问，使用户了解推理过程和所运用的知识和数据。

　　知识获取机构负责建立、修改与扩充知识库。它具有知识变换手段，能够把与专家的对话变换成知识库的知识。专家系统的设计者通过与专家交谈，将专家知识分析整理后，以计算机能够理解的形式输入知识库；而知识获取机构通过用户每次对求解的反馈信息，自动进行知识库的修改和完善，在问题求解过程中自动积累，形成一些有用的中间知识，自动追加到知识库中，实现专家系统的自学习。

　　人机接口是用户与专家系统信息交换的桥梁，为用户使用专家系统提供了一个交互界面。

　　专家系统利用计算机内存储的相应知识，模拟人类专家的推理决策过程，求解复杂问题，它具有如下基本特点：

　　（1）具有专家水平的知识信息处理系统。其知识库内存储的知识是领域专家的专业知识和实际操作经验的总结和概括；推理机构依据知识的表示和知识推理确定问题的求解途径并制定决策求解问题。专家系统在对于传统方法不易解决的问题求解中能够表现出专家的技能及技巧。

　　（2）对问题求解具有高度灵活性。专家系统的两个重要组成部分——知识库和推理机是相互独立又相互作用的，这种构造形式使得知识的扩充和更新灵活方便，系统运行时，推理机构可根据具体问题的不同特点，灵活地选择相应知识，构成求解方案，具有较灵活的适应性。

　　（3）启发式和透明的求解过程。专家系统求解问题是能够运用人类专家的知识对不确定或不精确问题进行启发式的搜索和试探性的推理，同时能够向用户显示其推理依据和过程。

（4）具有一定的复杂性和难度。人类的知识，特别是经验性知识，大多是模糊的或不完全的，这给知识的归纳、表示造成了一定的困难，也带来了知识获取的瓶颈问题；另外，专家系统在问题求解中不存在确定的求解方法和途径，在客观上造成了构造专家系统的困难性和复杂性。

由于专家系统方法在解决问题方面表现出的实用性和有效性，人们已经开发出了适用于各领域的多种专家系统。根据解决问题的性质不同，专家系统可分为解释型、诊断型、预测型、决策型、设计型和控制型等类型。

5.6.2 专家控制系统

专家控制系统是智能控制的一个重要分支，所谓专家控制，是将专家系统的理论和技术同控制理论、方法与技术相结合，在未知环境下，仿效专家的经验，实现对系统的控制。专家控制是在传统控制的基础上"加入"一个富有经验的控制工程师，实现控制的功能，它由知识库和推理机构构成主体框架，通过对控制领域的知识获取与组织，按一定的策略选用恰当的规则推理输出，实现对被控对象的控制。

按照专家控制系统在过程控制中的作用，可以把专家控制系统分为直接专家控制和间接专家控制两大类。直接专家控制系统用于取代常规控制器，直接控制生产过程或被控对象。具有模拟（或延伸、扩展）操作工人智能的功能。该专家控制系统的任务和功能相对比较简单，但需要在线、实时控制。因此，其知识表达和知识库也较简单。直接专家控制系统如图 5-11a 所示。

间接型专家控制器用于和常规控制器相结合，组成对生产过程或被控对象进行间接控制的智能控制系统。具有模拟、延伸、扩展控制工程师智能的功能。该控制器能够实现优化适应、协调、组织等高层决策的智能控制。按照高层决策功能的性质，间接型专家控制器可分为以下几种类型。

（1）优化型专家控制器：是基于最优控制专家知识和经验的总结和运用。通过设置整定值、优化控制参数或控制器，实现控制器的静态或动态优化。

（2）适应型专家控制器：是基于自适应控制专家的知识和经验的总结和运用。根据现场运行状态和测试数据，相应地调整控制律，校正控制参数，修改整定值或控制器，适应生产过程、对象特性或环境条件的漂移和变化。

（3）协调型专家控制器：是基于协调控制专家和调度工程师的知识和经验的总结和运用。用以协调局部控制器或各子控制系统的运行，实现大系统的全局稳定和优化。

（4）组织型专家控制器：是基于控制工程组织管理专家或总设计师的知识和经验的总结和运用。用以组织各种常规控制器，根据控制任务的目标和要求，构成所需要的控制系统。间接型专家控制系统可以在线或离线运行。通常，优化型、适应型需要在线、实时、联机运行；协调型、组织型可以离线、非实时运行，作为相应的计算机辅助系统。间接型专家控制系统的结构如图 5-11b 所示。

专家控制系统总体结构如图 5-12 所示。专家控制系统由数值算法库、知识库系统和人-机接口与通信系统三大部分组成。系统的控制器主要由数值算法库、知识库系统两部分构成。其中数据算法库由控制、辨识和监控三类算法组成。控制算法根据知识库系统的控制配置命令和对象的测量信号，按 PID 算法或最小方差算法等计算控制信号，每次运行

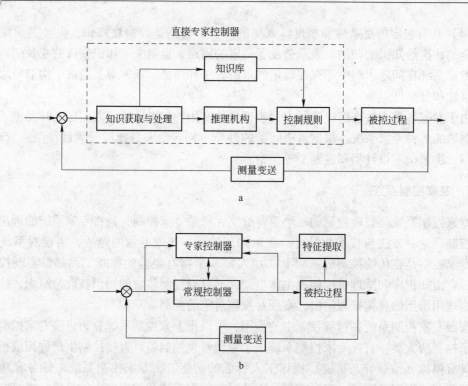

图 5-11　两种专家控制系统

a—直接专家控制系统；b—间接专家控制系统

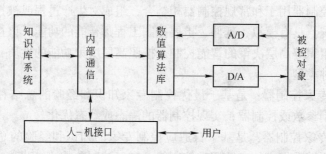

图 5-12　专家控制系统结构

一种控制算法。辨识算法和监控算法为递推最小二乘算法和延时反馈算法等，只有当系统运行状况发生某种变化时，才往知识库系统中发送信息。知识库系统包含定性的启发式知识，用于逻辑推理、对数值算法进行决策、协调和组织。知识库系统的推理输出和决策通过数值算法库作用于被控对象。

在复杂的过程控制中，往往单纯采用模型控制还不能实现理想的控制，需要采用多种控制手段和方法。如日本钢管福山厂转炉炼钢过程控制在原有的以静态模型、副枪动态控制模型、烟气信息模型为中心的自动吹炼系统的基础上，建立了预测和判断化渣状态和终点成分估计的专家系统，构成了一个新的转炉炼钢自动吹炼控制系统。此系统的整体功能构成如图 5-13 所示，其特点是能在理论上模型化的功能尽可能用数学模型表示；对定量化和模型化困难的功能，则采用专家系统模型。为此，该系统增加如下功能：

（1）吹炼前根据吹炼条件决定最佳控制模式的吹炼设计功能；

（2）吹炼中根据吹炼状态变化的吹炼调整功能；

（3）吹炼末期的调整指示以及停吹后判定可否出钢的出钢判定功能。

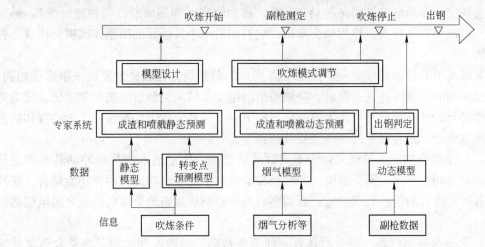

图 5 – 13　日本钢管福山厂转炉炼钢控制模型概要图

5.7　人工神经网络控制系统

在控制领域中，一门新兴的交叉学科——人工神经网络（ANN：Artifical Neural Network）迅速地发展起来。ANN 就是以人工神经元模型为基本单元，采用网络拓扑结构的网络。它能够描述几乎任意的非线性系统，具有学习、记忆、计算和智能处理的能力，在不同程度和层次上模仿人脑神经系统的信息处理能力和存储、检索功能。ANN 对解决非线性系统和不确定性系统的控制问题是一种有效的途径。

5.7.1　神经元及其数学模型

人脑大约包含 10^{12} 个神经元，分成约 1000 种类型，每个神经元大约与 $10^2 \sim 10^4$ 个其他神经元相连接，形成极为错综复杂而又灵活多变的神经网络。每个神经元都十分简单，但是如此大量的神经元之间，如此复杂的连接可以演化出丰富多彩的行为方式。

人脑神经元（图 5 – 14）是人体神经系统的基本单元，神经元也和其他类型的细胞一

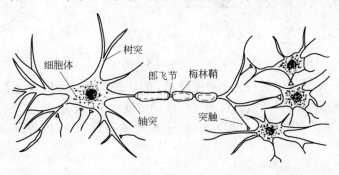

图 5 – 14　人脑神经元示意图

样，包括有细胞膜、细胞质和细胞核。但是神经细胞的形态比较特殊，具有许多突起，因此又分为细胞体、轴突和树突三部分。突起的作用是传递信息。作为输入信号的若干个突起，称为树突；作为输出端的突起只有一个，称为轴突（即通常所指的神经纤维）。轴突的末端发散出无数的分支，称为轴突末梢，它们同后一个神经元的细胞体或树突构成一种突触结构。

正常情况下，神经元接受一定强度（阈值）的刺激后，在轴突上发放一串形状相同、频率经过调制的电脉冲并到达突触，突触前沿的电变化转为突触后沿的化学变化，成为突触后的神经元的外界刺激并被转为电变化再向下一个神经元传送。神经元作为控制和信息处理的基本单元，具有以下的一些主要特征：

（1）时空整合功能。神经元对于不同时间通过同一突触输入的神经冲动具有神经整合功能；对于同一时间不同突触输入的神经冲动具有空间整合功能。两种功能结合，使神经元具有时空整合的信息处理功能。所谓整合是指抑制或兴奋的受体电位或突触电位的代数和。

（2）兴奋与抑制状态。神经元具有两种工作状态。当输入冲动的时空整合结果使细胞膜电位升高，超过动作电位的阈值（约40mV）时，细胞进入兴奋状态，产生神经冲动，由轴突输出；当输入冲动的时空整合结果使细胞膜电位降低至低于动作电位的阈值时，细胞进入抑制状态，无神经冲动输出。所以，神经元的两种工作状态具有"0－1"律，即"抑制－兴奋"的特点。

（3）脉冲与电位转换。突触界面具有脉冲/电位转换功能。沿神经纤维传递的电脉冲为离散脉冲信号，而细胞膜电位变化为连续的电位信号，两者在突触接口处进行"数/模"转换。

（4）突触延时和不应期。突触对神经冲动的传递具有延时和不应期。在相邻的两次冲动之间需要一个时间间隔，即为不应期。在此期间，神经元对激励不响应，不传递神经冲动。

（5）学习、遗忘和疲劳。突触的传递作用可以得到增强、减弱和饱和，即细胞具有学习功能、遗忘和疲劳效应（饱和效应）。

1943年心理学家 M. McCulloch 和数理逻辑专家 W. Pitts 首先提出一个极为简单的神经元数学模型，简称 M－P 模型，如图5－15所示，为进一步研究打下了基础。对神经元 j，可以用数学模型表达为

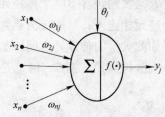

$$s_j = \sum_{i=1}^{n} \omega_{ij} x_i - \theta_j \qquad (5-20)$$

$$y_j = f(s_j) \qquad (5-21)$$

图5－15　神经元 j 的 M－P 模型

式中，θ_j 为阈值；ω_{ij} 表示从神经元 i 到神经元 j 的连接权值；函数 $f(\cdot)$ 称为激励函数、激发函数、作用函数或变换函数，可为非线性函数或线性函数。

为了方便起见，将式（5－20）中的 $-\theta_j$ 看成是输入 x_0 恒等于1的权值。则式（5－20）可写成

$$s_j = \sum_{i=0}^{n} \omega_{ij} x_i \qquad (5-22)$$

式中，$x_0 = 1$，$\omega_{0j} = -\theta_j$。

由此看出，神经元数学模型是一个多输入、单输出的非线性元件，它有四个基本要素：一组连接权，对应于人脑神经元的突触，连接强度由各条连接线上的权值 ω_{ij} 表示，权值为正表示兴奋，负表示抑制；一个求和单元 Σ，用于求取各输入信息 x 的加权和；一个激励函数，起映射作用，并限制神经元 j 的输出值在一定范围如限制在 $[0，1]$ 或 $[-1，1]$ 之间；一个阈值。

激励函数有以下几种类型。带阈值的线性函数如图 5-16a 所示，又称符号函数，可表示为

$$f(x) = \begin{cases} 1, & x \geq 0 \\ -1, & x \leq 0 \end{cases} \tag{5-23}$$

双曲型函数如图 5-16b 所示，可写成

$$f(x) = \frac{1 - e^{-\mu x}}{1 + e^{-\mu x}} \tag{5-24}$$

S 型函数（Sigmoid 函数）如图 5-16c 所示，可表达成以下方程

$$f(x) = \frac{1}{1 + e^{-\mu x}} \tag{5-25}$$

当 μ 趋于无穷大时，S 型函数趋于阶跃函数，通常情况，μ 取值为 1。高斯函数如图 5-16d 所示，用下式描述

$$f(x) = e^{-x^2/\delta^2} \tag{5-26}$$

在径向基函数构成的神经网络中，神经元的激励函数可采用高斯函数。

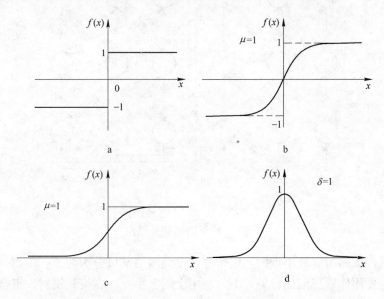

图 5-16　人工神经元激励函数

5.7.2　人工神经网络模型及学习算法

5.7.2.1　人工神经网络模型

大脑之所以具有思维、认知等高级功能，是由于它是由大量的神经元相互连接而成的

网络，每个神经元在网络中构成一个节点，它接受多个节点的输出信号，并将自己的状态输出到其他节点。人工神经网络也是一样，单个神经元的功能是很有限的，只有许多神经元按一定规则连接构成的网络才具有强大的功能。因此，除神经元特性外，网络的拓扑结构也是人工神经网络的一个重要特征。从连接的方式看，人工神经网络主要有前馈网络和反馈网络两种。

前馈网络的结构如图 5-17a 所示。网络中的神经元是分层排列的，有一个输入层和一个输出层，统称可见层，中间有一个或多个隐含层。每个神经元只与前一层相连接，神经元被分成两类：输入神经元和计算神经元。输入神经元仅用于表示输入矢量的各元素值；计算神经元有计算功能，可以有任意多个输入，只有一个输出，但可以耦合到任意多个其他神经元的输入。前馈网络主要是函数映射，可用于模式识别和函数逼近。一般隐含层数为零到几层，网络隐含层的层数和隐含层网络节点数根据经验试验决定。

反馈网络的结构如图 5-17b 所示。在反馈神经网络中，每个神经元都是计算神经元，可接受外加输入和其他神经元的反馈输入，甚至自环反馈，直接向外输出。反馈网络又可细分为从输入到输出有反馈的网络、内层间有反馈的网络、局部或全部互连的网络等形式。层内神经元有相互连接的反馈网络，可以实现同层神经元之间横向抑制或兴奋机制，从而限制层内能同时动作的神经元数，或把层内神经元分组整体动作。

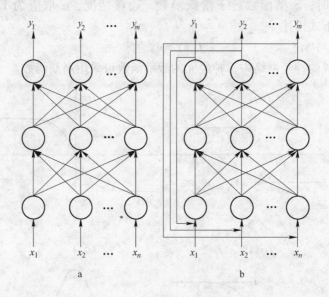

图 5-17　ANN 的拓扑结构

按对能量函数的所有极小点的利用情况，反馈网络又可分为两类：一类是所有极小点都起作用，主要用作联想记忆；另一类只利用全局极小点，在模式识别、组合优化等领域就得了广泛的应用。

5.7.2.2　人工神经网络的学习

人工神经网络首先要以一定的学习准则进行学习，然后才能工作。现以人工神经网络对手写"A"、"B"两个字母的识别为例进行说明，规定当手写"A"输入网络时，应该输出"1"，而当输入为手写"B"时，输出为"0"。

　　网络学习的准则应该是：如果网络作出错误的判决，则通过网络的学习，应使得网络减少下次犯同样错误的可能性。首先，给网络的各连接权值赋予（0，1）区间内的随机值，将"A"所对应的图像模式输入给神经网络，网络将输入模式加权求和、与阈值比较、再进行非线性运算，得到网络的输出。在此情况下，网络输出为"1"和"0"的概率各为50%，也就是说是完全随机的。这时如果输出为"1"，结果正确，则使连接权值增大，以便使网络再次遇到"A"模式输入时，仍然能作出正确的判断。

　　如果输出为"0"，则结果错误，把网络连接权值朝着减小综合输入加权值的方向调整，其目的在于使网络下次再遇到"A"模式输入时，减小犯同样错误的可能性。如此操作调整，当给网络轮番输入若干个手写字母"A"、"B"后，经过网络按以上学习方法进行若干次学习后，网络判断的正确率将大大提高。这说明网络对这两个模式的学习已经获得了成功，它已将这两个模式分布地记忆在网络的各个连接权值上。当网络再次遇到其中任何一个模式时，能够作出迅速、准确的判断和识别。一般说来，网络中所含的神经元个数越多，则它能记忆、识别的模式也就越多。

　　所以，ANN的工作过程分为两个阶段：一个阶段是学习期，此时计算单元不变，各连接权值通过学习来修改；一个阶段是工作期，此时连接权固定，计算单元状态变化，以达到某种稳定状态。可见，学习算法是神经网络研究中的核心问题。学习，就是修正神经元之间连接强度（权值），使获得的网络结构具备一定程度的智能，以适应周围环境的变化。网络连接权的确定可以采用所谓的"死记式"学习，其权值是根据某种特殊的记忆模式事先设计好的，当网络输入有关信息时，该记忆模式就会被记忆起来。更多的情况是按一定的方法进行"训练"。按环境提供信息量的多少，其学习方式又可分为如下三类。

　　一类是有监督学习，通过外部教师信号（学习样本）进行学习，当网络计算输出与期望输出（即教师信号）有误差时，网络将通过自动调节机制调节相应的连接权值，使之向误差减小的方向改变，经过多次重复训练，最后与正确结果相符合。

　　另一类是无监督学习，没有外部教师信号，输入信号进入网络后，网络按照预先设定的规则（如竞争规则）自动调整连接权值。

　　还有一类称为再励学习或强化学习，介于上述两者之间，外部环境对系统输出结果只给出评价信息（奖或惩）而不是正确答案，学习系统通过强化那些受奖的动作来改善自身的性能。常用的学习规则有无监督Hebb学习规则和有监督δ学习规则。

　　无监督Hebb学习规则是由神经心理学家Donall Hebb于1949年提出的一类相关学习规则，其基本思想是：如果有两个神经元同时兴奋，则它们之间的连接强度与它们的激励成正比。用y_i、y_j表示神经元i、j的输出值，ω_{ij}表示单元i到j之间的连接加权系数，则Hebb学习规则可用下式表示

$$\omega_{ij}(k+1) = \omega_{ij}(k) + \eta y_i(k) y_j(k) \qquad (5-27)$$

式中，η为学习速率。η太小时，学习太慢；η太大时，影响稳定性，易造成振荡。

　　Hebb学习规则是人工神经网络的基本规则，几乎所有神经网络的学习规则都可以看成是它的变形。

　　δ学习规则又称Widrow-Hoff学习规则、误差校正规则，也称最小方差法（LMS），为有监督学习。在Hebb学习规则中引入教师信号，将上式中的y_i换成网络期望目标输出d_i与实际输出y_i之差，即

$$\omega_{ij}(k+1) = \omega_{ij}(k) + \eta\delta_i(k)y_j(k) \qquad (5-28)$$
$$\delta_j(k) = F(d_i(k) - y_i(k)) \qquad (5-29)$$

函数 F 根据具体情况而定，将在 PB（误差反向传播）神经网络中介绍。

δ 学习规则只适用于线性可分函数（即输入函数类成员可分别位于直线分界线两侧），无法用于多层网络。BP 网络的学习算法是在 δ 学习规则的基础上发展起来的，可在多层网络上进行学习。

有监督 Hebb 学习规则是将无监督 Hebb 学习规则和有监督 δ 学习规则两者结合起来，组成有监督 Hebb 学习规则，即

$$\Delta\omega_{ij}(k) = \eta[d_i(k) - y_i(k)]y_i(k)y_j(k) \qquad (5-30)$$

这种学习规则使神经元通过关联搜索对外界作出反应，即在教师信号 $d_i(k) - y_i(k)$ 的指导下，对环境信息进行相关学习和自组织，使相应的输出增强或削弱。

5.7.3 感知器网络

感知器网络是一个具有单层神经元的简单前馈网络，由线性阈值元件组成，主要用于模式分类，单层感知器网络如图 5-18 所示。图中 $X = (x_1, x_2, \cdots, x_n)$ 为输入信号；$Y = (y_1, y_2, \cdots, y_m)$ 为输出结果；ω_{ij} 为输入信号与各神经元的连接权值。

最简单的感知器只有一个神经元，如图 5-19 所示。此时感知器的输出与输入的关系为

$$y = f(\sum_{i=1}^{n}\omega_i x_i - \theta) = f(\sum_{i=0}^{n}\omega_i x_i)，当 i = 0 时，\omega_0 = -\theta, x_0 = 1$$

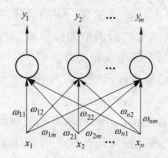

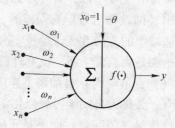

图 5-18 单层感知器网络   图 5-19 单个神经元的感知器

设当其输入的加权和大于或等于阈值时，神经元的输出为 1，否则为 -1。下面采用 δ 学习规则给出该感知器的一种学习算法。

（1）随机给定一组连接权值 $\omega_i(0)$ 如较小的随机非零值，且令 $x_0 = 1$，$\omega_0 = -\theta$（阈值）；

（2）给出一组输入信号 $X_k = (x_0, x_1, x_2, \cdots, x_n)_k$ 和对应的期望输出

$$d_k = \begin{cases} 1 & 当 \sum_{i=0}^{n}\omega_i x_i \geq 0 \\ \\ -1 & 当 \sum_{i=0}^{n}\omega_i x_i < 0 \end{cases}$$

（3）根据给定的 ω_i 和 X 计算感知器的实际输出：

$$y = f(\sum_{i=0}^{n} \omega_i x_i)$$

（4）根据计算输出 y 和期望输出 d 修正连接权 ω_i：

$$\omega_i(k+1) = \omega_i(k) + \eta [d(k) - y(k)] x_i \qquad i = 1, 2, \cdots, n$$

（5）采用另一组样本，重复上述（2）~（4）的步骤，直到连接权值对一切样本均稳定不变时，即 $\omega_i(k+1) = \omega_i(k)$ 或 $\omega_i(k+1) - \omega_i(k)$ 的绝对值小于一定的较小值时学习过程结束。

例如在图 5 - 19 的感知器上利用表 5 - 6 的样本确定感知器的权值。感知器的激励函数取为

$$y = \begin{cases} 1 & \text{当} \sum_{i=0}^{2} \omega_i x_i > 0 \\ \\ 0 & \text{当} \sum_{i=0}^{2} \omega_i x_i \leqslant 0 \end{cases}$$

表 5 - 6　样本数据

$x_1(k)$	0	0	1	1
$x_2(k)$	0	1	0	1
$d(k)$	1	1	0	0

（1）给定 $\omega_1(0) = 0.2$，$\omega_2(0) = -0.5$，$\omega_0(0) = -\theta = -0.1$；

（2）第一对样本 $x_1(0) = 0$，$x_2(0) = 0$，$d(0) = 1$；

（3）计算感知器的实际输出：

$$\sum_{i=0}^{2} \omega_i x_i = -0.1 \times 1 + 0.2 \times 0 - 0.5 \times 0 = -0.1 < 0 ; \quad y(0) = 0$$

（4）修正连接权，为了加快学习速度，采用变学习步长的方法进行学习，变学习步长的算法为

$$\eta(k) = \frac{1}{2} \left(\left| \sum_{i=0}^{2} \omega_i(k) x_i(k) \right| + \alpha \right)$$

式中，α 为一个大于零的常数，这里取 0.1。所以对应于 $X(0) = (0, 0)$，$y(0) = 0$，$d(0) = 1$，连接权修正计算为

$$\eta(0) = \frac{1}{2} \left(\left| \sum_{i=0}^{2} \omega_i(0) x_i(0) \right| + \alpha \right) = 0.5 [|(-0.1)| + 0.1] = 0.1$$

$$\omega_0(1) = \omega_0(0) + \eta(0) [d(0) - y(0)] x_0(0) = -0.1 + 0.1(1-0) \times 1 = 0.0$$

$$\omega_1(1) = \omega_1(0) + \eta(0) [d(0) - y(0)] x_1(0) = 0.2 + 0.1(1-0) \times 0 = 0.2$$

$$\omega_2(1) = \omega_2(0) + \eta(0) [d(0) - y(0)] x_2(0) = -0.5 + 0.1(1-0) \times 0 = -0.5$$

对应于 $X(1) = (0, 1)$，$d(1) = 1$，计算感知器的输出

$$\sum_{i=0}^{2} \omega_i x_i = 0.0 \times 1 + 0.2 \times 0 - 0.5 \times 1 = -0.5 < 0 , \quad y(1) = 0;$$

连接权修正计算为

$$\eta(1) = \frac{1}{2}\Big(\Big|\sum_{i=0}^{2}\omega_i(1)x_i(1)\Big| + \alpha\Big) = 0.5\big(\big|0\times1 + 0.2\times0 - 0.5\times1\big| + 0.1\big) = 0.3$$

$$\omega_0(2) = \omega_0(1) + \eta(1)\big[d(1) - y(1)\big]x_0(1) = 0.0 + 0.3(1-0)\times1 = 0.3$$

$$\omega_1(2) = \omega_1(1) + \eta(1)\big[d(1) - y(1)\big]x_1(1) = 0.2 + 0.3(1-0)\times0 = 0.2$$

$$\omega_2(2) = \omega_2(1) + \eta(1)\big[d(1) - y(1)\big]x_2(1) = -0.5 + 0.3(1-0)\times1 = -0.2$$

采用同样的方法,对其他样本进行学习,学习过程见表 5-7。由表 5-7 可知,得到最后的一个学习结果为 $\omega_0 = 0.075$,$\omega_1 = -0.175$,$\omega_2 = -0.05$。当连接权值稳定后,感知器的输出值与期望值相同。

表 5-7　学习过程

k	x_0	x_1	x_2	d	$\sum\omega_i x_i$	y	η	ω_0	ω_1	ω_2
0	1	0	0	1	-0.1	0	0.0	-0.1	0.2	-0.5
1	1	0	1	1	-0.6	0	0.1	0	0.2	-0.5
2	1	1	1	0	-0.3	0	0.3	0.3	0.2	-0.2
3	1	1	0	0	0.5	1	0.3	0	-0.1	-0.2
4	1	0	1	1	-0.2	0	0.15	0.15	-0.1	-0.05
5	1	1	0	0	0.05	1	0.075	0.075	-0.175	-0.05
6	1	0	1	1	0.025	0	0.0625	0.075	-0.175	-0.05
7	1	1	1	0	-0.15	0	0.125	0.075	-0.175	-0.05

当激励函数不满足线性可分时,上述连接权的修正算法受到限制,也不能推广到一般的前馈网络,其原因是由于激励函数是阈值函数。因此,人们采用可微函数,如 Sigmoid 函数来代替阈值函数,用梯度法来修正连接权值。BP 网络就是这种算法的典型网络。

5.7.4　BP 神经网络

BP(Back Propagation,即误差反向传播,简记为 BP)神经网络,是一种多层前馈网络,使用有教师学习算法。从结构上讲,BP 神经网络分为输入层、中间层(隐含层)和输出层,层与层之间采用权值互连方式,同一层单元之间不存在相互连接,BP 网络结构示意图如图 5-20 所示。BP 网络中各神经元采用的激发函数是 Sigmoid 函数

$$f(x) = \frac{1}{1 + e^{-(x-\theta)}} \qquad\qquad (5-31)$$

式中,θ 为阈值。

BP 模型可实现多层网络学习的模式,有输入层节点,输出层节点和隐层节点。在网络学习过程中,给定一个输入模式,输入信号先向前传播到各隐含层节点,经过各隐含层节点作用函数处理后再输送给输出层节点,最后由输出层节点处理后输出结果。每一层神经元的状态只影响下一层神经元的状态。如果输出响应与期望输出的差值超出了误差范

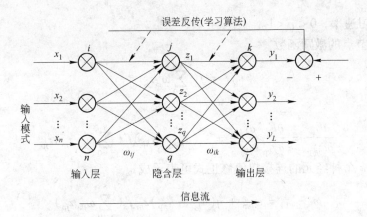

图 5 - 20　BP 网络结构

围，不满足要求，就转入误差向后传播，将误差信号沿着原连接通路返回，修改各层神经元的连接权值，使误差最小。对于给定的一组训练样本，不断地用一个个训练样本训练网络，重复前向传播和误差向后传播过程，当每个训练样本都满足要求时，BP 网络就训练好了，这就是 BP 网络的学习思想。

为实现神经网络的联想记忆功能，在网络训练时，首先要求提供给网络一组适当数量的可靠样本。在对大量样本学习的基础上不断地修改权值和阈值，正确地反映输入变量与输出变量之间的映射关系。

设 BP 网络输入层有 n 个节点，隐含层节点有 q 个，输出层节点有 L 个，输入层与隐含层节点间的连接权值为 ω_{ij}，隐含层和输出层节点间的连接权值为 ω_{jk}。

5.7.4.1　BP 网络学习方法

在学习阶段，设有 N 个训练样本，用一对固定样本 p 的输入 X_p 和期望输出 D_p 对网络进行训练，若网络的实际输出 Y_p 与期望输出 D_p 超出误差范围，则将误差信号从输出端反向传播回网络，对各连接权值不断进行修正，直到网络输出结果与期望输出尽可能一致为止。然后再用下一对样本对，对网络进行相同的训练，直到完成所有样本对的学习为止。

5.7.4.2　BP 连接权值的修正规则

设样本 p 的网络输出 $Y_p = [y_{1p}, y_{2p}, \cdots, y_{Lp}]$ 与期望输出 $D_p = [d_{1p}, d_{2p}, \cdots, d_{Lp}]$ 的二次型误差函数定义为

$$E_p = \frac{1}{2} \sum_{k=1}^{L} (d_{kp} - y_{kp})^2 \tag{5-32}$$

所有样本的总误差为

$$E = \sum_{p=1}^{N} E_p \tag{5-33}$$

下面利用式（5-32）和式（5-33）介绍一阶梯度法的学习方法。

A　输出层连接权值修正

连接权值应按误差函数对连接权值的梯度变化的负方向进行修正，输出层连接权值的修正式为

$$w_{jk(p+1)} = \omega_{jkp} - \eta \frac{\partial E_p}{\partial \omega_{jkp}} \tag{5-34}$$

式中，η 为学习速率，$0 < \eta < 1$。

由输出层节点的激励函数

$$y_{\mathrm{k}} = f(\sum_{j=0}^{q} \omega_{jk} z_j) \tag{5-35}$$

得

$$\frac{\partial E_p}{\partial \omega_{jkp}} = \frac{\partial E_p}{\partial y_{kp}} \frac{\partial y_{kp}}{\partial \omega_{jkp}} = -(d_{kp} - y_{kp}) f'(\sum_{j=0}^{q} \omega_{jkp} z_{jp}) z_{jp} \tag{5-36}$$

则，输出层第 k 个神经元的连接权值修正式可表示成

$$\omega_{jk(p+1)} = \omega_{jkp} + \eta(d_{kp} - y_{kp}) z_{jp} f'(\sum_{j=0}^{q} \omega_{jkp} z_{jp}) \tag{5-37}$$

由激励函数，式（5-31）可得

$$f'(\sum_{j=0}^{q} \omega_{jkp} z_{jp}) = f(\sum_{j=0}^{q} \omega_{jkp} z_{jp}) \left[1 - f(\sum_{j=0}^{q} \omega_{jkp} z_{jp}) \right]$$

B　隐含层连接权值修正

隐含层神经元激励函数为

$$z_j = f(\sum_{i=0}^{n} \omega_{ij} x_i) \tag{5-38}$$

对于采用相同的二次型误差函数，隐含层连接权值修正式为

$$\omega_{ij(p+1)} = \omega_{ijp} - \eta \frac{\partial E_p}{\partial \omega_{ijp}} \tag{5-39}$$

由于输出结果 $Y_{\mathrm{p}} = [y_{1\mathrm{p}}, y_{2\mathrm{p}}, \cdots, y_{L\mathrm{p}}]$ 均受到输入层与隐含层之间的连接权值 ω_{ij} 的影响，即输出层中的每一个输出 y_{kp} 都是 ω_{ij} 的函数，则

$$\frac{\partial E_p}{\partial \omega_{ijp}} = \frac{\partial}{\partial \omega_{ijp}} \left[\frac{1}{2} \sum_{k=1}^{L} (d_{kp} - y_{kp})^2 \right] = \sum_{k=1}^{L} \frac{\partial}{\partial \omega_{ijp}} \left[\frac{1}{2} (d_{kp} - y_{kp})^2 \right] = -\sum_{k=1}^{L} (d_{kp} - y_{kp}) \frac{\partial y_{kp}}{\partial \omega_{ijp}}$$

$$\tag{5-40}$$

由 y_k 和 z_j 的激励函数，得

$$\frac{\partial y_{kp}}{\partial \omega_{ijp}} = \frac{\partial y_{kp}}{\partial z_{jp}} \frac{\partial z_{jp}}{\partial \omega_{ijp}} = f'(\sum_{j=0}^{q} \omega_{jkp} z_{jp}) \omega_{jkp} f'(\sum_{i=0}^{n} \omega_{ijp} x_{ip}) x_{ip} \tag{5-41}$$

所以

$$\frac{\partial E_p}{\partial \omega_{ijp}} = -\sum_{k=1}^{L} (d_{kp} - y_{kp}) \frac{\partial y_{kp}}{\partial \omega_{ijp}} = -\sum_{k=1}^{L} (d_{kp} - y_{kp}) \omega_{jkp} x_{ip} f'(\sum_{j=0}^{q} \omega_{jkp} z_{jp}) f'(\sum_{i=0}^{n} \omega_{ijp} x_{ip})$$

$$\tag{5-42}$$

则隐含层连接权值修正式为

$$\omega_{ij(p+1)} = \omega_{ijp} + \eta x_{ip} f'(\sum_{i=0}^{n} \omega_{ijp} x_{ip}) \sum_{k=1}^{L} (d_{kp} - y_{kp}) \omega_{jkp} f'(\sum_{j=0}^{q} \omega_{jkp} z_{jp}) \tag{5-43}$$

5.7.4.3　BP 学习算法的计算步骤

（1）先将网络各节点的连接权值设为随机较小的数；

（2）置 $p=1$，给定输入信号 $X_{\mathrm{p}} = (x_{1\mathrm{p}}, x_{2\mathrm{p}}, \cdots, x_{n\mathrm{p}})$ 和期望输出结果 $D_{\mathrm{p}} = (d_{1\mathrm{p}}, d_{2\mathrm{p}}, \cdots, d_{L\mathrm{p}})$；

（3）计算隐含层、输出层各节点输出值；

（4）计算实际输出与期望输出的偏差 E_p；

（5）计算输出层和隐含层各节点的连接权修正值；

（6） $p = p + 1$，返回步骤（2），重复步骤（3）～步骤（5）的计算。p 每经历 1 至 N 后，判断总误差 E 是否满足精度要求 $E \leqslant \varepsilon$。上述的学习过程计算步骤直到总偏差 E 满足误差要求为止。

在使用 BP 算法时，应注意以下的问题：

（1）学习开始时，各节点的连接权值应采用较小的随机数为宜；

（2）采用 S 型激励函数时，输出层各节点的输出只能趋于 1 或 0，不能等于 1 或 0。在设置训练样本时，各期望输出的值不能设置为 1 或 0，以设置为 0.9 或 0.1 为宜；

（3）学习速率 η 在学习初始阶段选择较大的值可以加快学习速度。在连接权值接近稳定区时，η 必须取相当小的值，以防止连接权值振荡和保证其收敛。

5.7.4.4　BP 学习算法的改进

连接权值修正计算式（5-34）和式（5-39）称为标准 BP 算法，它是一个非线性优化问题。当误差曲面 E 位于平坦区时，这种算法将使误差下降缓慢，学习时间加长，迭代次数增多，影响收敛速度；如果误差曲面存在多个极小点时，会使网络学习陷入局部极小点，造成网络学习无法收敛于给定误差。这是标准 BP 算法的固有缺陷。可以采用以下措施改进。

A　增加动量项

为了提高一阶梯度下降法的学习速度，同时防止在学习过程出现振荡，可以在 BP 网络的连接权值修正计算式（5-34）和式（5-39）中考虑以前的梯度方向，在计算式中增加一动量项或称阻尼项

$$\omega_{u(p+1)} = \omega_{up} - \eta \frac{\partial E_p}{\partial \omega_{up}} + \alpha(\omega_{up} - \omega_{u(p-1)}) \tag{5-44}$$

式中，α 为动量因子或阻尼因子，$0 < \alpha < 1$；对于输出层节点，$u = jk$；对于隐含层节点，$u = ij$。

动量项反映了以前的学习经验，当误差梯度出现局部极小时，由于动量项不等于零，可以使学习跳出局部极小区域，加速迭代收敛速度。

B　可变的学习速率 η

可以在学习过程中，通过改变学习速率 η 来提高学习速度。一种可变的学习速率算法规则如下：

如果在整个样本集上的平方误差和在连接权值修正后增加了，且大于设置的百分数 λ（1%～5%），则取消权值修正，学习速率 η 被乘以一个因子 $\beta(0 < \beta < 1)$，且动量因子 α 置为 0。

如果在整个样本集上的平方误差和在连接权值修正后减少了，则接受权值修正，而且学习速率 η 被乘一个因子 $\sigma > 1$。如果动量因子被置为零，则恢复到前一个动量因子。

如果在整个样本集上的平方误差和在连接权值修正后增加百分数小于 λ，则接受权值修正，η 保持不变。如果动量因子被置为零，则恢复到前一个动量因子。

C　学习速率自适应调节

可变的学习速率方法需要设置多个参数，BP 算法的性能对这些参数的改变十分敏感，另外处理起来比较麻烦。下面给出一个简捷的学习速率自适应调节方法。在网络经过一批次修正后，若总误差增加，则本次权值修正无效，且学习速率 $\eta = \beta \times \eta$，$0 < \beta < 1$；若总误差降低，则本次权值修正有效，且学习速率 $\eta = \sigma \times \eta$，$\sigma > 1$。

D　引入陡度因子 ζ

误差曲面存在平坦区时，网络连接权值修正缓慢的原因在于 S 型激励函数具有饱和特性。如果权值修正过程进入平坦区后，设法使神经元的净输入减小，使其输出退出激励函数的饱和区，就可以改变误差函数的形状，使权值修正脱离平坦区。实现这一过程的具体做法是在激励函数中引入一陡度因子 ζ

$$f(x) = \frac{1}{1 + e^{-(x-\theta)/\zeta}} \tag{5-45}$$

当权值修正前后的总误差的差值 $\Delta E \to 0$，而 $d_k - y_k$ 仍较大，进入了平坦区，此时令 $\zeta > 1$；当退出平坦区后，再令 $\zeta = 1$。

5.7.5　RBF 神经网络

径向基函数（Radical Basis Function，RBF）神经网络是 20 世纪 80 代末由 J. Moody 和 C. Darken 提出的网络模型，是一种局部逼近网络，已经证明它能以任意精度逼近任意函数，其网络拓扑结构如图 5-21 所示。一般而言，最基本的 RBF 网络为三层前馈网络，输入层由信号源单元组成，它们将网络与外界连接起来；第二层为隐含层，其单元数视需要而定，可以通过经验来选取；输出层对输入模式的作用做出响应。输入层空间到隐含层空间的变换是非线性的，而隐含层空间到输出层空间的变换是线性的。通常隐含层单元的激励函数是一种局部分布的、对中心点径向对称的、非负的、非线性的函数。

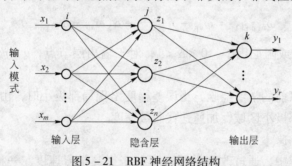

图 5-21　RBF 神经网络结构

设 $\boldsymbol{X} = [x_1, x_2, \cdots, x_m]^T$ 为 RBF 网络的输入向量，$\boldsymbol{C}_j = [c_{j1}, c_{j2}, \cdots, c_{jn}]^T$ 为网络隐含层第 j 个节点的中心向量，则第 j 个隐含层节点的输出为

$$z_j = R(\|\boldsymbol{X} - \boldsymbol{C}_j\|), \quad j = 1, 2, \cdots, n \tag{5-46}$$

式中，z_j 是第 j 个隐含层节点的输出；$R(\cdot)$ 是 RBF 函数；m、n 分别是输入层、隐含层节点数；$\|\cdot\|$ 为欧几里得范数，即

$$\|\boldsymbol{X} - \boldsymbol{C}_j\| = \sqrt{(x_1 - c_{j1})^2 + (x_2 - c_{j2})^2 + \cdots + (x_n - c_{jn})^2} = \sqrt{\sum_{i=1}^{n}(x_i - c_{ji})^2}$$

$$\tag{5-47}$$

RBF 网络的输出是其隐含层节点输出的线性组合，即

$$y_k = \sum_{j=0}^{n} \omega_{jk} z_j, \ k = 1, 2, \cdots, r \tag{5-48}$$

以上为 RBF 神经网络的结构和模型，构造和训练一个 RBF 神经网络就是要通过学习，确定出每个隐含层神经元基函数的中心 C_j 和隐含层到输出层的权值向量 ω_{jk} 这些参数的过程，从而可以建立所研究系统的输入到输出的映射关系。

设有 N 个训练样本，则系统对第 p 个训练样本的误差函数 E_p 为：

$$E_p = \sum_{k=1}^{r} \frac{1}{2} (d_{kp} - y_{kp})^2 = \frac{1}{2} \sum_{k=1}^{r} e_{kp}^2 \tag{5-49}$$

式中，d_{kp} 为神经网络的期望输出，y_{kp} 为神经网络的实际输出，下标 k 为输出层第 k 个节点。学习的目的是使总误差函数 $E \leqslant \varepsilon$。

RBF 网络的学习过程分为两个阶段：第一阶段是无教师学习，是根据所有的输入样本决定隐含层各节点的高斯函数的中心向量 C_j；第二阶段是有教师学习，在决定好隐含层的参数后，根据样本，按一定的算法，求出隐含层和输出层的权值 ω_{jk}。有时在完成第二阶段的学习后，再根据样本信号，同时校正隐含层和输出层的参数，以进一步提高网络的精度。

在无教师学习阶段，对所有样本的输入进行聚类，求得各隐含层节点的 RBF 的中心向量 C_j。这里介绍 k – 均值聚类算法调整中心向量，此算法将训练样本集中的输入向量分为若干族，在每个数据族内找出一个径向基函数中心向量，使得该族内各样本向量距该族中心的距离最小。具体算法如下：

（1）给定各隐含层节点的初始中心向量 $C_j(0)$ 和控制停止计算的值 ε；

（2）计算欧氏距离并确定出最小欧氏距离的节点

$$l_j(p) = \| X(p) - C_j(p-1) \|, \ j = 1, 2, \cdots, n \tag{5-50}$$

$$l_{\min}(p) = \min \{ l_j(p) \} = l_s(p) \tag{5-51}$$

式中，s 为中心向量 $C_j(p-1)$ 与样本 $X(p)$ 距离最近的隐含层节点序号。

（3）调整中心。

$$C_j(p) = C_j(p-1), \ j = 1, 2, \cdots, n, j \neq s \tag{5-52}$$

$$C_s(p) = C_s(p-1) + \beta(p) l_s(p) \tag{5-53}$$

$$\beta(p) = \frac{\beta(p-1)}{1 + \mathrm{int}(\sqrt{p/N})} \tag{5-54}$$

式中，$\beta(p)$ 为学习速率，$0 < \beta(p) < 1$；int(·) 表示取整计算。可见在学习过程中，应逐渐调小学习速率。

（4）判定聚类质量。

对于全部样本 $p(p = 1, 2, \cdots, N)$ 反复进行以上步骤（2）、步骤（3），直至满足以下条件

$$L = \sum_{j=1}^{n} \| X(p) - C_j(p) \|^2 \leqslant \varepsilon \tag{5-55}$$

则聚类结束。

在有教师学习阶段，是确定网络输出层节点与隐含层节点之间的连接权值。因为 RBF 网络输出层节点的激励函数为线性函数，构成一个线性方程组，求权值就成为了线

性优化问题。因此，可利用各种线性优化算法如最小方差法（LMS）算法、最小二乘递推法、镜像映射最小二乘法等求得。

采用 LMS 算法时，首先给定各连接权值的初始值 ω_{jk}，从样本 p 和期望输出 d_p，利用式（5-48）计算 RBP 网络的输出，最后由式（5-49）得到 RBP 网络输出层各节点的连接权值的修正算法为

$$\omega_{jk(p+1)} = \omega_{jkp} - \eta \frac{\partial E_p}{\partial \omega_{jkp}} = \omega_{jkp} + \eta (d_{kp} - y_{kp}) z_{jkp} \tag{5-56}$$

采用式（5-56）利用样本反复对网络输出层的连接权值进行修正，直到网络的实际输出与期望输出的总误差 E 满足下式为止。

$$E = \sum_{p=1}^{N} E_p = \frac{1}{2} \sum_{p=1}^{N} \sum_{k=1}^{r} (d_{kp} - y_{kp}) \leqslant \varepsilon \tag{5-57}$$

RBF 网络用作为隐单元的基构成隐含层空间，将输入矢量直接映射到隐含层空间而不经过连接权，当 RBF 中心点确定后，这种映射关系也就确定了。由于隐含层空间到输出层空间的映射是线性的，即网络的输出是隐单元输出的线性加和，此处的权值即为可调参数。从总体上看，网络由输入到输出是非线性的，而网络的输出对可调参数而言却是线性的，这样网络的权值就能由线性方程组直接解出或递推计算，从而大大加快学习速度，避免局部极小问题。

5.7.6 　神经网络控制

神经网络具有较好的自组织、自学习、自适应能力。神经网络控制是指在控制系统中，应用神经网络技术，对难以精确建模的复杂非线性对象进行神经网络模型识别，或作为控制器，或进行优化计算，或进行推理，或进行故障诊断，或同时具有上述多种功能。这样的控制系统称为基于神经网络的控制系统或神经网络控制。

通常将人工神经网络技术与传统的控制方法或智能控制综合使用，神经网络在控制中的作用有以下几种：

（1）对复杂非线性的被控对象进行建模，充当对象模型；

（2）在反馈控制系统中直接充当控制器的作用；

（3）起优化计算作用；

（4）与其他智能控制方法如模糊控制、专家控制等融合在一起使用。

在工业控制中，典型的神经网络控制主要有监督控制、直接逆控制、神经网络自适应控制、神经网络 PID 控制和神经网络预测控制等。下面介绍神经网络 PID 控制。

5.7.6.1 　基于 BP 神经网络控制参数自学习的 PID 控制

基于 BP 神经网络的 PID 控制系统如图 5-22 所示，控制器为传统 PID 控制器，在对被控对象的控制过程中，其参数 K_p、K_I、K_D 可以通过神经网络进行在线调整，以期控制性能指标最优化。

增量型数字 PID 控制算式（3-27）可重写成

$$u(k) = u(k-1) + K_p \big[e(k) - e(k-1) \big] + K_I e(k) + K_D \big[e(k) - 2e(k-1) + e(k-2) \big]$$

$$\tag{5-58}$$

式中，K_p、K_I、K_D 分别为比例、积分和微分系数。对于简单的控制对象，这三个系数整

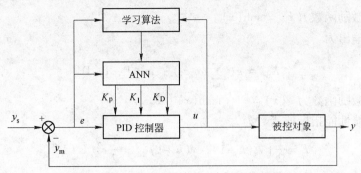

图 5-22　基于神经网络的 PID 控制系统

定好后，可以获得良好的控制品质。但对于复杂的、非线性的被控对象，当过程发生变化时，需要优化这三个参数，以使控制系统能够得到好的控制效果。为此，把 K_p、K_I、K_D 看成为随系统运行状态而变的可调参数，即

$$u(k) = f[u(k-1), K_p, K_I, K_D, e(k), e(k-1), e(k-2)] \tag{5-59}$$

式中，函数 $f(\cdot)$ 为非线性函数，可用 BP 神经网络通过样本的学习来找出这样的一个最佳的控制规律。

　　若采用三层 BP 网络，则网络的结构如图 5-23 所示。网络输入层有 n 个节点，隐含层有 q 个节点，输出层有三个节点分别输出 PID 控制器的 K_p、K_I、K_D 三个可调系数。由于 K_p、K_I、K_D 不能取负值，所以，输出层神经元的激励函数可选非负的 Sigmoid 函数

$$g(x) = \frac{1}{1 + e^{-x}}$$

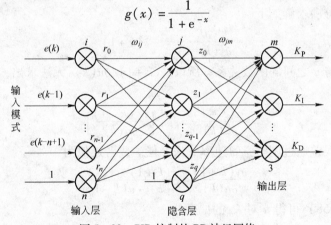

图 5-23　PID 控制的 BP 神经网络

而隐含层神经元的激励函数可选正负对称的 Sigmoid 函数或双曲型函数 $f(x) = \tanh(x)$。

　　输入层节点的输出为

$$\left. \begin{array}{l} r_i = e(k-i), \ i = 0, \ 1, \ \cdots, \ n-1 \\ r_n = 1 \end{array} \right\} \tag{5-60}$$

输入层节点数 n 取决于系统的复杂程度。

　　隐含层的输出为

$$\left. \begin{array}{l} z_j = f\left(\sum_{i=0}^{n} \omega_{ij} r_i \right), j = 0, 1, \cdots, q-1 \\ z_q = 1 \end{array} \right\} \tag{5-61}$$

式中，隐含层激励函数 $f(x) = \tanh(x)$。

输出层的输出为

$$K_{\mathrm{m}} = g\left(\sum_{j=0}^{q} \omega_{jm} z_j\right), \quad \mathrm{m = P, \ I, \ D} \tag{5-62}$$

式中，输出层激励函数为 $g(x) = [1 + \tanh(x)]/2$。

取控制系统性能指标的函数为

$$E = \frac{1}{2}[y_{\mathrm{s}}(k+1) - y(k+1)]^2 = \frac{1}{2}e^2(k+1) \tag{5-63}$$

式中，$y_{\mathrm{s}}(k+1)$ 为 $k+1$ 测量取样时刻的被控变量设定值，$y(k+1)$ 为同时刻被控变量实测值。在学习阶段，按 E 对网络连接权值的负梯度方向修正连接权值，为加快修正速度，在修正式中增加一个动量项 $\alpha\Delta\omega_{jm}(k)$，$\alpha$ 为动量因子，$0 < \alpha < 1$。

对输出层连接权值修正，有

$$\Delta\omega_{jm}(k+1) = -\eta\frac{\partial E}{\partial\omega_{jm}} + \alpha\Delta\omega_{jm}(k) \tag{5-64}$$

由式（5-63）和图 5-20、图 5-21 可知，E 与 $y(k+1)$ 有关，$y(k+1)$ 是 $u(k)$ 的函数，$u(k)$ 又与 PID 调节器的参数 $K_{\mathrm{m}}(k)$ 有关，而 $K_{\mathrm{m}}(k)$ 与神经网络输出层节点各连接权值 ω_{jm} 有关，所以，E 对 ω_{jm} 求偏导，得

$$\frac{\partial E}{\partial\omega_{jm}} = \frac{\partial E}{\partial y(k+1)}\frac{\partial y(k+1)}{\partial u(k)}\frac{\partial u(k)}{\partial K_{\mathrm{m}}(k)}\frac{\partial K_{\mathrm{m}}(k)}{\partial\omega_{jm}} \tag{5-65}$$

上式各偏微分项求解如下

$$\frac{\partial E}{\partial y(k+1)} = -e(k+1) \tag{5-66}$$

由于不知 y 与 u 之间的函数关系，所以 $\partial y(k+1)/\partial u(k)$ 无法求出，可用符号函数代替该项，即

$$\frac{\partial y(k+1)}{\partial u(k)} = \mathrm{sgn}\left[\frac{\partial y(k+1)}{\partial u(k)}\right] \tag{5-67}$$

由此带来的计算误差通过调整学习速率 η 来补偿。或者近似为

$$\frac{\partial y(k+1)}{\partial u(k)} \approx \frac{y(k+1) - y(k)}{u(k) - u(k-1)} \tag{5-68}$$

利用式（5-58）可得 u 对 K_{m} 的偏微分

$$\frac{\partial u(k)}{\partial K_{\mathrm{p}}(k)} = e(k) - e(k-1) \tag{5-69}$$

$$\frac{\partial u(k)}{\partial K_{\mathrm{I}}(k)} = e(k) \tag{5-70}$$

$$\frac{\partial u(k)}{\partial K_{\mathrm{D}}(k)} = e(k) - 2e(k-1) + e(k-2) \tag{5-71}$$

根据输出层的输出量与输出层节点连接权值的函数关系，得

$$\frac{\partial K_{\mathrm{m}}(k)}{\partial\omega_{jm}} = g'\left[\sum_{j=0}^{q}\omega_{jm}z_j(k)\right]z_j(k) \tag{5-72}$$

最后，得到输出层神经元连接权值修正计算式为

$$\Delta\omega_{jm}(k+1) = \eta\delta_{\mathrm{m}}z_j(k) + \alpha\Delta\omega_{jm}(k), \quad \mathrm{m = P, \ I, \ D} \tag{5-73}$$

$$\delta_{\mathrm{m}} = e(k+1)\mathrm{sgn}\left[\frac{\partial y(k+1)}{\partial u(k)}\right]\frac{\partial u(k)}{\partial K_{\mathrm{m}}(k)}g'\left[\sum_{j=0}^{q}\omega_{jm}z_j(k)\right], \mathrm{m=P, I, D} \quad (5-74)$$

$$g'(x) = g(x)[1-g(x)] \quad (5-75)$$

同理，对隐含层连接权值修正，有

$$\Delta\omega_{ij}(k+1) = -\eta\frac{\partial E}{\partial\omega_{ij}} + \alpha\Delta\omega_{ij}(k) \quad (5-76)$$

$$\frac{\partial E}{\partial\omega_{ij}} = \frac{\partial E}{\partial y(k+1)}\frac{\partial y(k+1)}{\partial u(k)}\frac{\partial u(k)}{\partial K_{\mathrm{m}}(k)}\frac{\partial K_{\mathrm{m}}(k)}{\partial z_j(k)}\frac{\partial z_j(k)}{\partial\omega_{ij}} \quad (5-77)$$

上式等号右侧前三项与前面的导出过程相同，后两项的计算式如下

$$\frac{\partial K_{\mathrm{m}}(k)}{\partial z_j(k)} = g'\left[\sum_{j=0}^{q}\omega_{jm}z_j(k)\right]\omega_{jm} \quad (5-78)$$

$$\frac{\partial z_j(k)}{\partial\omega_{ij}} = f'\left[\sum_{i=0}^{n}\omega_{ij}r_i(k)\right]r_i(k) \quad (5-79)$$

于是，隐含层连接权值的计算式为

$$\Delta\omega_{ij}(k+1) = \eta\delta_i r_i(k) + \alpha\Delta\omega_{ij}(k) \quad (5-80)$$

$$\delta_i = f'\left[\sum_{i=0}^{n}\omega_{ij}r_i(k)\right]\delta_{\mathrm{m}}\omega_{jm}, \mathrm{m=P, I, D} \quad (5-81)$$

其中

$$f'(x) = \frac{1}{2}[1-f^2(x)] \quad (5-82)$$

基于 BF 神经网络的 PID 控制算法为：

（1）确定 BF 神经网络结构，选定输入层、隐含层的节点数 n、q，给定各层节点间的连接权值 ω_{ij}、ω_{jm} 的初始值，给定学习速率 η 和动量因子 α，$k=1$；

（2）由 $y_s(k)$、$y(k)$ 计算 $e(k) = y_s(k) - y(k)$；

（3）对 $e(k)$ 进行归一化处理，作为神经网络的输入；

（4）前向计算各层的输出，得到 PID 控制器的三个可调参数 $K_P(k)$、$K_I(k)$、$K_D(k)$；

（5）计算 PID 控制器的输出 $u(k)$，参与控制与计算；

（6）计算修正输出层与隐含层之间的连接权值 ω_{jm}；

（7）计算修正输入层与隐含层之间的连接权值 ω_{ij}；

（8）置 $k=k+1$，返回到第（2）步，重复上述计算，直到偏差满足误差要求为止。

5.7.6.2 非线性预测模型的 BP 神经网络控制参数自学习的 PID 控制

在上节中，由于不知 y 与 u 之间的函数关系，所以 $\partial y(k+1)/\partial u(k)$ 无法求出，采用了符号函数或差分来代替。如果能够通过其他方法得到 $y(k+1)$ 的最优估计值 $\hat{y}(k+1)$，用 $\partial\hat{y}(k+1)/\partial u(k)$ 来代替 $\partial y(k+1)/\partial u(k)$，可以使控制效果得到提高。通常是建立被控对象的预测模型，用该预测模型来计算被控对象的未来输出。下面介绍采用非线性预测模型的 BP 神经网络 PID 控制系统。

设被控对象是一个单输入单输出的非线性系统，其输出变量可表示为

$$y(k) = f[y(k-1), y(k-2), \cdots, y(k-n_y), u(k-1), u(k-2), \cdots, u(k-n_u)]$$

$$(5-83)$$

式中，y 和 u 分别为系统的输出和输入，n_y、n_u 分别为 $\{y\}$ 和 $\{u\}$ 的阶次，f 为非线性函数。为了得到系统的预报值 $\hat{y}(k+1)$ 和 $\partial\hat{y}(k+1)/\partial u(k)$，建立一个三层 BP 神经网络预报模型，如图 5-24 所示。

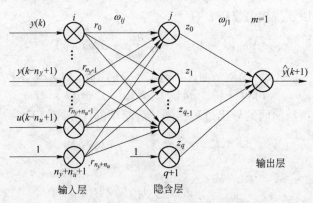

图 5-24　预报模型的 BP 神经网络

该神经网络模型的输入层有 n_y+n_u+1 个节点，作为被控对象已知的输出值 y、输入值 u 和阈值的神经元，q 个隐含层节点和一个输出层节点。输出层神经元的激励函数可以取线性函数，而隐含层神经元的激励函数依然取 Sigmoid 函数。

由图 5-24 可知，输入层各节点的输出为

$$r_i(k) = \begin{cases} y(k-i) & \text{当 } 0 \leqslant i \leqslant n_y-1 \\ u(k+n_y-i) & \text{当 } n_y \leqslant i \leqslant n_y+n_u-1 \\ 1 & \text{当 } i = n_y+n_u \end{cases} \qquad (5-84)$$

隐含层节点的输出为

$$z_j(k) = \begin{cases} f\Big[\sum_{i=0}^{n_y+n_u} \omega_{ij}r_i(k)\Big] & \text{当 } j = 0, 1, 2, \cdots, q-1 \\ 1 & \text{当 } j = q \end{cases} \qquad (5-85)$$

输出层节点的输出

$$\hat{y}(k+1) = \sum_{j=0}^{q} \omega_{j1}z_j(k) \qquad (5-86)$$

建立目标误差函数

$$E = \frac{1}{2}\big[y(k+1) - \hat{y}(k+1)\big]^2 \qquad (5-87)$$

利用 BP 学习算法来修正预测模型中各节点间的连接权值。对于输出层

$$\Delta\omega_{j1}(k+1) = -\eta\frac{\partial E}{\partial \omega_{j1}} + \alpha\Delta\omega_{j1}(k) \qquad (5-88)$$

$$\frac{\partial E}{\partial \omega_{j1}} = \frac{\partial E}{\partial \hat{y}(k+1)}\frac{\partial \hat{y}(k+1)}{\partial \omega_{j1}(k)} = -\big[y(k+1) - \hat{y}(k+1)\big]z_j(k) \qquad (5-89)$$

$$\Delta\omega_{j1}(k+1) = \eta\big[y(k+1) - \hat{y}(k+1)\big]z_j(k) + \alpha\Delta\omega_{j1}(k) \qquad (5-90)$$

对于隐含层节点，有

$$\Delta\omega_{ij}(k+1) = -\eta\frac{\partial E}{\partial\omega_{ij}} + \alpha\Delta\omega_{ij}(k) \tag{5-91}$$

$$\frac{\partial E}{\partial\omega_{ij}} = \frac{\partial E}{\partial\hat{y}(k+1)}\frac{\partial\hat{y}(k+1)}{\partial z_j(k)}\frac{\partial z_j(k)}{\partial\omega_{ij}(k)}$$

$$= -[y(k+1) - \hat{y}(k+1)]\omega_{j1}(k)f'\Big[\sum_{i=0}^{n_y+n_u}\omega_{ij}(k)r_i(k)\Big]r_i(k) \tag{5-92}$$

$$\Delta\omega_{ij}(k+1) = \eta[y(k+1) - \hat{y}(k+1)]\omega_{j1}(k)r_i(k)f'\Big[\sum_{i=0}^{n_y+n_u}\omega_{ij}(k)r_i(k)\Big] + \alpha\Delta\omega_{ij}(k)$$

$$\tag{5-93}$$

由 $\hat{y}(k+1)$ 与 $u(k)$ 的函数关系，可以得到

$$\frac{\partial\hat{y}(k+1)}{\partial u(k)} = \sum_{j=0}^{q}\frac{\partial\hat{y}(k+1)}{\partial z_j(k)}\frac{\partial z_j(k)}{\partial r_i(k)}\frac{\partial r_i(k)}{\partial u(k)} = \sum_{j=0}^{q}\omega_{j1}f'\Big[\sum_{i=0}^{n_y+n_u}\omega_{ij}r_i(k)\Big]\omega_{ij} \tag{5-94}$$

采用非线性预测模型的 BP 神经网络 PID 控制系统结构如图 5-25 所示。

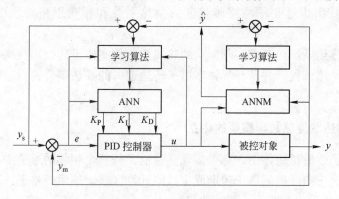

图 5-25 非线性预测模型的 BP 神经网络 PID 控制系统

非线性预测模型的 BF 神经网络的 PID 控制算法为：

（1）确定 BF 神经网络结构，选定输入层、隐含层的节点数 n_y+n_u、q，给定各层节点间的连接权值 ω_{ij}、ω_{jm} 初始值，给定学习速率 η 和动量因子 α，$k=1$；

（2）由 $y_s(k)$、$y(k)$ 计算 $e(k) = y_s(k) - y(k)$；

（3）对 $e(k)$ 进行归一化处理，作为神经网络的输入；

（4）前向计算 ANN 的各层的输出，得到 PID 控制器的三个可调参数 $K_P(k)$、$K_I(k)$、$K_D(k)$；

（5）计算 PID 控制器的输出 $u(k)$，参与控制与计算；

（6）前向计算 ANNM 的各层的输出，得到 $\hat{y}(k+1)$，计算修正 ANNM 的输出层与隐含层之间和隐含层与输入层之间的连接权值；

（7）计算 $\partial\hat{y}(k+1)/\partial u(k)$；

（8）计算修正 ANN 输出层与隐含层之间的连接权值 ω_{jm}；

（9）计算修正 ANN 输入层与隐含层之间的连接权值 ω_{ij}；

（10）置 $k=k+1$，返回到第（2）步，重复上述计算，直到偏差满足误差要求为止。

6 钢铁冶金典型过程建模与控制

6.1 自身预热热风炉蓄热室传热过程

1929年，Hausen就提出了描述热风炉蓄热室中格砖与流过格孔的气体间的换热数学模型，并采用特征函数法进行了解析。1931年，Hausen又采用热极法对该数学模型进行解析。到了20世纪60年代，Butterfield和Willmott采用数值积分的方法对该问题进行了数值求解。在Hausen的理论中，只能计算格砖的平均温度沿蓄热室高度上的变化，在计算中要找出相对于平均格砖温度的换热系数和相对于格砖表面温度的换热系数的关系。

对于自身预热热风炉，考虑实际形状的热风炉蓄热室格子砖，用三维不稳态导热方程来描述格砖内的传热过程，并且与气体在格子砖通道内的换热耦合进行求解，以获得格砖内的实际温度分布。

6.1.1 热风炉蓄热室传热数学模型的建立

在热风炉格子砖的蓄热体中，有很多气流通道，每三个相邻的通道中心连线构成一个等边三角形，在这三角形内的格子砖形成了数值计算区域。热风炉格子砖及气流通道计算区域及坐标体系如图6-1所示，描述热风炉内格子砖的传热控制方程的建立基于以下的假设条件：

(1) 由于流经格子砖通道的冷风或热风的速度很高，这些流体从通道的一端流到另一端需要很短的时间，停留在通道内的冷风或热风很快被换向的热风或冷风代替，因此，由于热风炉的换向操作而引起的气体温度过渡变化可以忽略；

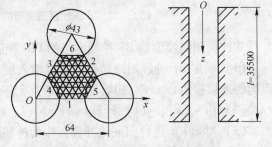

图6-1 热风炉格子砖及气流通道计算区域及坐标体系

(2) 在燃烧期、送风期和预热期，它们各自的通道入口的温度恒定不变；

(3) 气体与格子砖之间的热量传递可以用与气体温度和格子砖表面温度相关的对流换热计算；

(4) 相对于格子砖的热容，由于气体单位体积的热容 $\rho_f C_{pf}$ 小，假定气相中的传热为准稳定态，并且对于每个时间步长，气相的温度分布达到稳定分布，则流过格子砖通道的气体的热平衡方程中的非稳定项可以忽略；

(5) 相同材质的格子砖的导热系数和热性质为常数；

(6) 格子砖各通道的热交换是相同的；

（7）相对于气流通道高度，在三个通道之间的格子砖的面积很小，在 $z=0$ 和 $z=l$ 的位置的温度场只随时间而变，与 x、y 无关。

描述格子砖内的导热方程可写为：

$$\rho C_P \frac{\partial T}{\partial t} = \lambda \left(\frac{\partial^2 T}{\partial x^2} + \frac{\partial^2 T}{\partial y^2} + \frac{\partial^2 T}{\partial z^2} \right) \tag{6-1}$$

边界条件：

在边界 1 ~ 边界 3：
$$\frac{\partial T}{\partial n} = 0 \tag{6-2}$$

在边界 4 ~ 边界 6：
$$T(x, y, z, t)\Big|_s = T_s(z, t) \tag{6-3}$$

在 $z=0$ 处：
$$T(x, y, 0, t) = T_0(t) \tag{6-4}$$

在 $z=l$ 处：
$$T(x, y, l, t) = T_1(t) \tag{6-5}$$

初始条件：
$$T(x, y, z, 0) = T(x, y, z, H) \tag{6-6}$$

式中　ρ ——格砖密度，kg/m^3；

　　　C_P ——格砖比热，$J/(kg \cdot ℃)$；

　　　T ——格砖温度，℃；

　　　H ——周期时间，s；

　　　λ ——格砖导热系数，$W/(m \cdot ℃)$；

　　　t ——时间，s；

　　　n ——边界法向，m；

　　　T_s ——格砖表面温度，℃。

在 z 方向上取微元距离 dz，在 dz 上对流过蓄热体的气体进行能量平衡计算，单位时间内流过格子砖的气体与格子砖之间由于对流换热和辐射换热在气体与格子砖之间的换热量为：

$$dQ_1 = \pm \alpha_s \pi d (T_f - T_s) dz \tag{6-7}$$

式中　α_s ——综合换热系数，$W/(m^2 \cdot ℃)$，在燃烧期，$\alpha_s = \alpha_c + \alpha_r$；在送风期和预热期，$\alpha_s = \alpha_r$；

　　　α_c ——对流换热系数，$W/(m^2 \cdot ℃)$；

　　　α_r ——辐射换热系数，$W/(m^2 \cdot ℃)$；

　　　d ——格子砖格孔直径，m；

　　　T_f ——在截面处气体平均温度，℃；

　　　T_s ——格孔表面温度，℃。

正号表示燃烧期，负号表示送风期和预热期。

气体流过微元距离 dz 后，由于热量交换，温度发生变化，则单位时间内气体因其自身温度下降或升高所放出或吸收的热量为：

$$dQ_2 = \mp W_i C_{P,f} \frac{\partial T_f}{\partial z} dz \tag{6-8}$$

式中　W_i ——气体的质量流量，kg/s；

　　　$C_{P,f}$ ——气体的热容，$J/(kg \cdot ℃)$。

当不考虑热损失时，由假定步骤（4）有 $dQ_1 = dQ_2$，则可得反映气体平均温度的能量方程：

$$\frac{\partial T_f}{\partial z} = \pm \frac{\alpha \pi d}{W_i C_{P,f}}(T_s - T_f) \tag{6-9}$$

方程式（6-9）的边界条件为：

在燃烧期

$$T_f(0, t) = T_{f,0}^g, \ 0 \leqslant t \leqslant \tau_g \tag{6-10}$$

在送风期

$$T_f(l, t) = T_{f,1}^b, \ \tau_g < t \leqslant \tau_b \tag{6-11}$$

在预热期

$$T_f(l, t) = T_{f,1}^p, \ \tau_b < t \leqslant H \tag{6-12}$$

式中 $T_{f,0}^g$——燃气入口温度，℃；

       $T_{f,1}^b$——冷风入口温度，℃；

       $T_{f,1}^p$——助燃空气入口温度，℃。

气体流过格子砖格孔的对流换热系数由下式计算：

对于湍流流动

$$\alpha_c = 0.687 u_0^{0.8} d^{-0.333}(T_f + 273)^{0.25} \tag{6-13}$$

对于层流流动

$$\alpha_c = (1.123 + 0.283 u_0 d^{-0.4})(T_f + 273)^{0.25} \tag{6-14}$$

式中 u_0——在标准态下气体在格孔流动的速度，m/s。

气体与格孔表面之间的辐射换热系数由 Stefan-Bolzmann 定律计算：

$$\alpha_r = \frac{q_r}{T_f - T_s} \tag{6-15}$$

$$q_r = \varepsilon_s' C_0 \left[\varepsilon \left(\frac{T_f + 273}{100} \right)^4 - A \left(\frac{T_s + 273}{100} \right)^4 \right] \tag{6-16}$$

描述格子砖内的导热方程式（6-1）和描述流过格孔的气体与格孔表面之间的换热方程式（6-9）一起构成了热风炉蓄热室内热量传递的数学模型。对这两个方程联立求解就可以获得格子砖内的温度分布 $T(x, y, z, t)$ 和气体平均温度沿蓄热室高度的分布 $T_f(z, t)$。

6.1.2 数值计算方法

由图 6-1 可知，用七孔格子砖砌筑的热风炉蓄热室，每相邻的三个格孔构成了一个传热单元。在蓄热室的横断面上取相邻的三个格孔之间的格子砖和整个蓄热室高度作为方程式（6-1）和式（6-9）的计算区域，由图 6-1 可以看出，相邻三个格孔的中心连线围成一个等边三角形平面，对此平面内的格子砖用等边三角形网格进行离散，如图 6-1 所示，在蓄热室高度方向，采用等距离划分。这样可以把计算区域离散成许多的计算节点，把方程式（6-1）和式（6-9）离散到这些节点上，就可得到某一个节点上的温度与其相邻节点温度之间关系的迭代式。在施加相应的边界条件和初始条件后，联立求解所有节点的迭代式，就可得到格子砖内的温度分布 $T(x, y, z, t)$ 和气体平均温度沿蓄热室高度的分布 $T_f(z, t)$。

在数值求解蓄热室内的传热过程时，涉及到格子砖内的导热和流过格孔的气体与格砖表面间的换热两个传热过程的耦合。格孔表面就是这两个传热过程的耦合边界，在数值求解方程式（6-1）和式（6-9）时，均需要事先给定格孔表面的温度分布 $T_s(z, t)$，在耦合边界上，这两个传热过程应满足热流密度连续的条件，即：

$$-\lambda \left.\frac{\partial T}{\partial n}\right|_s = \alpha_s(T_f - T_s) \tag{6-17}$$

式中，n 为格孔表面法向。在数值计算过程中，事先给定的耦合边界的温度分布是否正确，需要用该温度分布求得的格砖内温度场和气体的温度场计算在耦合边界上的两侧的热流密度是否满足方程式（6-17）来判断。上述数值计算过程的框图如图6-2所示。

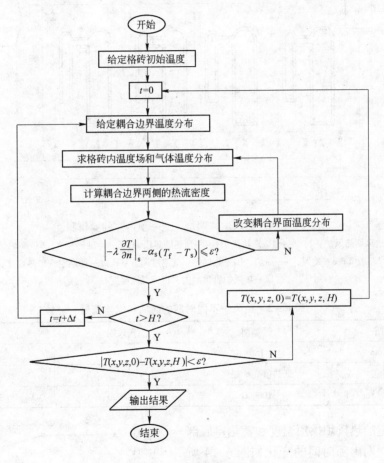

图6-2　数值计算框图

6.1.3　自身预热热风炉数值计算条件

利用以上建立的热风炉蓄热室传热过程数学模型和数值计算方法，对实际的热风炉蓄热室进行数值模拟计算。蓄热室的总高为35.5m，由不同材质的格子砖砌筑而成。蓄热室不同材质格砖物性及高度见表6-1。四座热风炉采用"两烧一送一预热"的操作制度模式，如图6-3所示，一座热风炉经历的燃烧期、送风期和预热期所需的时间和气体流量如表6-2所示。

表 6-1　蓄热室不同材质格砖物性及高度

材　质	硅　砖	低蠕变高铝砖	普通高铝砖	黏土砖
主要成分/%	$SiO_2 > 93$		$Al_2O_3 > 75$	$Al_2O_3 > 30 \sim 35$
密度 $\rho/kg \cdot m^{-3}$	1900	2850	2600	2100
热容 $C_p/J \cdot (kg \cdot ℃)^{-1}$	1029	1032	1014	1048
导热系数 $\lambda/W \cdot (m \cdot ℃)^{-1}$	1.794	1.380	1.496	1.304
高度/m	8.0	8.0	5.0	14.5

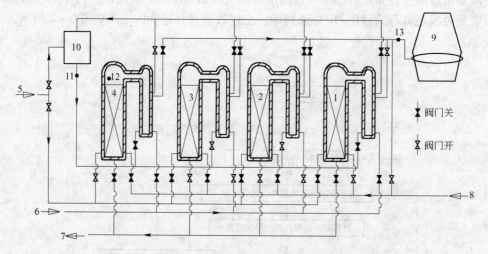

图 6-3　四座热风炉"两烧一送一预热"的操作制度

1—送风期热风炉; 2, 3—燃烧期热风炉; 4—预热期热风炉; 5—冷助燃空气; 6—高炉煤气;
7—废气; 8—冷风; 9—高炉; 10—热助燃空气温度调节室; 11—助燃空气预热温度;
12—热风炉拱顶温度; 13—混风温度

表 6-2　热风炉不同时期的时间和气体流量

时　期	燃烧期	送风期	预热期
时间/min	150	80	80
气体种类	低热值高炉煤气	空气	空气
气体流量(标态)/m³·h⁻¹	100000	288000	70000

　　实际测定的热风炉拱顶温度和蓄热室底部温度在一个周期内随时间的变化如图 6-4 所示,这两处的温度可以作为蓄热室上表面和下表面的温度,并且作为边界条件采用。高温烟气进入蓄热室上表面的格孔入口温度为1390℃,冷风温度为100℃,助燃空气进入蓄热室下表面的入口温度为20℃,采用混风操作来保持进入高炉的风温稳定。送风期开始进入蓄热室的冷风量为总风量的85%,送风期结束100%的冷风都进入蓄热室,在这之间的

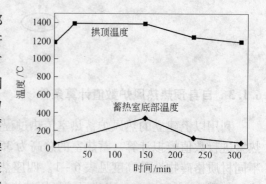

图 6-4　一个周期内的热风炉拱顶温度和
蓄热室底部温度

时间中进入蓄热室的冷风量用下式计算：

$$W_b = \rho_b(a_1 + a_2 t + a_3 t^2), \quad \tau_g < t < \tau_b \tag{6-18}$$

式中　W_b——送风期进入蓄热室的冷风量，kg/s；

　　　ρ_b——冷风密度；kh/m^3；

a_1，a_2，a_3——常数。

式（6-18）中的常数由保持进入高炉的风温稳定这一条件采用试算法确定。同样通过混入冷助燃空气将助燃空气控制在一定的预热温度，在整个预热期，50%的助燃空气进入蓄热室。由热平衡得到混风温度和助燃空气预热温度的计算式：

$$T_{f,mix} = \frac{W_i T_{f,out}(t) + (W - W_i) T_{f,in}}{W} \tag{6-19}$$

式中　$T_{f,out}$——离开蓄热室的热风或助燃空气温度，℃；

　　　$T_{f,in}$——进入蓄热室的冷风或助燃空气温度，℃；

　　　W_i——通过蓄热室的冷风或助燃空气流量，kg/s；

　　　W——总的冷风或助燃空气流量，kg/s。

6.1.4　自身预热热风炉数值计算结果

在上述的数值计算条件下，对自身预热热风炉蓄热室的传热过程进行模拟计算。图6-5为送风期和预热期的拱顶温度、混风温度和助燃空气预热温度随时间的变化。图中的拱顶温度为送风期和预热期的边界条件，混风温度和助燃空气预热温度为模型计算值，图中圆点为实际测量温度。从图6-5可以看出，模型计算得到的混风温度和助燃空气预热温度与实际测量温度吻合很好。采用自身预热工艺，将助燃空气温度预热到600℃，可以使混风温度提高到1200℃左右。

在燃烧期、送风期和预热期气体和格砖表面温度沿蓄热室高度的变化分别如图6-6~图6-8所示。由这些图可以看出，在燃烧期格砖表面温度的变化是最大的，达到约400℃左右，而在预热期由于通过蓄热室的助燃空气流量小，该时期格砖表面温度的变化只有20~30℃。值得注意的是，燃烧期和送风期格砖表面温度的变化大致是相同的。

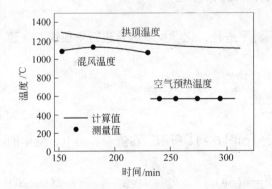
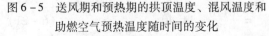

图6-5　送风期和预热期的拱顶温度、混风温度和助燃空气预热温度随时间的变化

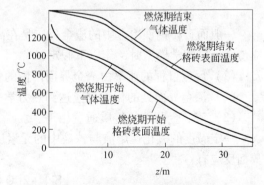

图6-6　燃烧期气体和格砖表面温度沿蓄热室高度的变化

图6-9和图6-10分别是燃烧期在$z = 11.75$m和$t = 116$min时和送风期在$z = 11.75$m和$t = 196$min时蓄热室格砖温度场。很明显在相邻的两个格孔之间的温度场是抛物面形

的，三个格孔间的区域的中心点的温度，在燃烧期最低，而在送风期最高。在 $z = 11.75m$ 处，该中心点与格砖表面的温度差，在燃烧期结束为12℃，在送风期结束为7℃，在预热期结束只有2℃。

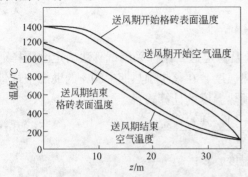

图6-7　送风期气体和格砖表面温度沿蓄热室高度的变化

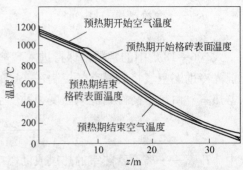

图6-8　预热期气体和格砖表面温度沿蓄热室高度的变化

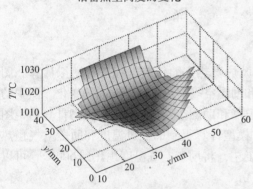

图6-9　燃烧期在 $z = 11.75m$ 和 $t = 116min$ 时蓄热室格砖温度场

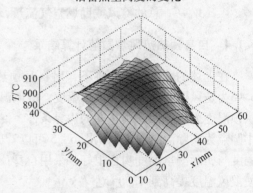

图6-10　燃烧期在 $z = 11.75m$ 和 $t = 196min$ 时蓄热室格砖温度场

6.2　铁液-熔渣反应过程

一般而言，钢铁冶金中的渣金反应是在高温下进行，化学反应本身进行得很快，在建立渣金反应数学模型时，作以下假定：

（1）反应过程的速率由渣金界面两侧的传质控制；

（2）渣金界面处的化学反应达到热力学平衡；

（3）渣、金两侧的传质通量相等。

一定碱度的氧化性熔渣与铁液中的元素反应如图6-11所示。在渣金界面上，发生的界面反应有：

$$[Si] + 2[O] \Longrightarrow (SiO_2) \tag{6-20}$$

$$\Delta G_{Si}^{\ominus} = -5764400 + 218.2T, \ \text{J/mol} \qquad \lg K_{Si} = \frac{30110}{T} - 11.40 \tag{6-21}$$

$$K_{Si} = \frac{a_{SiO_2}^*}{a_{Si}^* (a_O^*)^2} \tag{6-22}$$

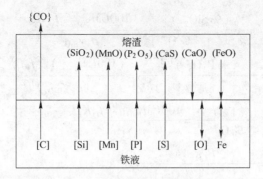

图 6-11　铁液–熔渣反应体系

$$[P] + \frac{5}{2}[O] \Longrightarrow \frac{1}{2}(P_2O_5) \tag{6-23}$$

$$\Delta G_P^\ominus = -373940 + 279.26T, \text{ J/mol} \qquad \lg K_P = \frac{19530}{T} - 14.585 \tag{6-24}$$

$$K_P = \frac{(a_{P_2O_5}^*)^{1/2}}{a_P^*(a_O^*)^{5/2}} \tag{6-25}$$

$$Fe + [O] \Longrightarrow (FeO) \tag{6-26}$$

$$\Delta G_{Fe}^\ominus = -120700 + 52.25T, \text{ J/mol} \qquad \lg K_{Fe} = \frac{6304}{T} - 2.729 \tag{6-27}$$

$$K_{Fe} = \frac{a_{FeO}^*}{a_{Fe}^* a_O^*} \tag{6-28}$$

$$[C] + [O] \Longrightarrow \{CO\} \tag{6-29}$$

$$\Delta G_C^\ominus = -22200 + 38.34T, \text{ J/mol} \qquad \lg K_C = \frac{1160}{T} + 2.003 \tag{6-30}$$

$$K_C = \frac{P_{CO}^*}{a_C^* a_O^*} \tag{6-31}$$

$$[S] + (CaO) \Longrightarrow (CaS) + [O] \tag{6-32}$$

$$\Delta G_S^\ominus = 109960 - 31.04T, \text{ J/mol} \qquad \lg K_S = -\frac{5743}{T} + 1.621 \tag{6-33}$$

$$K_S = \frac{a_{CaS}^* a_O^*}{a_S^* a_{CaO}^*} \tag{6-34}$$

$$[Mn] + [O] \Longrightarrow (MnO) \tag{6-35}$$

$$\Delta G_{Mn}^\ominus = -244300 + 107.6T, \text{ J/mol} \qquad \lg K_{Mn} = \frac{12760}{T} - 5.62 \tag{6-36}$$

$$K_{Mn} = \frac{a_{MnO}^*}{a_{Mn}^* a_O^*} \tag{6-37}$$

式中　K_i——组元 i 反应的平衡常数；

　　　a_i——组元 i 的活度。

以上的反应平衡常数可写成如下的表达式并注意将熔渣组元的摩尔分数变成质量百分浓度，得：

$$E_{Si} = \frac{(\%SiO_2^*)}{[\%Si^*][\%O^*]^2} = \frac{100CM_{SiO_2}f_{Si}f_O^2K_{Si}}{\rho_s\gamma_{SiO_2}} \tag{6-38}$$

$$E_P = \frac{(\%P_2O_5^*)^{1/2}}{[\%P^*][\%O^*]^{5/2}} = \frac{(100CM_{P_2O_5})^{1/2}f_Pf_O^{5/2}K_P}{(\rho_s\gamma_{P_2O_5})^{1/2}} \tag{6-39}$$

$$E_{Fe} = \frac{(\%FeO^*)}{[\%O^*]} = \frac{100CM_{FeO}a_{Fe}^*f_OK_{Fe}}{\rho_s\gamma_{FeO}} \tag{6-40}$$

$$E_C = \frac{P_{CO}^*}{[\%C^*][\%O^*]} = f_Cf_OK_C \tag{6-41}$$

$$E_S = \frac{(\%CaS^*)[\%O^*]}{[\%S^*](\%CaO^*)} = \frac{M_{CaS}f_S\gamma_{CaO}K_S}{M_{CaO}f_O\gamma_{CaS}} \tag{6-42}$$

$$E_{Mn} = \frac{(\%MnO^*)}{[\%Mn^*][\%O^*]} = \frac{100CM_{MnO}f_{Mn}f_OK_{Mn}}{\rho_s\gamma_{MnO}} \tag{6-43}$$

式中　E_i——组元 i 反应的表观平衡常数；

M_i——i 物质的分子量或原子量，g/mol；

C——熔渣的体积摩尔数，mol/cm³；

ρ_s——熔渣的密度，g/cm³；

f_i——铁液组元 i 的活度系数；

γ_i——熔渣组元 i 的活度系数。

从以上的关系式可知，反应的表观平衡常数与铁液和熔渣的组元的活度系数、反应的平衡常数有关，因此，反应表观平衡常数与铁液、熔渣成分以及温度有关。

金属侧组元 i 的传质通量为

$$J_i = k_i(C_i^b - C_i^*) = \frac{\rho_m k_i}{100M_i}([\%i^b] - [\%i^*]) \tag{6-44}$$

式中　k_i——铁液组元 i 在铁液中的传质系数，cm/s；

C_i^b——铁液组元 i 的本体体积摩尔浓度，mol/cm³；

C_i^*——铁液组元 i 的界面体积摩尔浓度，mol/cm³；

$[\%i^b]$——铁液组元 i 的本体质量百分浓度；

$[\%i^*]$——铁液组元 i 的界面质量百分浓度。

令 $F_i = \frac{\rho_m k_i}{100M_i}$，得

$$J_i = F_i([\%i^b] - [\%i^*]) \tag{6-45}$$

同样，对于熔渣侧组元 j 的传质通量，有

$$J_j = F_j[(\%j^*) - (\%j^b)] \tag{6-46}$$

式中　$F_j = \frac{\rho_s k_j}{100M_j}$；

k_j——熔渣组元 j 在熔渣中的传质系数，cm/s；

$(\%j^b)$——熔渣组元 j 的本体质量百分浓度；

$(\%j^*)$——熔渣组元 j 的界面质量百分浓度。

于是，根据反应式（6 – 20）、式（6 – 23）、式（6 – 26）、式（6 – 29）、式（6 – 32）、式（6 – 35）和假定条件 3，可以得到下列关系式：

$$J_{Si} = F_{Si}\{[\%Si^b] - [\%Si^*]\} = F_{SiO_2}\{(\%SiO_2^*) - (\%SiO_2^b)\} = J_{SiO_2} \quad (6 - 47)$$

$$J_P = F_P\{[\%P^b] - [\%P^*]\} = \frac{1}{2}F_{P_2O_5}\{(\%P_2O_5^*) - (\%P_2O_5^b)\} = J_{P_2O_5} \quad (6 - 48)$$

$$J_{Fe} = F_{FeO}\{(\%FeO^*) - (\%FeO^b)\} = J_{FeO} \quad (6 - 49)$$

$$J_C = F_C\{(\%C^b) - (\%C^*)\} = G_{CO}\left(\frac{P_{CO}^*}{P_1} - 1\right) = J_{CO} \quad (6 - 50)$$

$$J_S = F_S\{[\%S^b] - [\%S^*]\} = F_{CaS}\{(\%CaS^*) - (\%CaS^b)\} = J_{CaS} \quad (6 - 51)$$

$$J_{Mn} = F_{Mn}\{[\%Mn^b] - [\%Mn^*]\} = F_{MnO}\{(\%MnO^*) - (\%MnO^b)\} = J_{MnO} \quad (6 - 52)$$

式中 G_{CO} ——CO 析出表观速度常数，$mol/(cm^2 \cdot s)$；

　　J_{CO} ——CO 传质通量，正比于界面处 CO 的过饱和度 $(P_{CO}^* - P_1)/P_1$；

　　P_1 ——环境压力，Pa。

对于碳的氧化反应，由于其反应产物是气体 CO，因此假定 CO 从界面传递出去的速率与界面处 CO 的过饱和度成正比，G_{CO} 就是比例系数。

在铁液和熔渣中，由于铁元素和（CaO）大量存在，因此认为铁液中本体的铁浓度与反应界面的铁浓度相等，熔渣中本体的（CaO）浓度与反应界面的（CaO）浓度相等，即：

$$[\%Fe^*] = [\%Fe^b] \quad (6 - 53)$$

$$(\%CaO^*) = (\%CaO^b) \quad (6 - 54)$$

由式（6 – 38）~式（6 – 43）和式（6 – 47）~式（6 – 52）可以得到用本体浓度和界面氧浓度表示的铁液组元传质通量计算式：

$$(\%SiO_2^*) = E_{Si}[\%Si^*][\%O^*]^2 \quad (6 - 55)$$

$$[\%Si^*] = \frac{F_{Si}[\%Si^b] + F_{SiO_2}(\%SiO_2^b)}{F_{Si} + F_{SiO_2}E_{Si}[\%O^*]^2} \quad (6 - 56)$$

$$J_{Si} = F_{Si}F_{SiO_2}\left\{\frac{E_{Si}[\%Si^b][\%O^*]^2 - (\%SiO_2^b)}{F_{Si} + F_{SiO_2}E_{Si}[\%O^*]^2}\right\} \quad (6 - 57)$$

$$(\%P_2O_5^*) = E_P^2[\%P^*]^2[\%O^*]^5 \quad (6 - 58)$$

$$[\%P^*] = \frac{\{F_P^2 + F_{P_2O_5}E_P^2[\%O^*]^5(2F_P[\%P^b] + F_{P_2O_5}(\%P_2O_5^b))\}^{1/2} - F_P}{F_{P_2O_5}E_P^2[\%O^*]^5} \quad (6 - 59)$$

$$J_P = F_P\{[\%P^b] - [\%P^*]\} \quad (6 - 60)$$

$$(\%FeO^*) = E_{Fe}[\%O^*] \quad (6 - 61)$$

$$J_{Fe} = F_{FeO}\{E_{Fe}[\%O^*] - (\%FeO^b)\} \quad (6 - 62)$$

$$P_{CO}^* = E_C[\%C^*][\%O^*] \quad (6 - 63)$$

$$[\%C^*] = P_1\frac{F_C[\%C^b] + G_{CO}}{P_1F_C + E_CG_{CO}[\%O^*]} \quad (6 - 64)$$

$$J_C = F_C G_{CO} \left\{ \frac{E_C [\%O^*][\%C^b] - P_1}{P_1 F_C + E_C G_{CO}[\%O^*]} \right\} \qquad (6-65)$$

$$(\%CaS^*) = \frac{E_S[\%S^*](\%CaO)}{[\%O^*]} \qquad (6-66)$$

$$[\%S^*] = \frac{F_S[\%S^b] + F_{CaS}(\%CaS^b)}{F_S[\%O^*] + E_S F_{CaS}(\%CaO)}[\%O^*] \qquad (6-67)$$

$$J_S = F_S F_{CaS} \left\{ \frac{E_S(\%CaO)[\%S^b] - (\%CaS^b)[\%O^*]}{F_S[\%O^*] + E_S F_{CaS}(\%CaO)} \right\} \qquad (6-68)$$

$$(\%MnO^*) = E_{Mn}[\%Mn^*][\%O^*] \qquad (6-69)$$

$$[\%Mn^*] = \frac{F_{Mn}[\%Mn^b] + F_{MnO}(\%MnO^b)}{F_{Mn} + F_{MnO} E_{Mn}[\%O^*]} \qquad (6-70)$$

$$J_{Mn} = F_{Mn} F_{MnO} \left\{ \frac{E_{Mn}[\%Mn^b][\%O^*] - (\%MnO^b)}{F_{Mn} + F_{MnO} E_{Mn}[\%O^*]} \right\} \qquad (6-71)$$

对于铁液中的氧，同样可以写出其传质通量：

$$J_O = F_O \{ [\%O^b] - [\%O^*] \} \qquad (6-72)$$

从渣金反应界面处氧的质量平衡条件或电中性原理，可以得出从铁液本体向反应界面处传递的氧量和反应产生的氧量与其他反应消耗的氧量的平衡关系式：

$$J_S + J_O - J_C - 2J_{Si} - 2.5J_P - J_{Fe} - J_{Mn} = 0 \qquad (6-73)$$

将式（6-57）、式（6-60）、式（6-62）、式（6-65）、式（6-68）、式（6-71）和式（6-72）代入式（6-73），可得到一个含有 $[\%O^*]$ 未知数的一元非线性方程，求解此方程，可以得到 $[\%O^*]$，将 $[\%O^*]$ 代入反应界面浓度的表达式和传质通量表达式（6-55）~式（6-72），就可以计算得到铁液和熔渣中各组元的界面浓度和传质通量。

由质量平衡得到以下铁液中组元 i 和熔渣中组元 j 的本体浓度随时间变化的关系：

$$-V_m \frac{d[\%i^b]}{dt} = A k_i \{ [\%i^b] - [\%i^*] \} \qquad (6-74)$$

$$-V_s \frac{d(\%j^b)}{dt} = A k_j \{ [\%j^*] - [\%j^b] \} \qquad (6-75)$$

式中　V_m，V_s——分别为铁液、熔渣的体积，cm^3；

　　　　A——渣金反应界面积，cm^2；

　　　　i——铁液中的组元 C、Si、Mn、P、S；

　　　　j——熔渣中的组元 SiO_2、MnO、P_2O_5、CaS、FeO。

从反应式（6-32）可知，熔渣中的（CaO）参与了脱硫反应。另外，在熔渣中，硅、磷的氧化产物（SiO_2）、（P_2O_5）与（CaO）有以下反应：

$$(SiO_2) + 3(CaO) = (3CaO \cdot SiO_2)$$

$$(P_2O_5) + 3(CaO) = (3CaO \cdot P_2O_5) \qquad (6-76)$$

因此，随着脱硅、脱磷和脱硫反应的进行，熔渣中的自由氧化钙会减少。从反应式可知，硅、磷、硫含量的降低与自由氧化钙含量的减少有以下关系：

$$\mathrm{d}n_{CaO} = 3\mathrm{d}n_{Si} + \frac{3}{2}\mathrm{d}n_P + \mathrm{d}n_S \tag{6-77}$$

式中，n_i 为组元 i 的摩尔数。由摩尔数与质量分数的关系：

$$n_i = \frac{W}{100M_i}[\%i] \tag{6-78}$$

式中，W 为铁液或熔渣重量。将式（6-78）代入式（6-77），得：

$$\mathrm{d}[\%CaO] = \frac{M_{CaO}W_m}{W_s}\left\{ \frac{3}{M_{Si}}\mathrm{d}[\%Si^b] + \frac{3}{2M_P}\mathrm{d}[\%P^b] + \frac{1}{M_S}\mathrm{d}[\%S^b] \right\} \tag{6-79}$$

式中，下标 m、s 分别表示铁液相和熔渣相。

采用数值分析中的龙格-库塔方法，求解各组元的式（6-74）和式（6-75）就可得到各组元的本体浓度随反应时间的变化。

6.3 氧气转炉炼钢过程

在转炉炼钢中，冶炼时间短，生产品种多，从低碳钢、高碳钢到合金钢等。采用计算机控制转炉炼钢过程，可以改善转炉炼钢操作，预测吹炼终点，减少二次吹炼，提高终点命中率。在转炉炼钢中采用计算机控制，需要建立转炉炼钢吹炼过程的数学模型，利用数学模型来预测转炉吹炼过程钢液中元素的变化和升温过程。

转炉炼钢数学模型是对转炉吹炼过程进行定量描述，用数学表达式表达计算机控制变量与其他冶炼参数之间的关系，如金属液中元素和温度在吹炼过程中的变化以及各种操作因素对这些参数的影响。根据建立数学模型所采用的方法不同，数学模型可分为理论模型（机理模型）、统计模型和经验模型等。根据数学模型所描述的变量在过程中的状态不同，数学模型又可分为静态模型和动态模型。

转炉炼钢的理论模型往往是以转炉炼钢的物理化学原理为基础，依据冶金传输原理和冶金反应机理建立起来的。一般而言，理论模型较为复杂，但在应用方面具有较大的通用性、有效性和灵活性。转炉炼钢的统计模型是针对某一特定转炉、原料和操作条件，应用数理统计方法，对大量的生产数据进行统计分析，找出转炉炼钢吹炼过程中控制变量与其他影响因素之间的数学关系式。经验模型又称增量模型，它是将转炉整个炉役期间的炼钢工艺操作看成是连续的工艺过程，其主要建模思想是用上一炉次或参考炉次的控制参数和影响因素以及本炉次的影响因素来计算本炉次的控制参数。在统计模型和经验模型中，均包含有参数间的未知函数，需要从实际生产的数据分析得到。因此，这两类模型的数学表达式简单，实用性强，但在应用方面的通用性不如理论模型，且无法揭示参数间规律性的内在联系和反映事物的本质。

静态模型只考虑参数在吹炼过程初始值和终了值之间的关系，而动态模型则考虑参数在吹炼过程中的变化。因此，动态模型包含有时间变量，可以确定转炉炼钢吹炼过程任意时刻的参数。

用计算机对转炉炼钢吹炼过程进行控制，不仅需要计算机等硬件设备，而且更需要描述转炉吹炼过程的数学模型为计算机提供运行所需要的软件。在转炉炼钢的计算机控制中，存在静态控制和动态控制两种方式。应用质量和热量守恒定律建立起来的数学模型，根据吹炼前的初始条件如铁水温度、废钢、造渣材料成分和铁水温度，以及吹炼终点所要求的钢液成分和温度，进行操作条件如装入量、氧气量和造渣材料加入量等的计算，在吹炼过程不取样测温，不对操作条件进行调整，这种控制方式就是转炉炼钢吹炼过程的静态控制。由于转炉炼钢的复杂性和在吹炼过程存在一些不可预知的现象如喷溅等的干扰，使得吹炼过程难以按照预定的目标到达控制终点，这样造成控制精度即吹炼终点的命中率不高。采用动态控制可以提高转炉炼钢吹炼过程控制精度，动态控制是在吹炼过程中对钢液成分和温度进行间接或直接检测，以此作为初始条件，利用数学模型和既定的操作条件，计算停吹时的钢液成分和温度，判断是否与要求的终点钢液成分和温度的目标值相同。若与目标值相同，则按照原定的操作条件继续吹炼；若与目标值不同，则根据两者偏差，利用数学模型进行修正，对操作条件作相应调整，如增加供氧量，加入冷却剂或加入升温剂等。

6.3.1 统计模型

6.3.1.1 静态控制模型

转炉静态控制是基本的转炉计算机控制方式，动态控制也以静态控制为基础，静态模型包括的内容比较多，主要有终点控制模型、供氧模型、造渣模型、底吹模型。

A 终点控制模型

终点控制模型是静态控制模型中最主要、最复杂的模型，它通常选取钢水终点温度和终点碳作为目标值，以冷却剂（矿石或铁皮等）加入量和氧耗量作控制变量，即用冷却剂加入量控制终点温度，用氧耗量控制终点碳。因此，终点控制模型包括冷却剂加入量和氧耗量两个方程。经验模型在结构形式上有纯量和增量方式两种。为减少系统误差的影响和提高模型的适应能力，多采用以参考炉为基准的增量方式，并以单位冷却剂加入量和单位氧耗量表示。即建立本炉次与参考炉次各参数之差的增量模型，本炉次的冷却剂加入量和氧耗量等于参考炉次的冷却剂加入量和氧耗量加上各自的增量。

本炉次冷却剂加入量 W_{cl}

$$W_{cl} = \frac{W_{cl,r}}{W_{ch,r}} W_{ch} + \Delta W_{cl} \times W_{ch} \qquad (6-80)$$

$$\Delta W_{cl} = f_1(\Delta x_1, \Delta x_2, \cdots, \Delta x_n) \qquad (6-81)$$

式中，$W_{cl,r}$ 为参考炉次的冷却剂加入量，$W_{ch,r}$ 为参考炉次的装入量，W_{ch} 为本炉次的装入量，ΔW_{cl} 为本炉次的单位冷却剂量与参考炉的单位冷却剂量之差，Δx_1，Δx_2，$\cdots$，Δx_n 为本炉次的冶炼参数如铁水量、铁水成分、铁水温度、废钢量、石灰、白云石加入量、终点温度、终点成分等与参考炉对应的冶炼参数之差。

本炉次耗氧量 V_{O_2}

$$V_{O_2} = \frac{V_{O_2,r}}{W_{hm,r}} W_{hm} + \Delta V_{O_2} \times W_{hm} \qquad (6-82)$$

$$\Delta V_{O_2} = f_2(\Delta y_1, \Delta y_2, \cdots, \Delta y_n) \qquad (6-83)$$

式中，$V_{O_2,r}$ 为参考炉次的耗氧量，$W_{hm,r}$ 为参考炉次的铁水量，W_{hm} 为本炉次的铁水量，ΔV_{O_2} 为本炉次的单位耗氧量与参考炉的单位耗氧量之差，Δy_1，Δy_2，$\cdots$，Δy_n 为本炉次的冶炼参数如铁水成分、铁水温度、废钢量、冷却剂量、石灰、白云石加入量、终点温度、终点成分等与参考炉对应的冶炼参数之差。

这种模型对参考炉的选择十分重要，直接影响计算结果的准确性，通常根据与本炉次相似的原则按一定算法确定。

供氧模型、造渣模型、底吹供气模型可以根据不同的冶炼钢种，根据积累的经验确定或通过建立专家系统确定。

B 供氧模型

主要确定吹炼过程前期、中期、后期的氧枪枪位的变化模式，可以根据操作经验确定，也可以通过建立专家系统来确定。

C 造渣模型

确定造渣剂的加入时间及每批加料重量。由操作经验按不同钢种确定造渣剂加入批数、加入时间和各批次的加入重量。

6.3.1.2 动态控制模型

动态控制模型主要是在吹炼末期通过检测手段如副枪获得钢水温度和含碳量的数据，通过统计分析和总结操作经验建立起来的。包括脱碳速度模型、钢水升温模型和冷却剂加入量模型三种。

A 脱碳速度模型

一般以指数曲线形式来拟合吹炼末期的脱碳速度，如

$$\frac{dC}{dO_2} = \alpha\left[1 - \frac{\exp(C - C_0)}{\beta}\right] \tag{6-84}$$

式中　C——钢水含碳量；

　　C_0——最低限碳含量；

　α，β——由统计分析得到的系数。

对钢液进行测量后，需要继续吹氧的氧量对上式积分得到

$$V'_{O_2} = \int_{C_e}^{C_s}\left(\frac{dO_2}{dC}\right)dC \tag{6-85}$$

式中，C_s、C_e分别为副枪测量时的碳含量和终点碳含量。

B 钢液升温模型

由吹氧量 V'_{O_2} 引起的钢水温升为

$$\Delta T = aV'_{O_2} + b \tag{6-86}$$

式中，a、b 为系数。

预测的终点温度为

$$T_E = T_s + \Delta T \tag{6-87}$$

式中，T_s 为副枪测量时钢液的温度。如果 T_E 在终点目标范围之内，则按 V'_{O_2} 吹氧，如果 T_E 大于终点目标温度的上限，则必须加冷却剂降温。如果 T_E 小于终点目标温度的下限，则需要加大供氧量并加入升温剂。

C 冷却剂加入量模型

按下式计算

$$W_{cl,e} = K(T_s + \Delta T - T_e) \tag{6-88}$$

式中，T_e 为终点目标温度，K 为系数。

6.3.1.3　合金模型

此模型根据钢种目标成分和预计出钢量，确定出钢时应加入钢包的各种铁合金量以及脱氧用合金量，应加入钢包的各种合金元素量一般均按下式计算

$$W_i = \frac{(X_{i,e} - X_i)W_{st}}{\eta_i} \qquad (6-89)$$

式中　W_i——合金元素 i 加入量；

　　　$X_{i,e}$——合金元素 i 的目标含量；

　　　X_i——合金元素 i 出钢时实际含量；

　　　W_{st}——出钢量；

　　　η_i——合金元素 i 的收得率。

应加入的铁合金量为

$$W_{a,i} = \frac{W_i}{w[\%i]} \times 100 \qquad (6-90)$$

式中，$w[\%i]$ 为铁合金中合金元素 i 的质量百分含量。

6.3.2　理论模型

在 20 世纪 60 年代后期，日本冶金学家 Iwao Muchi 等人就提出了转炉炼钢脱碳反应的数学模型，在此基础上，研究了转炉冲击坑气流行为的理论，增加了石灰渣化、烟气组成、流量和温度以及钢液温度的计算，开发出了能够计算转炉内金属液碳和硅含量随吹炼过程变化的数学模型。1970 年，Iwao Muchi 等人又对转炉炼钢的数学模型做了进一步的发展，考虑了金属液中锰和磷的氧化反应、渣－金间的反应和石灰的渣化速度，提出了一个更加全面反映转炉炼钢吹炼过程反应机理的数学模型。下面以该理论模型为基础，介绍转炉炼钢吹炼过程的理论模型的建立。

6.3.2.1　冲击坑气液界面的反应

顶吹氧枪的氧气射流冲击在熔池表面上，形成一个冲击坑，如图 6－12 所示。氧气吸附在冲击坑表面上，向钢液内传递氧，溶解的氧与钢液中的 [C]、[Si]、Fe、[Mn] 和 [P] 反应。

$$\frac{1}{2}\{O_2\} \rightleftharpoons [O]_{sat} \qquad (6-91)$$

$$[C] + [O] \xrightarrow{k_C} \{CO\} \qquad (6-92)$$

$$[Si] + 2[O] \xrightarrow{k_{Si}} (SiO_2) \qquad (6-93)$$

$$Fe + [O] \xrightarrow{k_{Fe}} (FeO) \qquad (6-94)$$

$$[Mn] + [O] \xrightarrow{k_{Mn}} (MnO) \qquad (6-95)$$

$$2[P] + 5[O] \xrightarrow{k_P} (P_2O_5) \qquad (6-96)$$

反应式（6－91）表示在冲击坑表面附近的钢液中，溶解的氧达到饱和。在冲击坑表面附近取钢液微元体，各元素向冲击坑气－液界面扩散并在

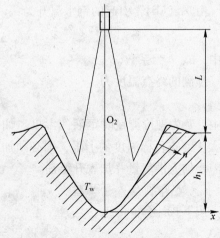

图 6－12　转炉熔池冲击坑示意图

界面处产生氧化反应。假定化学反应速度与反应物的浓度的一次方成正比，对各元素进行质量衡算可得

$$\frac{\partial C_{[\mathrm{O}]}}{\partial t} = D_{\mathrm{O}} \frac{\partial^2 C_{[\mathrm{O}]}}{\partial n^2} - \sum_i k_i C_{[i]} C_{[\mathrm{O}]} \tag{6-97}$$

$$\frac{\partial C_{[\mathrm{C}]}}{\partial t} = D_{\mathrm{C}} \frac{\partial^2 C_{[\mathrm{C}]}}{\partial n^2} - k_{\mathrm{C}} C_{[\mathrm{C}]} C_{[\mathrm{O}]} \tag{6-98}$$

$$\frac{\partial C_{[\mathrm{Si}]}}{\partial t} = D_{\mathrm{Si}} \frac{\partial^2 C_{[\mathrm{Si}]}}{\partial n^2} - k_{\mathrm{Si}} C_{[\mathrm{Si}]} C_{[\mathrm{O}]} \tag{6-99}$$

$$\frac{\partial C_{\mathrm{Fe}}}{\partial t} = D_{\mathrm{Fe}} \frac{\partial^2 C_{\mathrm{Fe}}}{\partial n^2} - k_{\mathrm{Fe}} C_{\mathrm{Fe}} C_{[\mathrm{O}]} \tag{6-100}$$

$$\frac{\partial C_{[\mathrm{Mn}]}}{\partial t} = D_{\mathrm{Mn}} \frac{\partial^2 C_{[\mathrm{Mn}]}}{\partial n^2} - k_{\mathrm{Mn}} C_{[\mathrm{Mn}]} C_{[\mathrm{O}]} \tag{6-101}$$

$$\frac{\partial C_{[\mathrm{P}]}}{\partial t} = D_{\mathrm{P}} \frac{\partial^2 C_{[\mathrm{P}]}}{\partial n^2} - k_{\mathrm{P}} C_{[\mathrm{P}]} C_{[\mathrm{O}]} \tag{6-102}$$

初始条件为

$$t=0, \ n>0 : C_{[\mathrm{O}]} = 0 ; \ C_{[i]} = C_{[i]}^{\mathrm{b}} , (i=\mathrm{C, \ Si, \ Fe, \ Mn, \ P}) \tag{6-103}$$

边界条件为

$$n=0, \ t>0 : C_{[i]} = C_{[i]}^{*} , \ (i=\mathrm{O, \ C, \ Si, \ Fe, \ Mn, \ P})$$

$$J_{\mathrm{O}} = -D_{\mathrm{O}} \frac{\partial C_{[\mathrm{O}]}}{\partial n}$$

$$J_i = -D_i \frac{\partial C_{[i]}}{\partial n} = 0 , (i=\mathrm{C, \ Si, \ Fe, \ Mn, \ P}) \tag{6-104}$$

$$n=\infty, \ t \geqslant 0 : C_{[\mathrm{O}]} = 0 ; \ C_{[i]} = C_{[i]}^{\mathrm{b}} , (i=\mathrm{C, \ Si, \ Fe, \ Mn, \ P}) \tag{6-105}$$

式中　$C_{[i]}$——钢液中元素 i 的浓度，$\mathrm{mol}\ [i]/\mathrm{m}^3$；

D_i——元素 i 在钢液中的扩散系数，m^2/s；

t——时间，s；

n——冲击坑表面指向钢液内部的法向，m；

J_i——元素 i 的扩散密度，$\mathrm{mol}[i]/(\mathrm{m}^2 \cdot \mathrm{s})$；

k_i——化学反应速度常数，$\mathrm{m}^3/\mathrm{mol}[\mathrm{O}]\mathrm{s}$；

上标 b——钢液本体；

上标 *——气液界面。

偏微分方程组（6-97）~方程组（6-102）与定解条件式（6-103）~式（6-105）构成了冲击坑气液界面反应的控制方程组。由于上述偏微分方程组是非线性的，不可能用解析的方法来求解，可以采用数值分析的方法得到数值解。在这里采用 Van Krevelen 提出的近似解法。假定各元素的扩散系数近似相等，即有

$$D \equiv D_{\mathrm{O}} \approx D_{\mathrm{C}} \approx D_{\mathrm{Si}} \approx D_{\mathrm{Fe}} \approx D_{\mathrm{Mn}} \approx D_{\mathrm{P}} \tag{6-106}$$

用式（6-98）~式（6-102）之和减去式（6-97），并令 $C \equiv C_{[\mathrm{C}]} + C_{[\mathrm{Si}]} + C_{\mathrm{Fe}} + C_{[\mathrm{Mn}]} + C_{[\mathrm{P}]} - C_{[\mathrm{O}]}$，得

$$\frac{\partial C}{\partial t} = D\,\frac{\partial^2 C}{\partial n^2} \tag{6-107}$$

定解条件变为

$$t=0,\ n>0 : C = \sum_i C_{[i]}^{\mathrm{b}} = C^{\mathrm{b}},\ (i=\mathrm{C},\ \mathrm{Si},\ \mathrm{Fe},\ \mathrm{Mn},\ \mathrm{P}) \tag{6-108}$$

$$n=0,\ t>0 : C = \sum_i C_{[i]}^{*} - C_{[\mathrm{O}]}^{*},\ (i=\mathrm{C},\ \mathrm{Si},\ \mathrm{Fe},\ \mathrm{Mn},\ \mathrm{P})$$

$$J = -D\rho_{\mathrm{m}}\,\frac{\partial C}{\partial n} \tag{6-109}$$

$$n=\infty,\ t\geqslant 0 : C = \sum_i C_{[i]}^{\mathrm{b}} = C^{\mathrm{b}},\ (i=\mathrm{C},\ \mathrm{Si},\ \mathrm{Fe},\ \mathrm{Mn},\ \mathrm{P}) \tag{6-110}$$

可以通过变量变换，将偏微分方程（6-107）变为常微分方程进行求解。方程式（6-107）~式（6-110）的解为

$$\frac{C-C^{*}}{C^{\mathrm{b}}-C^{*}} = \frac{2}{\sqrt{\pi}}\int_0^{\frac{n}{2\sqrt{Dt}}} \mathrm{e}^{-\lambda^2}\,\mathrm{d}\lambda = \mathrm{erf}\!\left(\frac{n}{2\ \sqrt{Dt}}\right) \tag{6-111}$$

其中，$\mathrm{erf}(x) = \dfrac{2}{\sqrt{\pi}}\displaystyle\int_0^x \mathrm{e}^{-\lambda^2}\,\mathrm{d}\lambda$ 为误差函数。

　　设钢液微元体在冲击坑气液界面附近的平均停留时间为 t_{e}，则在该停留时间内通过单位面积进入微元体的氧的平均摩尔流量为

$$\overline{N}_{\mathrm{O}} = \int_0^t -D\rho_{\mathrm{m}}\!\left(\frac{\partial C_{[\mathrm{O}]}}{\partial n}\right)_{n=0}\,\mathrm{d}t = \int_0^t D\rho_{\mathrm{m}}\!\left(\frac{\partial C}{\partial n}\right)_{n=0}\,\mathrm{d}t = 2\rho_{\mathrm{m}}(C^{\mathrm{b}}-C^{*})\sqrt{\frac{Dt_{\mathrm{e}}}{\pi}}$$

那么，平均单位时间的氧的扩散质流为

$$\overline{J}_{\mathrm{O}} = \frac{1}{t_{\mathrm{e}}}\,\overline{N}_{\mathrm{O}} = 2\rho_{\mathrm{m}}(C^{\mathrm{b}}-C^{*})\sqrt{\frac{D}{\pi t_{\mathrm{e}}}} \tag{6-112}$$

在式（6-112）中含有气液界面处金属侧各元素的界面浓度之和 C^{*}，而在气液界面处各元素的氧化反应为不稳定的同时不可逆反应，需要用准一次氧的吸收反应求出界面浓度，即在方程式（6-97）中，令 $C_{[\mathrm{C}]}$，$C_{[\mathrm{Si}]}$，C_{Fe}，$C_{[\mathrm{Mn}]}$，$C_{[\mathrm{P}]}$ 为相应的界面浓度 $C_{[i]}^{*}$，且保持不变，使方程（6-97）成为线性方程，得

$$\frac{\partial C_{[\mathrm{O}]}}{\partial t} = D\,\frac{\partial^2 C_{[\mathrm{O}]}}{\partial n^2} - C_{[\mathrm{O}]}\sum_i k_i C_{[i]}^{*}$$

令 $h = \displaystyle\sum_i k_i C_i^{*}$（$i=\mathrm{C}$，$\mathrm{Si}$，$\mathrm{Fe}$，$\mathrm{Mn}$，$\mathrm{P}$），则上式变为

$$\frac{\partial C_{[\mathrm{O}]}}{\partial t} = D\,\frac{\partial^2 C_{[\mathrm{O}]}}{\partial n^2} - h C_{[\mathrm{O}]}$$

定解条件为

$$t=0,\ n>0 : C_{[\mathrm{O}]} = 0\ ;\ n=0,\ t>0 : C_{[\mathrm{O}]} = C_{[\mathrm{O}]}^{*}\ ;\ n=\infty,\ t\geqslant 0 : C_{[\mathrm{O}]} = 0$$

由于该偏微分方程是非齐次的，可以通过设 $C_{[\mathrm{O}]} = \mathrm{e}^{-ht}u(n,t)$ 将其化为齐次方程

$$\frac{\partial u}{\partial t} = D\,\frac{\partial^2 u}{\partial n^2}$$

定解条件变为

$$t=0，n>0：u=0；n=0，t>0：u=C_{[O]}^* e^{ht}；n=\infty，t\geqslant 0：u=0$$

在气液界面处（$n=0$）的边界条件是与时间有关的边界条件，上面的定解问题需要采用 Laplace 积分变换来求解。这里直接给出上述定解问题的解

$$C_{[O]}=\frac{1}{2}C_{[O]}^*\Big[\exp\Big(n\sqrt{\frac{h}{D}}\Big)\mathrm{erfc}\Big(\frac{n}{2\sqrt{Dt}}+\sqrt{ht}\Big)+\exp\Big(-n\sqrt{\frac{h}{D}}\Big)\mathrm{erfc}\Big(\frac{n}{2\sqrt{Dt}}-\sqrt{ht}\Big)\Big]$$

$$(6-113)$$

式中，$\mathrm{erfc}(x)=1-\mathrm{erf}(x)=\dfrac{2}{\sqrt{\pi}}\displaystyle\int_0^{+\infty}\mathrm{e}^{-\lambda^2}\mathrm{d}\lambda$ 为余误差函数。

由方程式（6-113）也可求得单位时间氧的平均扩散质流

$$\bar{J}_O=\frac{1}{t_e}\int_0^t -D\rho_m\Big(\frac{\partial C_{[O]}}{\partial n}\Big)_{n=0}\mathrm{d}t=D\rho_m\frac{C_{[O]}^*}{t_e}\int_0^t\Big[\sqrt{\frac{h}{D}}\mathrm{erf}(\sqrt{ht})+\frac{\mathrm{e}^{-ht}}{\sqrt{\pi Dt}}\Big]\mathrm{d}t$$

最后的积分结果为

$$\bar{J}_O=2C_{[O]}^*\rho_m\sqrt{\frac{D}{\pi t_e}}\Big[\Big(\frac{\sqrt{\pi}}{2}\sqrt{ht_e}+\frac{\sqrt{\pi}}{4\sqrt{ht_e}}\Big)\mathrm{erf}(\sqrt{ht_e})+\frac{1}{2}\mathrm{e}^{-ht_e}\Big]\quad(6-114)$$

在方程式（6-112）中，令

$$\beta=\frac{\bar{J}_O}{2\sqrt{\dfrac{D}{\pi t_e}}C_{[O]}^*\rho_m}=\frac{C^b-C^*}{C_{[O]}^*}$$

$$=\frac{C_{[C]}^b-C_{[C]}^*+C_{[SiC]}^b-C_{[SiC]}^*+C_{Fe}^b-C_{Fe}^*+C_{[Mn]}^b-C_{[Mn]}^*+C_{[P]}^b-C_{[P]}^*}{C_{[O]}^*}+1\quad(6-115)$$

在转炉炼钢中，元素铁是大量存在的，可以认为在接触时间内，铁的浓度不变化，即有 $C_{Fe}^b=C_{Fe}^*$。硅、锰和磷在冶炼中、后期，浓度均较低，对氧在钢液中的浓度的影响较碳小得多。换言之，[C]的界面浓度是主要影响氧传质的因素。这样，可以近似认为在氧的平均扩散质流方程式（6-112）和式（6-114）中，有

$$C_{[C]}^b\neq C_{[C]}^*，C_{[Si]}^b\approx C_{[Si]}^*，C_{[Mn]}^b\approx C_{[Mn]}^*，C_{[P]}^b\approx C_{[P]}^*$$

则方程式（6-115）变为

$$C_{[C]}^*=C_{[C]}^b+(1-\beta)C_{[O]}^*\quad(6-116)$$

由此，因子 h 可表示为

$$h=k_C\big[C_{[C]}^b+(1-\beta)C_{[O]}^*\big]+k_{Si}C_{[Si]}^b+k_{Fe}C_{Fe}^b+k_{Mn}C_{[Mn]}^b+k_P C_{[P]}^b$$

比较方程式（6-114）和式（6-115），且令 $\gamma=\sqrt{\pi ht_e}$，可得

$$\beta=\Big(\frac{\gamma}{2}+\frac{\pi}{4\gamma}\Big)\mathrm{erf}\Big(\frac{\gamma}{\sqrt{\pi}}\Big)+\frac{1}{2}\exp\Big(-\frac{\gamma^2}{\pi}\Big)\quad(6-117)$$

方程式（6-117）的等号两边含有系数 β，该方程是一个超越方程。在给定的气液界面反应速度常数 k_i、钢液微元体的接触时间 t_e 和钢液元素的本体浓度 $C_{[i]}^b$（$i=$ C，Si，Fe，Mn，P）以及气液界面钢液侧氧的界面浓度（即氧在界面处的饱和浓度）$C_{[O]}^*$ 时，可以采用试算法求解该超越方程。一旦从方程式（6-117）求出 β，氧的平均扩散质流便可由

式 (6 – 118) 求出

$$\bar{J}_0 = 2\beta \sqrt{\frac{D}{\pi t_e}} C_{[O]}^* \rho_m \tag{6 – 118}$$

在上式中，气液界面氧的饱和浓度 $C_{[O]}^*$ 可从反应

$$(FeO) \Longleftrightarrow Fe + [O] \qquad \Delta G^{\ominus} = 121000 - 52.38T(J/mol)$$

的平衡常数确定，即

$$C_{[O]}^* = \exp \left[-14554/(T_w + 273) + 6.30 \right] \rho_m/1600 \tag{6 – 119}$$

数值 $\rho_m/1600$ 是氧的质量百分数与铁液氧的 mol 浓度之间换算引入的系数。单位时间内通过冲击坑进入熔池的氧量可用下式计算

$$S_{O_2} = \bar{J}_0 A_{cav} \tag{6 – 120}$$

式中　A_{cav} ——冲击坑面积，m^2。

　　另外，在转炉吹炼过程中，分批向炉内加入矿石，矿石中的 Fe_2O_3 发生分解反应

$$Fe_2O_3 \Longequal 2Fe + 3[O] \tag{6 – 121}$$

分解反应得到的氧也进入熔池参与元素的氧化反应。由矿石带入的氧量为

$$S_{Fe_2O_3} = 3\frac{W_{Fe_2O_3}(m)}{M_{Fe_2O_3}} \delta(t - t_{Fe_2O_3,m}) \tag{6 – 122}$$

式中　$W_{Fe_2O_3}(m)$ ——第 m 批加入的矿石的重量，kg；

　　　　$t_{Fe_2O_3,m}$ ——第 m 批加入的矿石的时间，s；

　　　　$\delta(x)$ ——δ 函数，$\delta(0) = 1$，$\delta(x \neq 0) = 0$。

最后可得单位时间内进入熔池的总氧量

$$S = S_{O_2} + S_{Fe_2O_3} \tag{6 – 123}$$

由方程式 (6 – 123) 决定的进入钢液的氧，参与反应式 (6 – 92) ~ 式 (6 – 96)。由反应的速率可知单位时间内各反应所消耗的氧的比率 σ_i 为

$$\sigma_i = \frac{k_i C_{[i]}^b C_{[O]}^b}{\sum_i k_i C_{[i]}^b C_{[O]}^b} = \frac{k_i C_{[i]}^b}{\sum_i k_i C_{[i]}^b}, \quad (i = C, Si, Fe, Mn, P) \tag{6 – 124}$$

利用方程式 (6 – 123) 和式 (6 – 124)，可以进一步求出由冲击坑气液界面氧化反应造成的钢液中 [C]、[Si]、[Mn] 和 [P] 的浓度以及渣中相应的氧化产物 (SiO_2)、(MnO)、(P_2O_5) 的质量随吹炼时间的变化。

6.3.2.2　炉内渣金间的反应

　　在氧气顶吹转炉炼钢中，冲击坑处温度较高，主要是以碳的氧化为主，而在渣金界面，主要以硅、锰和磷氧化为主。渣金间的氧化反应与渣中的 (FeO) 有关，并且认为各反应之间存在相互影响，即渣金间的反应是耦合反应。考虑的渣金反应有

$$2[P] + 5(FeO) + n(CaO') \Longequal (nCaO \cdot P_2O_5) + 5Fe \tag{6 – 125}$$

$$[Mn] + (FeO) \Longequal (MnO) + Fe \tag{6 – 126}$$

$$(FeO) \Longequal Fe + [O] \tag{6 – 127}$$

$$[Si] + 2(FeO) \Longequal (SiO_2) + 2Fe \tag{6 – 128}$$

对于不同的脱磷反应，n 取不同的值 (3 或 4)。

　　在导出上面四个反应的速度式之前，作以下两点假定：

（1）在渣金界面的渣侧和金属侧的传质速率为渣金间反应的速率控制步骤；

（2）渣金间的各化学反应处于平衡。

则在钢液侧各组元的传质速率和在熔渣侧反应产物的传质速率分别为

$$J_i = A_{sm} k_m (C_i^b - C_i^*), \quad (i = [Si], [Mn], [P], [O]) \tag{6-129}$$

$$J_j = A_{sm} k_s (C_j^* - C_j^b), \quad (j = (FeO), (SiO_2), (MnO), (nCaO \cdot P_2O_5), (CaO')) \tag{6-130}$$

式中 A_{sm} ——渣金界面反应面积，m^2；

k_m，k_s ——分别为金属侧和熔渣侧的传质系数，m/s；

C^b，C^* ——分别为钢液或熔渣的本体浓度和界面浓度，$mol(i)/m^3$（金属液）或 $mol(j)/m^3$（熔渣）。

上面四个渣金界面反应的化学反应平衡常数分别为

$$K_P = \frac{C_{(nCaO \cdot P_2O_5)}^*}{C_{[P]}^{*2} C_{(FeO)}^{*5} C_{(CaO)}^{*n}} \tag{6-131}$$

$$K_{Mn} = \frac{C_{(MnO)}^*}{C_{[Mn]}^* C_{(FeO)}^*} \tag{6-132}$$

$$K_{Fe} = \frac{C_{[O]}^*}{C_{(FeO)}^*} \tag{6-133}$$

$$K_{Si} = \frac{C_{(SiO_2)}^*}{C_{[Si]}^* C_{(FeO)}^{*2}} \tag{6-134}$$

由于在渣金界面，各化学反应处于热力学平衡，所以各反应的组元间的传质速率存在以下的化学计量关系

$$2J_P = J_{nCaO \cdot P_2O_5} \tag{6-135}$$

$$J_{Mn} = J_{MnO} \tag{6-136}$$

$$J_{Si} = J_{SiO_2} \tag{6-137}$$

$$2J_P = -nJ_{CaO} \tag{6-138}$$

$$-J_{FeO} = \frac{5}{2} J_P + J_{Mn} + 2J_{Si} - J_O \tag{6-139}$$

在渣金界面间的反应中，共有9个组元（[Si]、[P]、[Mn]、[O]、(FeO)、(SiO_2)、(MnO)、(nCaO·P_2O_5)、(CaO')）出现在速率式中，则一共有9个未知的界面浓度，利用方程式（6-131）~式（6-139）这9个方程，采用数值计算方法，可以求出在当前温度和本体浓度条件下的界面浓度。

获得了界面浓度后，便可以计算由渣金界面反应造成的钢液中硅、锰和磷的浓度以及相应反应产物在渣中的质量随吹炼时间的变化。

6.3.2.3 钢液组元、质量和熔渣组元、质量随吹炼时间的变化

从前面的讨论可知，钢液中的碳只在氧气流股的冲击坑的气液反应区参与反应，而硅、锰和磷不仅在冲击坑的气液反应区参与了反应，而且还在渣金界面的反应区也参与了反应，因此，硅、锰和磷这三个组元的浓度随吹炼时间的变化率为这两个反应区变化率之

和。这样，钢液中组元的浓度随吹炼时间的变化率为

$$-\frac{\mathrm{d}(W_m C_{[C]}^b)}{\mathrm{d}t} = R_{C,gm} = \sigma_C S \tag{6-140}$$

$$-\frac{\mathrm{d}(W_m C_{[Si]}^b)}{\mathrm{d}t} = R_{Si,gm} + J_{Si} = \frac{1}{2}\sigma_{Si}S + A_{sm}k_m\rho_m(C_{[Si]}^b - C_{[Si]}^*) \tag{6-141}$$

$$-\frac{\mathrm{d}(W_m C_{[Mn]}^b)}{\mathrm{d}t} = R_{Mn,gm} + J_{Mn} = \sigma_{Mn}S + A_{sm}k_m\rho_m(C_{[Mn]}^b - C_{[Mn]}^*) \tag{6-142}$$

$$-\frac{\mathrm{d}(W_m C_{[P]}^b)}{\mathrm{d}t} = R_{P,gm} + J_P = \frac{2}{5}\sigma_P S + A_{sm}k_m\rho_m(C_{[P]}^b - C_{[P]}^*) \tag{6-143}$$

渣中组元的质量随吹炼时间的变化率为

$$\frac{\mathrm{d}W_{(SiO_2)}}{\mathrm{d}t} = M_{SiO_2}\left[\frac{1}{2}\sigma_{Si}S + A_{sm}k_m\rho_m(C_{[Si]}^* - C_{[Si]}^b)\right] \tag{6-144}$$

$$\frac{\mathrm{d}W_{(MnO)}}{\mathrm{d}t} = M_{MnO}\left[\sigma_{Mn}S + A_{sm}k_m\rho_m(C_{[Mn]}^* - C_{[Mn]}^b)\right] \tag{6-145}$$

$$\frac{\mathrm{d}W_{(P_2O_5)}}{\mathrm{d}t} = M_{P_2O_5}\left[\frac{1}{5}\sigma_P S + 2A_{sm}k_m\rho_m(C_{[P]}^* - C_{[P]}^b)\right] \tag{6-146}$$

$$\frac{\mathrm{d}W_{(FeO)}}{\mathrm{d}t} = M_{FeO}\left[\sigma_{Fe}S - A_{sm}k_s\rho_s(C_{(FeO)}^b - C_{(FeO)}^*)\right] \tag{6-147}$$

最后，可得由于钢液元素的氧化而造成的钢液质量的变化和熔渣质量的增加的计算式

$$\frac{\mathrm{d}W_m}{\mathrm{d}t} = M_C\frac{\mathrm{d}(W_m C_{[C]}^b)}{\mathrm{d}t} + M_{Si}\frac{\mathrm{d}(W_m C_{[Si]}^b)}{\mathrm{d}t} + M_{Mn}\frac{\mathrm{d}(W_m C_{[Mn]}^b)}{\mathrm{d}t} + M_P\frac{\mathrm{d}(W_m C_{[P]}^b)}{\mathrm{d}t} -$$

$$\frac{M_{Fe}}{M_{FeO}}\frac{\mathrm{d}W_{(FeO)}}{\mathrm{d}t} + \frac{\mathrm{d}(W_{sc}F_{sc}(t))}{\mathrm{d}t} + \frac{2M_{Fe}}{M_{Fe_2O_3}}W_{Fe_2O_3}(n)\delta(t - t_{Fe_2O_3,n}) \tag{6-148}$$

$$\frac{\mathrm{d}W_s}{\mathrm{d}t} = \frac{\mathrm{d}W_{(SiO_2)}}{\mathrm{d}t} + \frac{\mathrm{d}W_{(MnO)}}{\mathrm{d}t} + \frac{\mathrm{d}W_{(P_2O_5)}}{\mathrm{d}t} + \frac{\mathrm{d}W_{(FeO)}}{\mathrm{d}t} + \frac{\mathrm{d}W_{(CaO)}}{\mathrm{d}t} \tag{6-149}$$

式中，$F_{sc}(t)$ 为废钢熔化率函数。方程式（6-148）的等号右边最后两项分别为废钢熔化和加入的矿石分解使钢液质量增加。方程式（6-149）的等号右边最后一项为石灰的熔解速率，将在石灰的熔解速率的内容中讨论。

6.3.2.4　石灰的熔解速率

石灰的熔解速率，对于炉内反应，特别是渣金之间的反应有着重要的影响。精确地定量描述石灰的熔解速率是很困难的。浅井等人曾基于 $CaO - FeO$ 二元系的溶解曲线提出了石灰渣化反应的平衡模型。三轮等人利用 $CaO - FeO - SiO_2$ 三元系相图，计算渣中石灰的饱和浓度，建立了简单的石灰渣化模型。该模型假定：

（1）加入的石灰颗粒都是直径相同的球粒，在熔池内石灰颗粒之间不凝聚；

（2）石灰颗粒熔解时，从外表面向内部进行；

（3）石灰颗粒表面的液膜中的传质为石灰渣化速率限制步骤；

（4）颗粒外表面的渣中 CaO 处于饱和状态。设加入的石灰质量为 W_{CaO}，由假定（1）得石灰颗粒个数为

$$N_{CaO} = \frac{3W_{CaO}}{4\pi r_0^3 \rho_{CaO}} \qquad (6-150)$$

式中，r_0 为石灰颗粒的初始半径，m。由假定（3）和假定（4）得渣中氧化钙质量的变化率和单个石灰颗粒半径 r 的变化率分别为

$$-\frac{dW_{(CaO)}}{dt} = 4\pi r^2 k_{CaO} N_{CaO} \frac{\rho_s}{100} \{ (\%CaO)_{sat} - (\%CaO) \} \qquad (6-151)$$

$$-\frac{dr}{dt} = k_{CaO} \frac{\rho_s}{100\rho_{CaO}} \{ (\%CaO)_{sat} - (\%CaO) \} \qquad (6-152)$$

从方程式（6-151）和式（6-152）可知，要计算吹炼过程渣中氧化钙质量的变化和石灰粒径的变化，首先需要知道氧化钙在 $CaO-FeO-SiO_2$ 三元系相图中的饱和浓度 $(\%CaO)_{sat}$，这需要利用该三元系的平衡相图来计算。

图 6-13a 为 $CaO-FeO-SiO_2$ 三元系平衡相图，由于难以把该图中的曲线表达成数学关系式，所以，将图 6-13a 简化成图 6-13b 的形式。把图 6-13b 分成 5 个区域，各区域的氧化钙饱和浓度用多项式

$$(\%CaO)_{sat} = a_0 + a_1 x + a_2 x^2 + a_3 x^3 + a_4 y + a_5 y^2 + a_6 y^3 + a_7 xy + a_8 x^2 y + a_9 xy^2$$

$$(6-153)$$

逼近。其中，$x = W_{(SiO_2)}/W_{(FeO)}$，$y = T_b$（熔池温度）。多项式的各项系数用最小二乘法求出，它们在各区的值列于表 6-3 中。

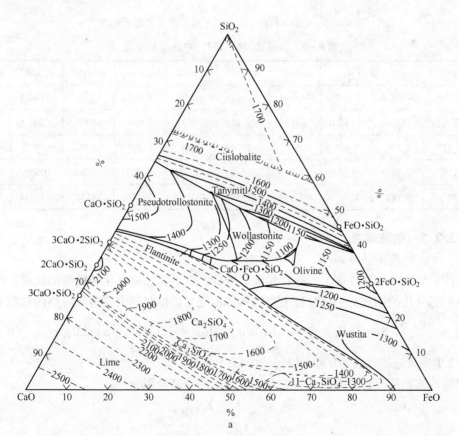

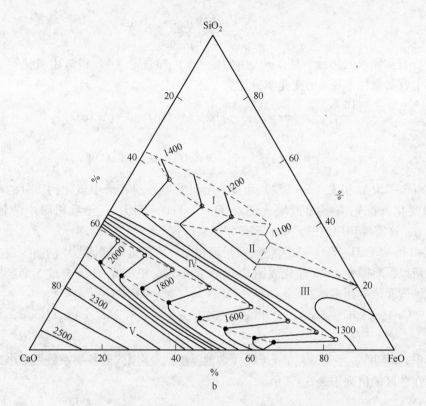

图 6 – 13　CaO – FeO – SiO$_2$ 三元系相图与其简化相图

表 6 – 3　方程式（6 – 153）中各项系数值

区	$a_0 \times 10^{-2}$	$a_1 \times 10^{-1}$	a_2	$a_3 \times 10^2$	$a_4 \times 10^1$	$a_5 \times 10^4$	$a_6 \times 10^7$	$a_7 \times 10^2$	$a_8 \times 10^3$	$a_9 \times 10^5$
I	3.768	– 108.8	396.7	– 4146	– 2.642	– 1.801	1.380	124.0	– 244.1	– 33.11
II	6.107	– 64.34	– 137.0	6917	– 9.389	0.9821	1.664	140.5	– 104.6	– 50.73
III	2.937	6.272	3.456	0.9713	– 5.199	1.169	1.329	– 7.800	0	0
IV	– 1.920	3.987	– 0.7544	– 1.015	3.541	– 1.724	0.2927	– 5.666	0.930	1.632
V	– 30.04	3.167	4.979	– 17.94	41.33	– 18.65	28.32	– 4.327	– 1.414	1.153

6.3.2.5　钢液温度

A　冲击坑表面温度

在冲击坑的气 – 液界面上，存在脱碳、脱硅、铁氧化、锰氧化和脱磷的反应，产生的反应热一部分传给钢液，一部分被上升的气体带走。单位时间内这些反应热的总和 q 为：

$$q = S\left(\sigma_C \Delta H_C + \frac{1}{2}\sigma_{Si}\Delta H_{Si} + \sigma_{Mn}\Delta H_{Mn} + \frac{2}{5}\sigma_P\Delta H_P + \sigma_{Fe}\Delta H_{Fe} \right) \qquad (6 – 154)$$

式中，ΔH_i 为反应热效应，J/mol［i］。

向熔池侧钢液内传递的热流和上升气体带走的热流分别为

$$q_L = h_L(T_w - T_b)A_{cav}$$

$$q_G = h_G(T_w - t_G)A_{cav}$$

式中 h_L, h_G——分别为气、液两侧的对流换热系数，J/(℃·m²·s)；

   t_G——离开冲击坑的气体温度，℃。

这两项热流之和就等于冲击坑气液反应在单位时间内产生的反应热，即 $q = q_L + q_G$。由此，可以解出冲击坑表面温度

$$T_w = \frac{q + (h_L T_b + h_G t_G) A_{cav}}{(h_L + h_G) A_{cav}} \tag{6-155}$$

B 炉子热损失

炉体向外部传热造成的单位时间的热损失包括：

（1）从炉壳因大气对流和炉壳向大气进行热辐射造成的热损失速率 q_o；

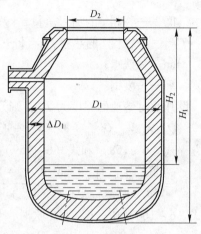

（2）熔池液面通过炉口的辐射热损失速率 q_R。将转炉近似看成圆柱体，尺寸如图6-14所示。则炉壁外表面积 A_1 和底面积 A_2 分别为 $A_1 = \pi D_1 H_1$ 和 $A_2 = \pi (D_1/2)^2$。设炉壁和炉底的自然对流换热系数分别为 h_{c1} 和 h_{c2}，炉壁和大气的温度分别为 t_{w0} 和 t_R。炉壁对大气的辐射换热系数为 h_r，则 q_o 可以写为

图6-14 转炉示意图

$$q_o = A_1 h_{c1}(t_{w0} - t_R) + A_2 h_{c2}(t_{w0} - t_R) + (A_1 + A_2) h_r(t_{w0} - t_R) \tag{6-156}$$

其中，自然对流换热系数 h_{c1} 和 h_{c2} 可分别用下两式计算

$$h_{c1} = 1.28 (t_{w0} - t_R)^{1/3}$$

$$h_{c2} = 1.05 \left[(t_{w0} - t_R)/D_1 \right]^{1/4}$$

辐射换热系数 h_r 可以通过给定的炉壁温度 t_{w0} 和大气温度 t_R，查有关图表找出，或者利用实际物体的辐射四次方定律计算炉壁的辐射热损失速率。通过炉口的辐射热损失速率用下式计算

$$q_R = \sigma \phi_{12} \left[\varepsilon_s (273 + T_b)^4 - (273 + t_R)^4 \right] \tag{6-157}$$

式中 σ——斯蒂芬-玻耳兹曼常数，$\sigma = 5.67 \times 10^{-8} W/(m^2 \cdot K^4)$；

  ε_s——炉渣黑度；

  ϕ_{12}——总吸收率，$\phi_{12} = \dfrac{1}{\dfrac{1}{\overline{F}_{12}} + \dfrac{1}{\varepsilon_s} - 1}$。

这里，$\overline{F}_{12} = \left\{ (R_2/R_1) - F_{12} \right\} / \left\{ 1 + (R_2/R_1) - 2F_{12} \right\}$

$F_{12} = \left\{ R_1^2 + R_2^2 + H_2^2 - \sqrt{(R_1^2 + R_2^2 H_2^2)^2 - 4R_1^2 R_2^2} \right\} / 2R_1^2$

$H_2 = H_1 - \Delta D_1 - W_m/(\rho_m A_3)$

$A_3 = (D_1 - 2\Delta D_1)^2 \pi/4$

$R_2 = D_2/2$

$R_1 = (D_1 - 2\Delta D_1)/2$

其中，ΔD_1 为炉壁厚度，m。

C 开吹时金属液温度

处于不同温度的铁水、废钢、非金属材料如石灰、矿石、镁球等装入炉内，相互之间在炉内传递热量。开吹时，金属液的温度不再是铁水的温度。下面根据热量平衡求出开吹时金属液的温度。装料时，物料带入的热量 Q_{all} 为

$$Q_{all} = W_{hm}C_{P,hm}T_{hm} + (W_{sc}C_{P,sc} + W_{CaO}C_{P,CaO} + W_{MgO}C_{P,MgO} + W_{Fe_2O_3}C_{P,Fe_2O_3})t_R \tag{6-158}$$

式中　W_i——物料 i 的加入重量，kg；

$\quad\quad C_{P,i}$——物料 i 的热容，J/(kg·℃)；

$\quad\quad$ hm——铁水；

$\quad\quad$ sc——废钢。

设开吹时熔池的温度为 T_{bi}，则开始吹炼时炉内的总热量为

$$Q_{all} = \{ W_{hm}C'_{P,hm} + W_{sc}C'_{P,sc} + W_{CaO}C'_{P,CaO} + W_{MgO}C'_{P,MgO} + W_{Fe_2O_3}C'_{P,Fe_2O_3} \}T_{bi} \tag{6-159}$$

从方程式（6-158）和式（6-159）解出 T_{bi}，得

$$T_{bi} = \frac{W_{hm}C_{P,hm}T_{hm} + (W_{sc}C_{P,sc} + W_{CaO}C_{P,CaO} + W_{MgO}C_{P,MgO} + W_{Fe_2O_3}C_{P,Fe_2O_3})t_R}{W_{hm}C'_{P,hm} + W_{sc}C'_{P,sc} + W_{CaO}C'_{P,CaO} + W_{MgO}C'_{P,MgO} + W_{Fe_2O_3}C'_{P,Fe_2O_3}} \tag{6-160}$$

在式（6-160）中，$C'_{P,i}$ 为开吹时，熔池温度下的物质 i 的平均比热容。由于 T_{bi} 是未知的，故 C'_{Pi} 无法求得。可以采用试算法，先假设一个 T_{bi} 计算各物质 i 的平均比热，代入式（6-160），求出 T_{bi}，看是否与假设的 T_{bi} 相等。不等时，改变 T_{bi} 的值，重复以上计算步骤，直到 T_{bi} 的假设值与计算值相等为止。

D 钢液的温度变化

炉内钢液的温度随时间的变化，可以对钢液进行热平衡计算求出。单位时间的热收入主要有冲击坑元素氧化反应的化学热 q_L 和渣金界面处元素氧化反应热 q_{sm} 以及由于以下成渣反应

$$CaO \rightarrow (CaO),\ SiO_2 \rightarrow (SiO_2),\ FeO \rightarrow (FeO),\ MnO \rightarrow (MnO)$$

的成渣热 q_{mix}。单位时间的热支出有石灰熔解热 q_{CaO}、废钢溶化热 q_{sc}，矿石分解吸热 $q_{Fe_2O_3}$，熔池液面通过炉内的辐射热 q_R，通过炉壳向大气的散热 q_o，以及从炉内液面和炉壁向炉内气体传递的热量 q_w。对以上的单位时间的热收入和热支出进行收支平衡计算，可得熔池温度的时间变化率为

$$\frac{dT_b}{dt} = \frac{(q_L + q_{sm} + q_{mix}) - (q_{CaO} + q_{sc} + q_{Fe_2O_3} + q_R + q_w + q_o)}{W_m C_{P,m} + W_s C_{P,s} + Q_s} \tag{6-161}$$

式中，Q_s 为炉内未熔的固体如废钢、石灰、矿石所含有的总的热量。可表示为

$$Q_s = W_{sc}[1 - F_{sc}(t)]C_{P,sc} + W_{Fe_2O_3}C_{P,Fe_2O_3}[1 - u(T_b - T')] + (W_{CaO} - W_{(CaO)})C_{P,CaO} \tag{6-162}$$

式中，$u(T_b - T')$ 为阶跃函数，T' 为矿石的分解温度。当 $T_b < T'$ 时，$u(T_b - T') = 0$；当 $T_b \geqslant T'$ 时，$u(T_b - T') = 1$。$F_{sc}(t)$ 为废钢熔化率函数。由组元 i 反应的热效应 ΔH_i 其他热流量可表示为

$$q_L + q_{sm} = \Delta H_{C,gm}R_{C,gm} + \sum_i (\Delta H_{i,gm}R_{i,gm} + \Delta H_{i,sm}J_i) \quad i = Si, Mn, P \tag{6-163}$$

$$q_{mix} = (-\Delta H_{(FeO)}) \frac{dW_{(FeO)}}{dt} + (-\Delta H_{(SiO_2)}) \frac{dW_{(SiO_2)}}{dt} + (-\Delta H_{(MnO)}) \frac{dW_{(MnO)}}{dt} +$$

$$(-\Delta H_{(CaO)}) \frac{dW_{(CaO)}}{dt} \qquad (6-164)$$

$$q_{CaO} = (-\Delta H_{CaO}) \frac{dW_{CaO}}{dt} \qquad (6-165)$$

$$q_{sc} = (-\Delta H_{Fe}) \frac{dF_{sc}}{dt} W_{sc} \qquad (6-166)$$

$$q_{Fe_2O_3} = (-\Delta H_{Fe_2O_3}) W_{Fe_2O_3} \delta(T_b - T') \qquad (6-167)$$

$\delta(T_b - T')$ 为 δ 函数, 且 $\delta(0) = 1$, $\delta(x \neq 0) = 0$。由方程式 (6-160) 确定 $t = 0$ 时的开吹温度 T_{bi} 后, 求解方程式 (6-161), 可得熔池温度 T_b 随时间 t 的变化。

E 烟气流量、组成及温度

氧枪喷头向熔池中吹入的氧气, 一部分或全部被钢液吸收, 消耗于脱碳的氧气形成一氧化碳。在炉内, CO 和 CO_2 存在下面反应且达到瞬间平衡

$$\{CO\} + \frac{1}{2} \{O_2\} \Longleftrightarrow \{CO_2\} \qquad (6-168)$$

由于炉内的气体完全混合, 在整个吹炼期间容积一定, 吹炼过程中不断产生的过剩气体从炉口排出, 进入烟罩。

设反应式 (6-168) 在单位时间内消耗的一氧化碳为 R_{CO} (mol/s)。从炉口排出的烟气摩尔流量为 F_{out}。炉内气体的总摩尔数为 n_v (mol), 其中氧气、一氧化碳、二氧化碳和氮气的摩尔数 (mol) 分别为 n_{O_2}、n_{CO}、n_{CO_2} 和 n_{N_2} (mol)。吹入的氧气其质量流量为 G_{O_2} (kg/s), 则氧气在冲击坑的气液界面参与元素的氧化反应后, 剩余的氧气摩尔流量 (mol/s) 为

$$F_{O_2} = \frac{G_{O_2}\{\% O_2\}}{32} - \frac{1}{2} \bar{J}_{[O]} A_{cav} \qquad (6-169)$$

而因脱碳反应产生的 CO 摩尔流量 (mol/s) 为

$$F_{CO} = \sigma_C \bar{J}_{[O]} A_{cav} \qquad (6-170)$$

则炉内烟气中各组元的摩尔数的时间变化率为

$$\frac{dn_{O_2}}{dt} = F_{O_2} - F_{out} \frac{n_{O_2}}{n_v} - \frac{R_{CO}}{2} \qquad (6-171)$$

$$\frac{dn_{CO}}{dt} = F_{CO} - F_{out} \frac{n_{CO}}{n_v} - R_{CO} \qquad (6-172)$$

$$\frac{dn_{CO_2}}{dt} = -F_{out} \frac{n_{CO_2}}{n_v} + R_{CO} \qquad (6-173)$$

$$\frac{dn_{N_2}}{dt} = -F_{out} \frac{n_{N_2}}{n_v} + \frac{G_{O_2}\{\% N_2\}}{28} \qquad (6-174)$$

烟气的总摩尔数 n_v 与各组元的摩尔数有以下关系

$$n_v = n_{CO_2} + n_{CO} + n_{O_2} + n_{N_2} \qquad (6-175)$$

把烟气视为理想气体, 则

$$n_v = \frac{p_0 V_t}{R(T_g + 273)} \tag{6-176}$$

式中 V_t——炉内气体体积，m^3；

     p_0——炉内气体压力，Pa；

     R——气体通用常数，$J/(mol \cdot K)$；

     T_g——炉内气体温度，℃。

对炉内气体进行热平衡计算，可得

$$\frac{dT_g}{dt} = \frac{q_t - \frac{F_{out}}{n_v}(n_{O_2}C_{P,O_2} + n_{CO}C_{P,CO} + n_{CO_2}C_{P,CO_2} + n_{N_2}C_{P,N_2})T_g + R_{CO}(-\Delta H_{CO})}{n_{O_2}C_{P,O_2} + n_{CO}C_{P,CO} + n_{CO_2}C_{P,CO_2} + n_{N_2}C_{P,N_2}}$$

$$\tag{6-177}$$

式中 $C_{P,i}$——气体中 i 组元的平均热容，$J/(mol(i) \cdot ℃)$；

     q_t——炉内气体在单位时间内所获得的全部热量，可表示为

$$q_t = q_G + q_w + q_{O_2} \tag{6-178}$$

q_{O_2} 为吹入的氧气在单位时间内所吸收的热量，可写为

$$q_{O_2} = \int_0^{T_g} G_{O_2} C_{P,O_2} dt \tag{6-179}$$

由于反应式（6-168）存在着化学平衡，气相中的 CO、O_2 和 CO_2 的摩尔数存在以下关系

$$K_{CO} = \frac{n_{CO_2}}{n_{CO}\sqrt{n_{O_2}}} \tag{6-180}$$

K_{CO} 为反应式（6-168）的平衡常数。可利用该反应的标准 Gipps 自由能在气体温度 T_g 下求出，即

$$K_{CO} = \exp\left\{\frac{-\Delta H_{CO} - \Delta S_{CO}(T_g + 273)}{R(T_g + 273)}\right\} \tag{6-181}$$

在方程式（6-175）~式（6-178）和方程式（6-181）中，R_{CO} 和 F_{out} 是未知数，需要通过式（6-176）和式（6-180）求出。由式（6-176）得

$$n_{CO_2} = K_{CO} n_{CO} \sqrt{n_{O_2}}$$

上式两边对时间求全微分得：

$$\frac{1}{n_{CO_2}} \times \frac{dn_{CO_2}}{dt} = \frac{1}{n_{CO}} \times \frac{dn_{CO}}{dt} + \frac{1}{2n_{O_2}} \times \frac{dn_{O_2}}{dt}$$

将式（6-171）~式（6-173）代入，得

$$\left(\frac{1}{n_{CO_2}} + \frac{1}{n_{CO}} + \frac{1}{4n_{O_2}}\right) R_{CO} = \frac{F_{CO}}{n_{CO}} + \frac{F_{O_2}}{2n_{O_2}} + \frac{F_{out}}{2n_v} \tag{6-182}$$

由式（6-175）和式（6-176）得

$$n_{O_2} + n_{CO} + n_{CO_2} + n_{N_2} = \frac{p_0 V_t}{R(T_g + 273)}$$

上式两边对时间在压力和容积不变的条件下求全微分得

$$\frac{dn_{O_2}}{dt} + \frac{dn_{CO}}{dt} + \frac{dn_{CO_2}}{dt} + \frac{dn_{N_2}}{dt} = -\frac{p_0 V_t}{R(T_g + 273)^2} \times \frac{dT_g}{dt}$$

将式（6-171）～式（6-174）和式（6-177）诸方程代入上式，整理得

$$R_{CO} = \frac{E - A \times D}{C + D \times B} \qquad (6-183)$$

$$F_{out} = A + B \times R_{CO} \qquad (6-184)$$

式中 $A = \frac{T_g + 273}{2T_g + 273}\left[F_{O_2} + F_{CO} + \frac{G_{O_2}\{\%N_2\}}{28} + \frac{q_t n_v}{F(T_g + 273)}\right]$;

$B = \frac{2(-\Delta H_{CO})n_v - F(T_g + 273)}{2F(2T_g + 273)}$;

$C = \frac{1}{n_{CO_2}} + \frac{1}{n_{CO}} + \frac{1}{4n_{O_2}}$;

$D = \frac{1}{2n_v}$;

$E = \frac{F_{CO}}{n_{CO}} + \frac{F_{O_2}}{2n_{O_2}}$;

$F = n_{O_2}C_{P,O_2} + n_{CO}C_{P,CO} + n_{CO_2}C_{P,CO_2} + n_{N_2}C_{P,N_2}$。

方程式（6-171）～式（6-174）、式（6-177）和方程式（6-183）与式（6-184）构成了求解炉内烟气组成、温度和烟气进入烟罩流量的控制方程，由给定的初始条件，就可利用这些控制方程求出吹炼过程中烟气的参数随时间的变化。利用求出的烟气流量 F_{out}，烟气中各组元的摩尔流量可以通过以下的计算式求得

$$F_{O_2,out} = F_{out}\frac{n_{O_2}}{n_v}, \ F_{CO,out} = F_{out}\frac{n_{CO}}{n_v}, \ F_{N_2,out} = F_{out}\frac{n_{N_2}}{n_v}, \ F_{CO_2,out} = F_{out}\frac{n_{CO_2}}{n_v} \qquad (6-185)$$

F 冲击坑面积

从氧枪喷头喷出的超声速射流作用在熔池表面上，形成一个冲击坑，如图6-15所示。该冲击坑的形状，大小影响到冲击坑的气液界面间的反应。而冲击坑的形状和大小与氧气流的滞止压力 p_0 和氧枪枪位有关。下面依据等熵流的原理，计算冲击坑的面积。

可压缩气体一维稳定等熵流动的基本方程动量（或能量）方程

$$\frac{\gamma}{\gamma - 1} \times \frac{P}{\rho} + \frac{v^2}{2} = const \qquad (6-186)$$

状态方程

$$\frac{p}{\rho} = R_g T \qquad (6-187)$$

等熵方程

$$\frac{p}{\rho^\gamma} = const \qquad (6-188)$$

连续方程

$$\rho v A = const \qquad (6-189)$$

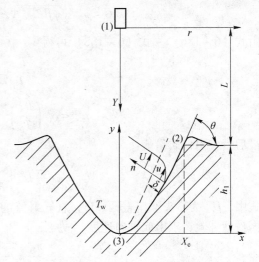

图6-15 冲击坑面积推导示意图

式中　γ——氧气热容比，对于理想气体 $\gamma = 1.4$；

p——氧气压力，Pa；

T——氧气温度，K；

ρ——氧气密度，kg/m^3；

v——氧气流速，m/s；

A——通道面积，m^2；

R_g——特定气体常数，对于氧气 $R_g = 8314/32 = 259.8 m^2/s^2$。

由上述的等熵流基本方程可得喷头出口气体流速 v_1 与滞止压力 p_0 和出口压力 p_1（即炉内压力 p_c）的关系。因为滞止流速 $v_0 = 0$，则从式（6-186）得

$$\frac{\gamma}{\gamma-1} \times \frac{p_1}{\rho_1} + \frac{v_1^2}{2} = \frac{\gamma}{\gamma-1} \times \frac{p_0}{\rho_0}$$

利用式（6-187）和式（6-188），可得

$$v_1 = \left\{ \frac{2\gamma}{\gamma-1} R_g T_0 \left[1 - \left(\frac{p_0}{p_1} \right)^{\frac{1-\gamma}{\gamma}} \right] \right\}^{\frac{1}{2}} \tag{6-190}$$

氧气通过一个喷头的质量流量与拉瓦尔管临界断面参数的关系为

$$G = \rho_* v_* A_*$$

其中，A_* 为喉口断面积，m^2。在临界断面处，马赫数为1，氧气流速在临界断面处达到声速，即

$$v_* = \sqrt{\gamma R_g T_*}$$

则

$$G = \rho_* \sqrt{\gamma R_g T_*} A_* = \rho_* \sqrt{T_0 \gamma R_g \frac{T_*}{T_0}} A_*$$

由式（6-186）～式（6-188）可得

$$\frac{T_*}{T_0} = \frac{2}{\gamma+1}$$

$$\rho_* = \rho_0 \left(\frac{T_*}{T_0} \right)^{\frac{1}{\gamma-1}} = \rho_0 \left(\frac{2}{\gamma+1} \right)^{\frac{1}{\gamma-1}}$$

最后喷头出口质量流速为

$$G_1 = p_0 \frac{\pi}{4} D_*^2 \left[\frac{\gamma}{R_g T_0} \left(\frac{2}{\gamma+1} \right)^{\frac{\gamma+1}{\gamma-1}} \right]^{\frac{1}{2}} \tag{6-191}$$

式中，D_* 为喷头喉口直径，m。氧气射流的轴向速度对冲击坑的形状是特别重要的，根据模型试验，求出此轴向速度 v_m 为

$$\frac{v_m}{v_1} = \frac{K}{\left(\frac{Y}{D_*} - Y_0 \right)} \tag{6-192}$$

其中，$Y_0 = 1.817 \times 10^{-4} p_0 - 3.434$，常数 $K = 8.9$。在某一距离 Y 上的射流截面，各点 r 的速度为

$$\frac{v_r}{v_1} = \frac{K}{\left(\frac{Y}{D_*} - Y_0 \right)} - \exp\left[-2K^2 \left(\frac{r}{Y} \right)^2 \right] \tag{6-193}$$

冲击坑的深度 h_1 可利用机械能守恒计算，即

$$\frac{\delta_1}{2}\rho v_{mL}^2 = \rho_m g h_1$$

或

$$h_1 = \frac{\delta_1 \rho v_{mL}^2}{2\rho_m g}$$

v_{mL} 为当 $Y = L$（枪位）时的轴向速度，ρ 为氧气密度，kg/m^3。以上两式表明，氧气射流在钢液面处的轴向动能等于冲击坑最低处钢液的位能。δ_1 为考虑冲击坑形状、激波以及气液间反应等影响的一个参数，在计算中取 $\delta_1 = 0.9$。

由模型试验研究可知，氧气射流冲击钢液时，使钢液表面形成一个凹坑。气流从凹坑底部经钢液面流出，对图 6-15 中（1）点和（2）点之间的气流应用动量守恒定律，得

$$G_1 v_1 + \alpha G_1 v_2 \sin\theta = F_{cy} + F_{fy} \tag{6-194}$$

式中，F_{cy}、F_{fy} 分别为凹坑表面气流受到的在 Y 方向上的体积力和摩擦力（N）。α 为考虑了由于射流过程中氧气从周围吸收了气体造成的流量变化而引入的一个参数，该参数可利用式（6-195）求出

$$\alpha = \frac{\int_0^\infty \rho v_r 2\pi r dr}{G_1} = \frac{2\pi L}{G_1} \int_0^\infty K v_1 \left(\frac{D_*}{Y - D_* Y_0}\right) \exp\left\{-2K^2\left(\frac{r}{Y}\right)^2\right\} r dr$$

$$= \frac{\pi \rho D_* v_1 Y^2}{K G_1 (Y - D_* Y_0)} \tag{6-195}$$

气流从（3）点流向（2）点时，由于流过的距离短，不考虑黏性阻力对流动的影响，即把气体视为理想流体，当忽略重力的影响时，则得理想气体的欧拉方程为

$$v dv = -\frac{1}{\rho} dp \tag{6-196}$$

求解方程式（6-194）和式（6-196）时，需要假定（1）冲击坑的形状为抛物面，即 $y = ax^2$；（2）冲击坑气液界面上气体的静压与钢液的静压相等。积分式（6-196）得

$$\frac{1}{2}v^2 = -\frac{1}{\rho}p + A_1$$

A_1 为积分常数。在 $x = y = 0$ 处，$v = 0$，$p = 0$，得 $A_1 = 0$；又知在（3）点和（2）点之间钢液的静压为

$$p_L = -\rho_L g y$$

所以由假定（2）得从（3）点到（2）点气体的流速为

$$v(y) = \left(\frac{2\rho_L g}{\rho} y\right)^{\frac{1}{2}}$$

那么在（2）点处的流速可写为

$$v_2 = \left(\frac{2\rho_L g h_1}{\rho}\right)^{\frac{1}{2}} \tag{6-197}$$

由假定（1）得

$$\tan\theta\big|_{y=h_1} = y'\big|_{y=h_1} = 2ax\big|_{y=h_1} = 2a\sqrt{\frac{y}{a}}\bigg|_{y=h_1} = 2\sqrt{ah_1}$$

所以，夹角 θ 可用下式计算

$$\theta = \arctan^{-1}(2\sqrt{ah_1}) \tag{6-198}$$

冲击坑的体积可用下式计算

$$V_{cav} = \int_0^{h_1} \mathrm{d}A\mathrm{d}y = \int_0^{h_1} \pi x^2 \mathrm{d}y = \frac{\pi}{a}\int_0^{h_1} y\mathrm{d}y = \frac{\pi h_1^2}{2a}$$

由于气体在流动过程中排开的钢液体积为 V_{cav}，则在（2）点处气体所受的体积力 F_{cy} 为

$$F_{cy} = \rho_L V_{cav}g = \frac{\pi h^2}{2a}\rho_L g \tag{6-199}$$

忽略摩擦力 F_{fy} 时，将方程式（6-190）、式（6-191）、式（6-195）、式（6-197）～式（6-199）代入方程式（6-194）可求出冲击坑抛物面的形状因子 a。由于该方程是一个关于 a 的超越方程，可以用数值方法进行求解。获得了 a 值后，就可以利用冲击深度的值 h_1 来计算冲击坑的全部表面积 A_{cav}。

$$\mathrm{d}A_{cav} = 2\pi x \mathrm{d}l$$

$$\mathrm{d}l = \sqrt{1 + y'^2}\,\mathrm{d}x = \sqrt{1 + 4a^2x^2}\,\mathrm{d}x$$

$$A_{cav} = \int_0^{x_e} 2\pi x \mathrm{d}l = \int_0^{x_e} 2\pi x\sqrt{1 + 4a^2x^2}\,\mathrm{d}x$$

最后，上式积分得

$$A_{cav} = \frac{\pi}{6a^2}[(1 + 4ah_1)^{3/2} - 1] \tag{6-200}$$

G 数值计算方法

利用上述建立起来的数学模型，根据转炉的几何参数、氧枪的参数和操作条件，用计算机进行数值求解，可以得到吹炼过程各参数随时间的变化规律。首先，给定转炉的炉身外径 D_1，炉口内径 D_2，炉子总高 H_1 和液面距炉口的高度 H_2，给定氧枪喷头喉口直径 D_*，计算出喉口面积 A_*；给定氧枪孔数，枪位和氧气的滞止参数等；给定铁水、废钢装入量、成分、温度等；输入元素的扩散系数 D，各反应的速度常数 k_i 以及钢液和熔渣的组元传质系数 k_m、k_s。其次，根据方程式（6-200）求冲击坑面积 A_{cav}，根据方程式（6-160）计算开吹温度 T_{bi}。最后由方程式（6-118）求出在当前钢液成分和温度下的氧的平均扩散密度 $\bar{J}_0$，用式（6-124）计算冲击坑气液反应中各反应消耗的氧的比率，通过数值积分的方法联立求解方程式（6-140）～式（6-149）、式（6-151）、式（6-152）、式（6-161）、式（6-171）～式（6-174）和式（6-177），从而得到熔池中元素［C］、［Si］、［Mn］、［P］的浓度和熔渣中组元（CaO）、（SiO_2）、（MnO）、（P_2O_5）和（FeO）的质量、钢液和熔渣的质量、钢水温度以及炉气组成和温度随时间的变化。

6.3.2.6 数值模拟结果

浅井、鞭巌等人利用以上的数学模型对13t和150t的氧气顶吹转炉进行了数值模拟计算。数值计算中所用的参数分别列于表6-4～表6-6中。数值计算结果如图6-16～图6-19所示。为了验证该数学模型的正确性，对13t转炉的计算结果和实际操作的测定值进行了比较，如图6-18所示。从图中可以看出，实测值与计算值在一定程度上吻合较好。

表6-4 数值计算所用有关动力学参数

符 号	含 义	数 值	单 位
k_C	气液界面脱碳反应速度常数	1.43×10^{-5}	$m^3/(mol[O] \cdot s)$
k_{Si}/k_C		30	
$k_{Fe}C_{Fe}^b/k_C$		1×10^{-4}	mol/m^3
k_{Mn}/k_C		1	—
k_P/k_C		2	—
h_L	冲击坑气液界面钢液侧传热系数	41800	$J/(m^2 \cdot s \cdot ℃)$
h_G	冲击坑气液界面气相侧传热系数	3344	$J/(m^2 \cdot s \cdot ℃)$
k_m	渣金界面反应钢中组元在金属侧的传质系数	2×10^{-3}	m/s
k_s	渣金界面反应渣中组元在渣侧的传质系数	1×10^{-4}	m/s
k_{CaO}	石灰渣化过程的传质系数	1×10^{-3}	m/s
$A_{sm}\rho_L/W_m$		2.24	$1/m$
t_e	平均接触时间	1×10^{-5}	s
r_0	石灰颗粒平均初始半径	15	mm

表6-5 13t 氧气顶吹转炉吹炼过程数值模拟计算数据

设备参数					
氧枪喷头参数		转炉尺寸			
喉口直径/mm	孔数	D_1/m	D_2/m	$\Delta D_1/m$	H_2/m
26.7	1				

操作参数							
滞止压力 $p_0/\times 10^5 Pa$	枪位 L/m	铁水温度 $T_{hm}/℃$	铁水质量 W_{hm}/t	废钢质量 W_{sc}/t	矿石质量 $W_{Fe_2O_3}/kg$	石灰石质量 W_{CaCO_3}/kg	石灰质量 W_{CaO}/kg
5.5	0.7	1260	13	1.3	0	0	860

铁水成分/%				
C	Si	Mn	P	S
4.3	0.7	0.6	0.2	

表6-6 150t 氧气顶吹转炉吹炼过程数值模拟计算数据

设备参数					
氧枪喷头参数		转炉尺寸			
喉口直径/mm	孔数	D_1/m	D_2/m	$\Delta D_1/m$	H_2/m
35.4	4	6.66	2.6	0.925	9.06

操作参数							
滞止压力 $p_0/\times 10^5 Pa$	枪位 L/m	铁水温度 $T_{hm}/℃$	铁水质量 W_{hm}/t	废钢质量 W_{sc}/t	矿石质量 $W_{Fe_2O_3}/kg$	石灰石质量 W_{CaCO_3}/kg	石灰质量 W_{CaO}/kg
12, 11, 9, 10, 12	1.8, 1.3, 1.2	1200	150	5	750	300	900

铁水成分/%				
C	Si	Mn	P	S
4.5	0.7	0.7	0.14	

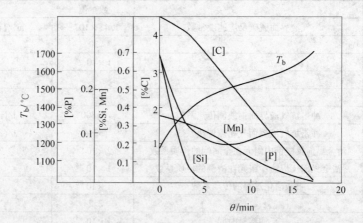

图 6 – 16　150tLD 转炉熔池成分和温度随吹炼时间变化计算结果

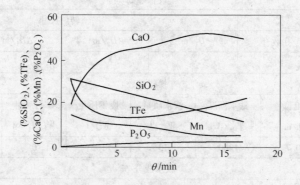

图 6 – 17　150tLD 转炉炉渣成分随吹炼时间变化计算结果

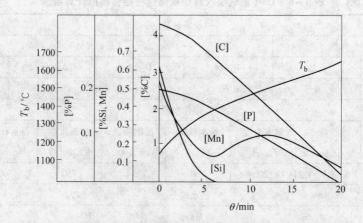

图 6 – 18　13tLD 转炉熔池成分和温度随吹炼时间变化计算结果

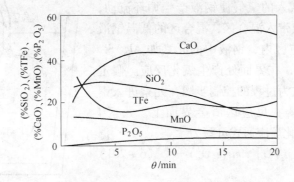

图 6 - 19　13tLD 转炉炉渣成分随吹炼时间变化计算结果

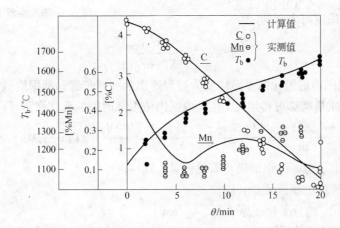

图 6 - 20　13tLD 转炉熔池成分和温度随吹炼时间变化计算结果和实测值

6.4　CAS - OB 钢液精炼过程

6.4.1　过程反应模型

钢包吹氩可以使钢液成分和温度均匀，有利于钢液夹杂物上浮去除。但是大流量吹氩造成钢液面暴露在空气中，使加入钢包的脱氧元素的脱氧效果下降，合金元素收得率降低。为了避免这种现象，日本新日铁开发了密封吹氩成分微调工艺（CAS）。

CAS 工艺是从钢包底部吹入氩气，冲开钢液面上的渣层，将一个浸渍罩浸入裸露的钢液中，在浸渍罩内钢液上方形成氩气气氛，保护钢液，向浸渍罩内的钢液加入脱氧剂和合金，可以提高和稳定脱氧效果和合金收得率，实现钢液成分微调。在 CAS 工艺的基础上，采用一支顶吹氧枪向浸渍罩内的钢液吹入氧气，通过氧气与加入的铝元素发生氧化放热反应，对钢液进行加热，于是形成了 CAS - OB 工艺，如图 6 - 21 所示。下面对 CAS - OB 钢液精炼过程，建立其元素氧化和钢液升温的数学模型。

将 CAS - OB 钢液精炼的钢包钢液分为两个区域，一为浸渍罩下方的反应区域，元素

的氧化反应主要在此区域进行，该区域以外的钢液为
混合区。钢包底部吹入的氩气使钢液产生循环流动，
把反应区的高温钢液带入混合区，混合区的低温钢液
进入反应区。在反应区内，钢液中的元素如 Al、Si、
Mn 向渣金界面传质，在界面处产生氧化反应。假定
元素向渣金界面传质为过程的控制步骤，元素进入钢
液内部后立刻均匀。在反应区渣金界面上，元素 i
（Al、Si、Mn）的氧化反应通式可写为

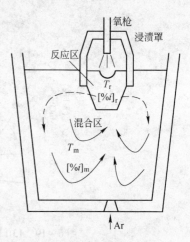

$$[i] + n_i[O] = m_i(i_xO_y) \qquad (6-201)$$

平衡常数可写成

$$K_i = \frac{(a^*_{(i_xO_y)})^{m_i}}{(a^*_{[O]})^{n_i}f_i[\%i]^*} \qquad (6-202)$$

图 6 – 21   CAS – OB 工艺
物理模型示意图

则组元 i 的界面浓度可表示为

$$[\%i]^* = \frac{(a^*_{(i_xO_y)})^{m_i}}{K_i(a^*_{[O]})^{n_i}f_i} \qquad (6-203)$$

由于假定了反应区内的组元向界面传质为过程速率的控制步骤，利用质量守恒定律对反应
区内组元 i 进行质量衡算可得组元 i 在反应区内浓度随时间的变化率为

$$\frac{d[\%i]_r}{dt} = \frac{G([\%i]_m - [\%i]_r)}{W_r} - \frac{100M_i}{W_r}J_i, \quad (i = Si, Mn) \qquad (6-204)$$

式中 G——进出反应区的钢液循环质量流量，kg/s；

    W_r——反应区的钢液质量，kg；

    M_i——组元 i 的分子量或原子量，kg/mol；

    J_i——组元 i 的传质速率，mol/s；

    r——反应区；

    m——混合区。

组元 i 的传质速率可表示为

$$J_i = \frac{k_iA\rho_m}{100M_i}([\%i]_r - [\%i]_r^*), \quad (i = Al, Si, Mn, O) \qquad (6-205)$$

式中 k_i——组元 i 在渣金界面钢液侧浓度边界层的传质系数，m/s；

    A——渣金反应界面积，m^2；

    ρ_m——钢液密度，kg/m^3；

    *——界面。

在渣金反应界面处，由氧的质量衡算有

$$\sum_i n_iJ_i = 0, \quad (i = Al, Si, Mn, O) \qquad (6-206)$$

式中，当 $i = [O]$ 时，$n_O = 1$。方程式（6-206）决定了反应区渣金界面处钢液侧氧的
界面浓度。

    当不考虑加入的合金在升温和熔化时所吸收的热量以及其他热损失时，对反应区应用
能量守恒定律得

$$\frac{\mathrm{d}T_r}{\mathrm{d}t} = \frac{G(T_m - T_r)}{W_r} + \sum \frac{J_i \Delta H_i}{W_r C_p} + \frac{\Delta H_{Al} R_{Al}}{W_r M_{Al} C_p} \qquad (6-207)$$

式中　T——温度，℃；

　　ΔH_i——组元 i 氧化反应的热效应，J/mol；

　　C_p——钢液热容，J/(kg·℃)；

　　m——混合区；

　　r——反应区；

　　R_{Al}——加入的铝与氧气反应的速率，kg/s。

当铝的过剩指数（铝和氧的化学计量比）大于 1 时，假定加入的铝与氧气反应的速率由供氧速率决定，从铝与氧气的化学反应的计量关系得

$$R_{Al} = \frac{2M_{Al}}{3M_O} \rho_{O_2} \eta Q W \qquad (6-208)$$

式中　η——加入的铝氧化耗氧量与总供氧量之比；

　　ρ_{O_2}——标态下氧气密度，kg/m^3；

　　Q——顶枪供氧强度（标态），m^3/(kg·s)。

加入的铝与氧气反应后，过剩的铝全部进入到反应区的钢液中，则反应区钢液铝的浓度随时间的变化率可写为

$$\frac{\mathrm{d}[\%Al]_r}{\mathrm{d}t} = \frac{G([\%Al]_m - [\%Al]_r)}{W_r} - \frac{100M_{Al}'}{W_r}J_{Al} + \frac{100(E_{Al}-1)}{W_r}R_{Al} \qquad (6-209)$$

式中，E_{Al} 为铝的过剩指数。

对混合区的钢液同样应用质量和能量守恒定律，则混合区合金元素浓度随时间的变化率为

$$\frac{\mathrm{d}[\%i]_m}{\mathrm{d}t} = \frac{G([\%i]_r - [\%i]_m)}{W_m} \qquad (6-210)$$

$$\frac{\mathrm{d}T_m}{\mathrm{d}t} = \frac{G(T_r - T_m)}{W_m} - T_f \qquad (6-211)$$

式中，T_f 为由于热损失而造成的温降速率，℃/s。

6.4.2 模型参数确定及数值计算方法

钢包底部吹氩搅拌产生的钢液循环体积流量 Q_m 采用佐野正道提出的计算式

$$Q_m = 1.17 \left[Q_{Ar} g H_0 \left(\frac{\pi D^2}{4} \right)^2 \right]^{0.339} \qquad (6-212)$$

$$D = 0.37 H_0 \qquad (6-213)$$

式中　Q_{Ar}——底吹氩气体积流量（标态），m^3/s；

　　g——重力加速度，m/s^2；

　　H_0——钢包吹氩深度，m；

　　D——气液两相流截面直径，m。

进入反应区的循环质量流量为

$$G = \varepsilon \rho_m Q_m \qquad (6-214)$$

式中　　ε——反应区体积 V_r 与混合区体积 V_m 之比，$\varepsilon = V_r / V_m$；

$\quad\quad\quad \rho_m$——钢液密度，kg/m^3。

顶枪氧气流股对钢液面的冲击深度 L 用下式计算

$$u_0 d = 0.015 \sqrt{\frac{\rho_m}{\rho_{O_2}}}(L+h)\sqrt{L} \qquad (6-215)$$

冲击坑的冲击直径为

$$D_1 = 0.428h + d \qquad (6-216)$$

式中　　L——冲击坑深度，mm；

$\quad\quad\quad D_1$——冲击坑直径，mm；

$\quad\quad\quad h$——氧枪枪位，mm；

$\quad\quad\quad d$——氧枪喷头出口直径，mm；

$\quad\quad\quad u_0$——氧枪氧气流股出口表观流速，m/s。

假定冲击坑的形状为抛物面，则可以利用冲击坑的直径和深度得到冲击坑的反应面积。

首先由式（6-206）求得反应区渣金界面处氧的界面浓度，从氧的界面浓度利用式（6-202）和式（6-205）计算铝、硅、锰的传质速度，然后根据方程式（6-204）、式（6-209）、式（6-207）计算反应区这三个元素浓度和钢液温度经一定的时间步长后的变化值，最后由方程式（6-210）和式（6-211）求得混合区元素浓度和钢液温度经一定的时间步长后的变化值。数值计算方法可以采用龙格-库塔方法。

利用上述的数学模型对某钢厂的 CAS-OB 工艺的 OB 过程钢液元素和温度进行模拟计算，模拟计算结果和实际测量结果对比如图 6-22～图 6-23 所示。由图 6-22 可知，在 OB 过程中，混合区钢液的铝含量随时间直线增加，而钢液中的硅和锰含量随时间略有下降。取样分析的结果与模型计算的结果基本吻合。图 6-23 表示 OB 过程反应区和混合区温度随时间的变化，在 OB 开始的头 1min，反应区温度迅速从 1592℃ 上升到 1668℃，然后随 OB 进行，该区的温度以一定斜率的直线随时间上升；混合区的温度也是以直线的趋势上升。处理 1min 后，两个区的钢液温度上升直线相平行，温度相差约 70℃，升温速度约 6℃/min。在混合区，钢液的点测温度、连续测温线与模型计算的结果相接近。

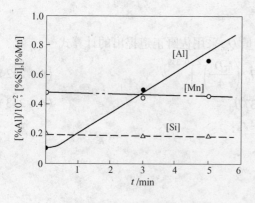

图 6-22　OB 过程钢液混合区
元素随时间变化

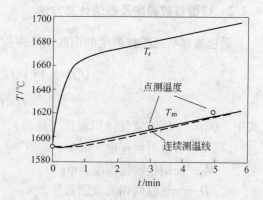

图 6-23　OB 过程钢液反应区和混合区
温度随时间变化

6.5　RH真空脱碳过程

钢液在 RH 真空条件下进行脱碳处理，可以把钢液的碳进一步降低，有利于冶炼低碳钢和超低碳钢。图 6 - 24 为钢液 RH 真空处理脱碳示意图，脱碳反应在下面的反应地点进行：

（1）Ar 气泡与钢液的界面；

（2）真空室内的钢液自由表面；

（3）脱碳反应产生的 CO 气泡。

在 RH 中钢液的脱碳反应由 5 个步骤组成：

（1）钢包钢液被抽引进入真空室；

（2）钢液中的碳向气液界面传质；

（3）钢液中的氧向气液界面传质；

（4）在气液界面碳与氧进行化学反应形成
CO 气体；

（5）CO 在气相中传质。

在实际的 RH 操作条件下，钢包钢液很快被

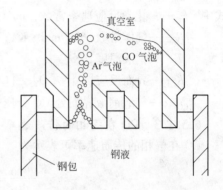

图 6 - 24　钢液 RH 真空脱碳

抽引进入真空室，一般钢液中的氧含量比碳含量高，因此，步骤（1）和步骤（3）不会成为脱碳速率限制环节，将步骤（2）、步骤（3）、步骤（5）作为脱碳反应的速率限制环节。

下面对上述三个不同的脱碳反应地点分别建立脱碳反应数学模型，总的脱碳反应速率是这三个反应地点的脱碳反应速率之和。

6.5.1　Ar 气泡的脱碳

通过 Ar 气泡的脱碳受到碳在钢液的传质、气液界面的脱碳反应和 CO 在气相中的传质混合控制。

6.5.1.1　[C] 在钢液中的传质速率

在 Ar 气泡里 CO 的摩尔数因钢液中的 [C] 向气液界面传质而产生的变化速率为

$$\frac{\mathrm{d}n_{\mathrm{CO}}}{\mathrm{d}t} = k_{\mathrm{L,B}}\frac{AW}{100M_{\mathrm{C}}V}([\%\mathrm{C}^{\mathrm{b}}] - [\%\mathrm{C}^*]) = k_{\mathrm{L,B}}\frac{\rho A}{100M_{\mathrm{C}}}([\%\mathrm{C}^{\mathrm{b}}] - [\%\mathrm{C}^*])$$

$$(6-217)$$

式中　n_{CO}——Ar 气泡中 CO 摩尔数，mol；

　　$k_{\mathrm{L,B}}$——在真空室的钢液通过 Ar 气泡脱碳的碳的液相传质系数，m/s；

　　A——钢液与 Ar 气泡界面积，m²；

　　W——真空室钢液质量，kg；

　　V——真空室钢液体积，m³；

　　M_{C}——碳原子质量，kg/mol；

　$[\%\mathrm{C}^{\mathrm{b}}]$——真空室的钢液本体碳含量，%；

　　ρ——钢液密度，kg/m³。

在计算中，要进行以下假设：Ar 气泡呈球形且不相互聚合；在操作开始钢液循环前，Ar 气泡以自由上升速度上升；当操作稳定时，气泡速度等于循环流速率。

6.5.1.2　在气泡－钢液界面化学反应速率

在气泡－钢液界面的化学反应速率可用下式表示：

$$\frac{\mathrm{d}n_{CO}}{\mathrm{d}t} = k_C \frac{A}{RT}([\%C^*][\%O^*]K - P_{CO}^*) \tag{6-218}$$

式中　k_C——化学反应速率常数，m/s；

　　　R——气体常数，J/(mol·K)；

　　　T——钢液温度，K；

　　　K——界面反应[C] + [O] = {CO} 平衡常数，Pa/%²；

　　P_{CO}^*——气泡钢液界面处 CO 分压，Pa。

6.5.1.3　CO 在气相的传质速率

CO 在气相的传质速率可表示为

$$\frac{\mathrm{d}n_{CO}}{\mathrm{d}t} = k_G \frac{A}{RT}(P_{CO}^* - P_{CO}^b) \tag{6-219}$$

式中　k_G——CO 在气相的传质系数，m/s；

　　P_{CO}^b——气泡内 CO 分压，Pa。

令方程式（6-218）和式（6-219）相等并解出 P_{CO}^*，得

$$P_{CO}^* = \frac{k_C[\%C^*][\%O^*]K + k_G P_{CO}^b}{k_G + k_C} \tag{6-220}$$

将式（6-220）代入式（6-218），得

$$\frac{\mathrm{d}n_{CO}}{\mathrm{d}t} = k_C \frac{A}{RT}\left(\frac{k_G[\%C^*][\%O^*]K + k_G P_{CO}^b}{k_G + k_C}\right) \tag{6-221}$$

令式（6-221）等于式（6-217），并注意钢液中的[O]的传质不是限制环节，即有

$$[\%O^*] = [\%O^b] \tag{6-222}$$

则可得由脱碳反应步骤 2、步骤 3、步骤 5 混合控制的，通过 Ar 气泡脱碳的在 Ar 气泡－钢液界面处碳的界面浓度为

$$[\%C^*] = \frac{[\%C^b] + \dfrac{100M_C k_C k_G P_{CO}^b}{\rho RT k_{L,B}(k_C + k_G)}}{1 + \dfrac{100M_C k_C k_G [\%O^b]K}{\rho RT k_{L,B}(k_C + k_G)}} \tag{6-223}$$

Ar 气泡脱碳的效率可定义为

$$f = \frac{P_{CO,s}}{P_{CO,e}} = \frac{P_{CO,s}}{[\%C^b][\%O^b]K} \tag{6-224}$$

式中　$P_{CO,s}$——离开自由表面的气泡内的 CO 分压，Pa；

　　$P_{CO,e}$——在气泡中与钢液的 [C]、[O] 平衡的 CO 分压，Pa。

上式中的 $P_{CO,s}$ 与通过 Ar 气泡脱碳的速率 $\mathrm{d}[\%C]_1/\mathrm{d}t$ 和在上升管吹氩流量 Q_{Ar} 有关，可表示为

$$P_{CO,s} = \frac{-\dfrac{W}{100M_C} \times \dfrac{d[\%C]_1}{dt}}{-\dfrac{W}{100M_C} \times \dfrac{d[\%C]_1}{dt} + \dfrac{Q_{Ar}}{0.0224}} \times P_0 \qquad (6-225)$$

式中，P_0 为真空室的气氛压力，Pa。由方程式（6-224）和式（6-225）可得通过 Ar 气泡脱碳的钢液碳含量随时间的变化率

$$-\frac{d[\%C]_1}{dt} = \frac{-\dfrac{Q_{Ar}}{0.0224}[\%C^b][\%O^b]Kf}{\dfrac{W}{100M_C}([\%C^b][\%O^b]Kf - P_0)} \qquad (6-226)$$

首先由方程式（6-217）和式（6-223）计算离开自由表面的 Ar 气泡中 CO 的摩尔数，根据吹氩流量和该 CO 的摩尔数，确定 Ar 气泡内的 CO 分压 $P_{CO,s}$，由该 CO 分压 $P_{CO,s}$ 和 $P_{CO,e}$ 计算 Ar 气泡脱碳的效率 f，最后利用方程式（6-226）计算 Ar 气泡的脱碳速率。

6.5.2　真空室自由表面脱碳

在建立真空室自由表面脱碳速率数学模型时，不考虑 CO 在气相中的传质速率，即认为 CO 在气相中的传质不是限制环节，真空室自由表面脱碳过程只受到 [C] 在钢液的传质和界面脱碳化学反应混合控制。[C] 在钢液的传质速率为

$$-\frac{d[\%C]_2}{dt} = k_{L,s}\frac{\rho A_v}{W}([\%C^b] - [\%C^s]) \qquad (6-227)$$

式中　$k_{L,s}$——自由表面脱碳的碳在液相中的传质系数，m/s；

　　$[\%C^s]$——真空室自由表面处的碳浓度，%。

在 CO 气泡-钢液界面的脱碳化学反应速率为

$$-\frac{d[\%C]_2}{dt} = k_C\frac{100M_C A_v}{WRT}([\%C^s][\%O^s]K - P_{CO}) \qquad (6-228)$$

式中　A_v——真空室有效自由表面积，m²；

　　P_{CO}——气相中的 CO 分压，Pa；

　　$[\%O^s]$——真空室自由表面处的氧浓度，$[\%O^s] = [\%O^b]$，%。

由方程式（6-227）和式（6-228）可以得到自由表面处碳的浓度

$$[\%C^s] = \frac{k_{L,s}\rho[\%C^b]RT + 100M_C k_C P_{CO}}{100M_C k_C[\%O^b]K + k_{L,s}\rho RT} \qquad (6-229)$$

将式（6-229）代入式（6-227），得

$$-\frac{d[\%C]_2}{dt} = k_{L,s}\frac{\rho A_v}{W}\left([\%C^b] - \frac{k_{L,s}\rho[\%C]RT + 100M_C k_C P_{CO}}{100M_C k_C[\%O^b]K + k_{L,s}\rho RT}\right)$$

或

$$-\frac{d[\%C]_2}{dt} = \frac{100M_C k_C k_{L,s}\rho A_v([\%C^b][\%O^b]K - P_{CO})}{W(100M_C k_C[\%O^b]K + k_{L,s}\rho RT)} \qquad (6-230)$$

方程式（6-230）就是通过自由表面脱碳的速率表达式。

6.5.3 CO 气泡脱碳

在距离钢液自由表面下 h 的位置形成半径为 r 的 CO 气泡，其内的 CO 压力 $P_{CO,i}$ 应满足下式

$$P_{CO,i} = P_0 + \rho gh + \frac{2\sigma}{r} \tag{6-231}$$

由于通过均相形核方式形成新的气液界面需要克服很大的阻力，因此，不可能在钢液中通过单纯的碳、氧反应来获得足够大的 CO 压力。事实上，在真空室耐火材料表面的空隙里有希望形成各种直径大小的 CO 气泡。这样形成的 CO 气泡的半径和位置无法确定，难以建立相应的数学模型来描述通过 CO 气泡的脱碳。通过假定 CO 气泡的形成正比于其过饱和度来建立 CO 气泡脱碳的数学模型，即

$$-\frac{d[\%C]_3}{dt} = K_v(K[\%C^b][\%O^b] - P_0) \tag{6-232}$$

式中 K_v——CO 气泡脱碳的比例系数，又称容量系数，$\%/(Pa \cdot s)$；

        P_0——真空室压力，Pa。

6.5.4 进入真空室的钢液碳含量的变化

由于钢包的钢液碳含量 $[\%C]_L$ 与真空室的钢液本体碳含量 $[\%C^b]$ 不同，所以钢包的钢液进入真空室后，与真空室的钢液混合，使真空室内的钢液的碳含量降低，碳含量降低的速率可写为

$$-\frac{d[\%C]_4}{dt} = \frac{Q_m}{W}([\%C]_L - [\%C^b]) \tag{6-233}$$

式中，Q_m 为流过真空室的钢液循环流量，kg/s。可以用下式计算

$$Q_m = 7.44 \times 10^3 D^{4/3} Q_{Ar}^{1/3} \ln\left(\frac{P_1}{P_0}\right)^{1/3} \tag{6-234}$$

式中 D——上升管内径，m；

        P_1——上升管吹氩喷嘴处静压力，Pa。

从方程式 (6-226)、式 (6-230)、式 (6-232) 和式 (6-233) 可得真空室内钢液碳含量随时间的总变化率为

$$-\frac{d[\%C^b]}{dt} = -\frac{d[\%C]_1}{dt} - \frac{d[\%C]_2}{dt} - \frac{d[\%C]_3}{dt} - \frac{d[\%C]_4}{dt} \tag{6-235}$$

真空室内碳含量为 $[\%C^b]$ 的钢液从真空室下降管进入钢包中，与钢包内碳含量为 $[\%C]_L$ 的钢液混合，假定钢液脱碳只在真空室中进行且钢包内钢液的碳是均匀的，则钢包内钢液碳含量的时间变化率为

$$-\frac{d[\%C]_L}{dt} = \frac{Q_m}{W_L}([\%C]_L - [\%C^b]) \tag{6-236}$$

式中，W_L 为钢包中的钢液质量，kg。

求解上述的方程就可得到 RH 真空脱碳过程真空室和钢包内的钢液的碳含量随时间的变化，在这些方程中，氩气泡的界面积 A、自由表面积 A_v 和 CO 气泡脱碳的容量系数 K_v 是

未知数，需要给出它们的值。

氩气泡的平均直径可以用下式计算

$$d_{vs} = 0.091 \left(\frac{\sigma_m}{\rho_l}\right)^{0.5} v_s^{0.44} \qquad (6-237)$$

式中　d_{vs}——氩气泡的平均直径，cm；

　　　σ_m——钢液的表面张力，10^{-3}N/m；

　　　ρ_l——钢液的密度，g/cm³；

　　　v_s——喷吹氩气的表观速度，cm/s。

很明显，由于飞溅、波动和气泡逸出，真空室内的自由表面积远大于真空室的横截面积，特别是初始阶段，由于 CO 气泡的形成，自由表面积会更大。但真空室内的自由表面积还很难通过理论来确定，在计算中可以认为真空室自由表面积是真空室横截面积的若干倍。

CO 气泡脱碳的容量系数应该随 CO 气泡形成地点的深度而变，可以通过下式计算

$$K_v = k_0 \frac{h}{h_0} \qquad (6-238)$$

k_0 为深度 $h = h_0$ 时的容量系数。k_0 可以通过试算法根据实际脱碳数据来确定。

图 6-25 和图 6-26 分别为不同上升管直径和其他工艺条件下得到的钢包钢液碳含量随时间的变化，在计算中，真空室自由表面积取为真空室横截面积的 10 倍，在 $h_0 = 0.15$m 处的容量系数 $k_0 = 3 \times 10^{-7}\%\cdot(\text{Pa}\cdot\text{s})^{-1}$。由图可知，模型计算值与实际值吻合很好。

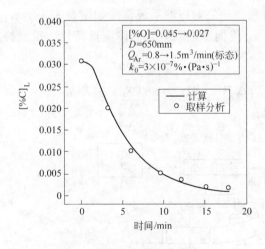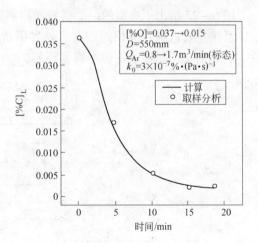

图 6-25　真空室上升管直径为 650mm 时　　　　图 6-26　真空室上升管直径为 550mm 时
　　　　计算的脱碳值与实际值的比较　　　　　　　　　计算的脱碳值与实际值的比较

6.6　连铸结晶器液面控制

连铸结晶器是钢液连铸的关键环节，结晶器液面波动不但直接影响铸坯的质量（如夹渣、鼓肚和裂纹等），而且会导致浇铸过程中的溢钢甚至漏钢事故。结晶器液面人工控

制时，易受保护渣厚薄、人员所处观察位置、操作者体力和经验状况等因素的影响，控制精度往往较差，其液面波动在 ±30mm 左右。生产实践表明，结晶器钢水液面波动在 ±10mm以内，可消除铸坯皮下夹渣。如果结晶器钢水液面波动大于10mm，不仅产生夹渣和夹渣深度增大，而且铸坯表面纵裂发生率将会上升30%。因此，连铸过程的结晶器钢水液位自动控制是至关重要的。结晶器液位控制的方法主要有三种：

（1）流量型，即通过控制中间包向结晶器内钢液流入量的方式保持结晶器液位的稳定。这种方式根据结晶器液位的变化来调节塞棒的位置或滑动水口开度，改变钢水的流入量，来稳定结晶器的液位。这种控制方式可以保证拉坯速度恒定，因此也就允许根据工艺要求选择合适的拉速，即在液位的调节过程中把拉坯速度作为扰动。这种调节过程一般比较平稳，给系统的稳定运行带来很多方便，是结晶器液位控制的主流方式。

（2）速度型，即用拉速去控制结晶器液位。这种方法喷溅较少，主要用于小方坯连铸。如首钢三炼钢小方坯连铸采用的就是这种方法。在这种方法中，固定中间包流入到结晶器中的钢液量，根据液位变化修正拉坯控制系统的设定值，以使结晶器液位保持恒定。拉坯速度的变化会引起铸坯凝固制度、二次冷却制度、定长切割系统等一系列环节的改变。而合适浇铸温度与合适拉速的配合是连铸稳定生产和取得高质量铸坯的前提，拉坯速度不应该成为控制手段而应该把拉速稳定作为工艺目标。因此，用调节拉速的方式保持结晶器液位稳定的方法已经逐渐被淘汰。

（3）混合型，即一般控制拉坯速度来保持液位稳定，但是当拉速超过某一百分比仍不能保持给定液位时，则控制塞棒或滑动水口，或者两者均控制，以控制流量为主。这种方法也主要用于小方坯连铸。

图6-27给出了典型的结晶器液面控制过程，与之对应的系统框图如图6-28所示，控制系统主要包括：液位控制器、外界干扰、交流伺服电动缸、塞棒流量特性、拉速特性、结晶器、结晶器液位检测器等环节。

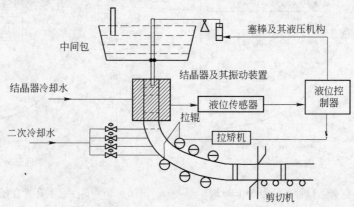

图6-27 结晶器液位控制系统结构图

6.6.1 结晶器液位控制系统数学模型

6.6.1.1 交流伺服系统

交流伺服系统的理想化数学模型是典型的二阶动态系统；根据矢量控制、电流耦合的

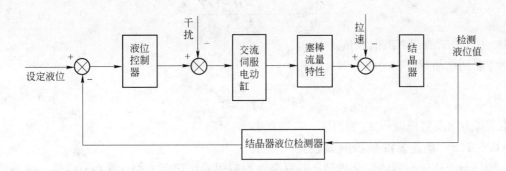

图 6 - 28 结晶器液位控制系统框图

方法可以得到电机的数学模型，而且模型和电流环时间常数、电机时间常数等有关。一般将其简化为一阶惯性环节：

$$G_d(s) = \frac{k_1}{T_1 s + 1} \qquad (6-239)$$

式中，$k_1 = 1$，T_1 取 0.23s。

6.6.1.2 塞棒流量特性模型

A 塞棒的静态流量特性

塞棒流量特性是指塞棒的位置 h 与结晶器钢液流入量 Q_{in} 之间的关系，即：

$$Q_{in} = f(h) \qquad (6-240)$$

塞棒的工作流量特性模型如下：

$$Q_{in} = v_{tum} \cdot A_s(h) \qquad (6-241)$$

$$Q_{in} = C_d \cdot \sqrt{2gH_{tum}} \cdot (k_s \cdot h) \qquad (6-242)$$

式中，Q_{in} 为结晶器流入钢液量；h 为塞棒位置（塞棒开度）；v_{tum} 为流入结晶器的钢液流速；$A_s(h)$ 为有效流通面积；C_d 为流量的比例系数；g 为重力加速度；H_{tum} 为中间包液位高度；由文献可知水口的有效流通面积 $A_s(h)$ 与塞棒开度 h 有线性关系，系数为 k_s。

B 塞棒的动态流量特性

塞棒位置到结晶器的钢液流入量之间的动态特性主要为延迟特性，由浸入式水口流量的传输引起，通常用一阶惯性环节来近似，则传递函数为：

$$G_s(s) = \frac{k_Q}{T_2 s + 1} \qquad (6-243)$$

式中，k_Q 取结晶器截面积 A_m，T_2 一般取 0.4 ~ 0.8s。

6.6.1.3 拉速特性模型

拉速 v 决定了流出结晶器的流量 Q_0，其关系由拉速 - 流量转换系数 K 决定，关系如下：

$$Q_0 = A_m v \qquad (6-244)$$

6.6.1.4 结晶器模型

因为结晶器是一个典型的积分环节，由输入流量、输出流量及增益共同决定，其关系如下：

$$\frac{\mathrm{d}y}{\mathrm{d}t} = \frac{Q_{\mathrm{in}}(t) - Q_{\mathrm{out}}(t)}{A_{\mathrm{m}}} \tag{6-245}$$

式中，Q_{out} 为结晶器流出钢液量。

考虑到结晶器有很小的延时，故用一阶惯性环节表示：

$$G_{\mathrm{j}}(s) = \frac{k_3}{T_3 s + 1} \tag{6-246}$$

式中，k_3 为结晶器截面积 A_{m} 的倒数，T_3 取 $0.1\mathrm{s}$。

6.6.1.5　结晶器液位检测器模型

结晶器液位检测器的数学模型比较复杂，影响因素比较多，而且存在非线性。使用最小二乘法的检测器建模方法不但可以同时辨识检测器数学模型的阶次和系数，而且模型精度高，程序通用性好；采用函数连接型神经网络建立其数学模型是行之有效的方法，它与BP网络相比，算法简单得多，它比用最小二乘法有更高的建模精度，有良好的鲁棒性。可以把检测器模型简化为一阶惯性环节：

$$G_{\mathrm{c}}(s) = \frac{k_4}{T_4 s + 1} \tag{6-247}$$

式中，$k_4 = 1$，$T_4 = 0.1\mathrm{s}$。

结晶器振动是测量结晶器液位的周期性干扰，用 Y_{n} 表示，可以用一个正弦周期信号来表示。设定振幅为 $2\mathrm{mm}$，频率为 $2\mathrm{Hz}$。

6.6.2　非线性 PID 控制器

非线性 PID 控制器是一种简单而实用的结晶器控制方法。该方法在传统 PID 控制方法的基础上，添加了死区环节和饱和环节相结合的非线性处理环节，并引用积分分离的方法对控制系统的积分饱和现象加以修正，实现了结晶液位稳定、精确的自动控制。图 6-29 给出该控制器的控制算法流程图。

当液面偏差 $|e(t)| < b_1$ 时，为控制的死区，控制器不动作，输出保持；当 $b_1 \leqslant |e(t)| < b_2$ 时，为带死区饱和非线性 PID 控制；当 $b_2 \leqslant |e(t)| < b_3$ 时，为积分分离 PID 控制，即取消积分作用，变为 PID 控制；当 $|e(t)| > b_3$ 时，为事故情况，控制器切入紧急处理状态，转入手动，同时发出报警信号。它们的控制算法分别描述如下。

6.6.2.1　带饱和环节的非线性 PID 控制

非线性 PID 控制是在线性 PID 控制之前加入非线性环节，在非线性区内虽然有偏差存在，但根据控制要求，希望控制器输出较小，非线性 PID 控制算法如下：

$$u(t) = f[e(t)] K_{\mathrm{P}} \Big[e(t) + \frac{1}{T_{\mathrm{I}}} \int_0^t e(t)\,\mathrm{d}t + \frac{T_{\mathrm{D}}\mathrm{d}e(t)}{\mathrm{d}t} \Big] \tag{6-248}$$

这里，选 $f[e(t)] = \beta + (1+\beta)|e(t)|$ 为非线性增益，是控制偏差 $e(t)$ 的函数。其中，β 为 $0 \sim 1$ 之间的常数，一般选择 β 为非线性区宽度的一半，此处非线性环节特性如图 6-30 所示。

在图 6-30 中，非线性区宽度用 $2b_2$ 表示。偏差 $e(t) = r(t) - y(t)$，$r(t)$ 为液面高度设定值，$y(t)$ 为液面高度测量值。当偏差绝对值 $|e(t)| < b_2$ 时，非线性增益 $f[e(t)]$ 随偏差在 $0 \sim 1$ 之间按线性规律变化，控制规律为非线性控制；当偏差绝对值 $|e(t)| \geqslant b_2$ 时，非线性增益 $f[e(t)]$ 取定值 1，恢复线性控制规律。

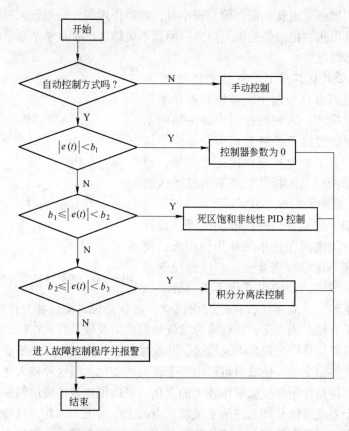

图 6 - 29　非线性控制系统程序流程框图

　　控制器的增益 K_c 或积分时间 T_I 与输入偏差以一定的关系连续地变化，例如它们与液位偏差以一个指数关系连续变化，同时增益和积分时间之间为使系统稳定，而且保证了 K_c、T_I 之间关系的恒定，偏差与 K_c、T_I 间的关系可用下式表示：

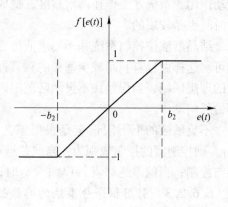

$$K_c = (1 + |e|K\ln25) \times 25^{|e|K} \frac{100}{\delta_0}$$

$$(6 - 249)$$

$$T_I = \frac{T_0}{(1 + |e|K\ln25)25^{|e|K}}$$ 　　$(6 - 250)$

图 6 - 30　饱和的非线性环节特性曲线图

式中　　$|e|$——偏差的绝对值；

　　　　K——幅度变化范围系数；

　　　　δ_0——零偏差时设置的百分比例度，在 10～2500 范围内可调；

　　　　T_0——零偏差时的积分时间，在 0.3～375min 范围内可调。

　　这种非线性控制器用于结晶器液位的控制，如果系统有扰动，液面会波动增大，当超出了非控制区，随着液位偏差的增大，控制器的增益 K_c 也会随之增大，而积分时间 T_I 减少，即积分作用增强。也就是说，偏差较小时，控制作用弱，偏差较大时，控制作用会随之增强，这样可以很快把液位的偏差信号拉回到不灵敏区，于是整个系统就会又回到不灵敏区的稳定工作情况。

6.6.2.2　带死区环节的非线性 PID 控制

在结晶器液面自动控制中，被控对象在平衡点附近存在测量噪声，表现在控制中就是液面不断地在波动，导致控制系统频繁调节，加快了执行机构的磨损。为了避免控制作用过于频繁，消除由于频繁动作所引起的振荡，可采用带死区的 PID 控制算法。原理如图 6 - 31 所示。

系统中根据工艺允许的液位波动范围，设置不灵敏区宽度，能做到在较小的外扰作用下，使液位偏差信号在不灵敏区内变化，非线性控制器工作在小增益区域。从而输出变化不大，滑动水

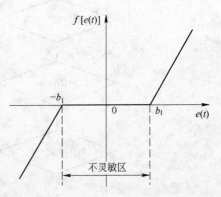

图 6 - 31　带死区环节的非线性特性曲线图

口的开度变化也不大，流量仅仅在范围内波动。也就是说，液位在允许范围内波动的同时，流量不至于有较大的变化，达到液位与流量的均匀控制。只有在较大的外扰作用进入系统时，液位偏差信号一旦超出不灵敏区，非线性控制器才工作在高增益区域，其控制作用有一个较大的输出变化，使流量也产生一个较大的变化。但这种较大变化的时间是短暂的，因为较强的控制作用驱使流量作较大的变化，可以很快地把液位偏差信号拉回到不灵敏区，于是整个系统又回复到上述的不灵敏区内的工作情况。因此，这种非线性液位控制系统经常工作在不灵敏区范围内，液位和流量均在小范围内波动，仅仅为了有力地克服大扰动作用，系统才工作在高增益区，造成流量的较大波动，但这种情况是不太多的，维持的时间也是较短的。

结晶器液位控制系统并不要求液位完全没有余差，而要求被控制量在允许范围内变化即可。这样做也有利于减少塞棒的频繁操作，为此设定误差的不灵敏区，即结晶器钢水液位的理想区域，当误差在不灵敏区范围内时，即结晶器钢水液位处于不灵敏区时，控制器不做任何动作。

不灵敏区的上下限设定是根据工艺所要求的参数来定的。在此先设定不灵敏区为 $2b_1$，则控制器的控制规则为：当偏差绝对值 $|e(t)| \geq b_1$ 时，控制器输出参数以 PID 规律参与控制；当偏差绝对值 $|e(t)| < b_1$ 时，控制器输出参数为零，不做任何调节。

6.6.2.3　引用积分分离法的非线性 PID 控制

在结晶器的液位控制中，通常比较大的扰动是拉速突然增大时，为了稳定结晶器液面，中间包流出口流量也急剧增大，导致液位急剧下降，必然会给结晶器的液位带来影响，原有的自动控制系统往往无法使液位准确地稳定在给定值。

生产过程中，液位上升达到最大值，然后下降到稳定值后又形成一段小的上升过程，而且达到第二次最大值后再次回到稳定值所需的时间往往比较长，大约为 10s。这主要是由于流量变化，致使结晶器液位持续下降，使得在较长一段时间内液位偏差的符号一直不变，在控制器的积分作用下，控制信号不断积累，而滑动水口的开度却有一定限度，因而出现液位信号很大的超调量却不能很快地回到稳定值的现象，这种现象称为积分饱和。当

控制器处于积分饱和状态时，它的输出将达到最大或最小的极限值。只有当偏差信号改变方向后，控制器输出才能慢慢从积分饱和状态退出，进入工作区，重新恢复控制作用。

为了克服积分饱和现象，一种解决方法是，在每个控制周期用实际控制输出与期望值之差来代替积分项或通过采取一些专门的技术措施，对积分反馈信号加以限制，从而使控制器的输出信号限制在控制阀的工作信号之内，不超过其最大极限值，即所谓的限幅法。另外也可以采用非线性控制法设计控制器，但系统复杂、计算量大，在这里使用不经济。

实际应用中，一般采用积分分离法，即根据液位偏差的大小对控制器的积分饱和增益加以修正，即对偏差设定一个值 b_2，当偏差大于 b_2 时，去掉积分作用，不进行偏差运算，只有当偏差小于 b_2 的时候，才可进行积分作用，从而避免了可能由此产生的较大超调量。这样既利用了积分可消除余差的作用，又可限制积分不利的一面，使系统的稳定度和动态特性大为改善。

积分分离 PID 控制算法的数学形式如下式：

$$u(t) = K_P\Big[e(t) + \beta\frac{1}{T_I}\int_0^t e(t)\,\mathrm{d}t + \frac{T_D\mathrm{d}e(t)}{\mathrm{d}t}\Big] \qquad (6-251)$$

式中

$$\beta = \begin{cases} 1 & 当\,|e(t)| \leqslant b_2 \quad 引入积分作用 \\ 0 & 当\,|e(t)| > b_2 \quad 取消积分作用 \end{cases} \qquad (6-252)$$

6.6.2.4　事故报警处理

当结晶器液位偏差绝对值大于最大偏差极限值时，系统会自动发出报警信息。一般系统在控制程序中都设定有最小流量极限值和最大流量极限值。当钢水流量大于程序设定的最大流量极限值（结晶器液位上升过程）时，则系统程序会发出紧急处理信号，并且报警。报警时，控制灯会闪动。当钢水流量小于程序设定的最小流量极限值（结晶器液位下降过程）时，则系统程序也会发出紧急处理信号，并且报警。报警时，控制灯也会闪动。

6.6.3　结晶器液面控制仿真

运用 Matlab7.0 进行仿真，在 Simulink 仿真中构建各算法下的控制系统模型，经 PID 整定后，系统架构图与仿真结果分别概述如下。

6.6.3.1　常规 PID 仿真模型

在上述模型和参数的基础上，对常规 PID 控制系统（见图 6-32）在阶跃激励条件下进行仿真实验，得到如图 6-33 所示的阶跃响应曲线。

由图可见，采用常规 PID 控制后，提高了系统的稳态精度，大概在 17s 的时候，最终达到系统稳定，而且上升时间也很快。但是，系统的超调量很大，而且有振荡周期出现，调节时间也比较长。

6.6.3.2　采用带死区的非线性 PID 控制

利用前面所述的控制规则和被控对象模型在 Matlab 下进行仿真，同时为了比较非线性 PID 控制方法与常规 PID 控制仿真曲线的差异，构建的控制系统如图 6-34 所示，系统响应曲线如图 6-35 所示。此时，设系统的正弦周期性干扰不作用，各个参数为 0。由图

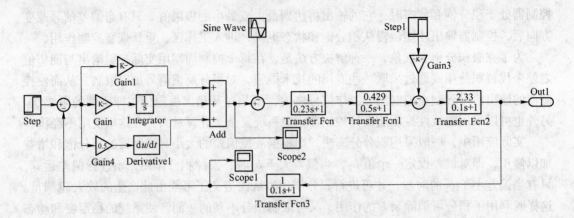

图 6 - 32　常规 PID 仿真模型

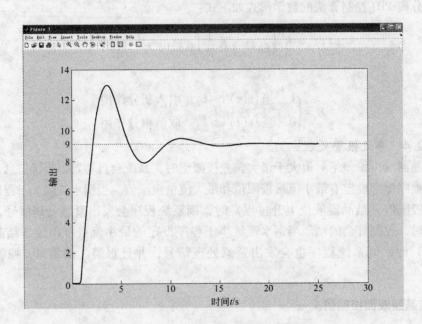

图 6 - 33　常规 PID 阶跃响应曲线

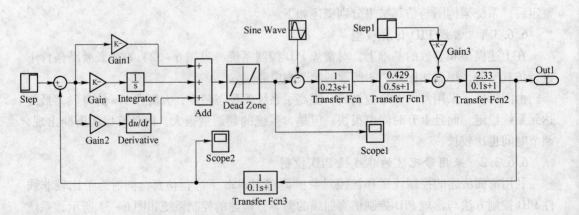

图 6 - 34　死区非线性 PID 仿真模型

可知，带死区非线性 PID 控制比起常规 PID 控制超调量小，响应时间快，具备更好的动态特性和稳态精度。

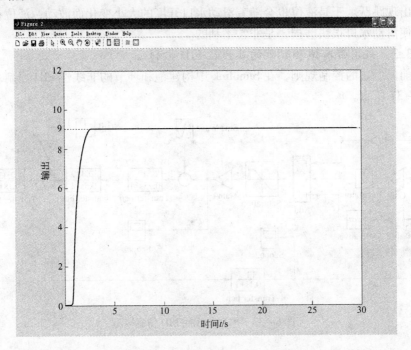

图 6-35 死区非线性 PID 阶跃响应曲线

图 6-36 给出了当系统受到正弦周期性干扰信号作用下，设定干扰信号的参数为振幅 2mm、频率 2Hz 时，死区非线性 PID 控制的阶跃响应曲线。

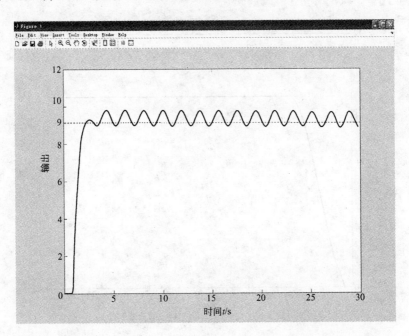

图 6-36 加入干扰后的死区非线性 PID 阶跃响应曲线

由此可以得到当系统正弦周期性干扰信号作用时，即外界扰动作用进入系统时，采用带死区的非线性 PID 控制，系统的响应曲线会出现规则的波动变化，这会使得滑动水口的调节动作出现跳跃。于是液位也会随着滑动水口开度的大小变化而波动，液位在不停地波动，这会使滑动水口很快磨损，是非常不利的。

6.6.3.3 采用带有饱和环节的非线性 PID 控制

利用前面所述的控制规则，在 Simulink 中构建饱和环节的非线性 PID 控制系统仿真模型如图 6 - 37 所示。

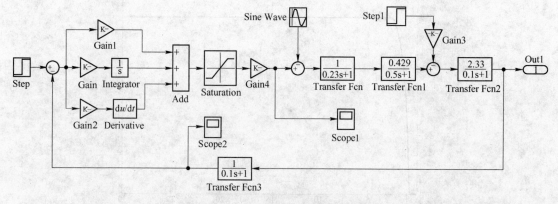

图 6 - 37　饱和非线性 PID 仿真模型

图 6 - 38 为系统的正弦周期性干扰信号作用下，设定的参数振幅为 2mm、频率为 2Hz 时，饱和环节非线性 PID 控制的曲线图。由此图可知，当系统达到饱和环节非线性 PID 控

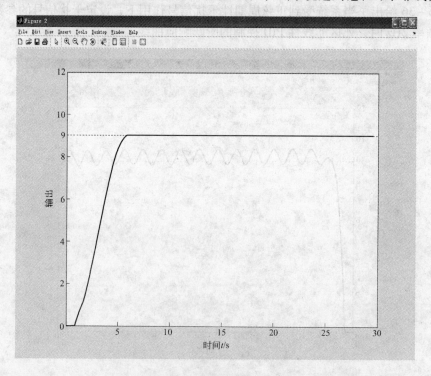

图 6 - 38　加入干扰后的饱和非线性 PID 阶跃响应曲线

制的饱和点时，PID 控制规律不作用，此时，系统趋于稳定。在系统没有达到饱和点时，PID 控制规律作用，但由图可知，饱和非线性 PID 控制算法在刚作用的时候，上升时间要比常规 PID 控制慢，而且响应速度也很慢，这是我们在实践中所不想要的，因为上升时间过慢，会出现报警时间响应慢，达不到迅速报警的效果，甚者会出现溢钢的情况。基于以上原因，模型采用死区非线性 PID 控制与饱和非线性 PID 控制相结合的控制思想。

6.6.3.4 采用带死区的饱和非线性 PID 控制

为了能适应系统的需要，在 Simulink 中构建控制系统的仿真模型如图 6 - 39 所示，系统的仿真曲线如图 6 - 40 所示。

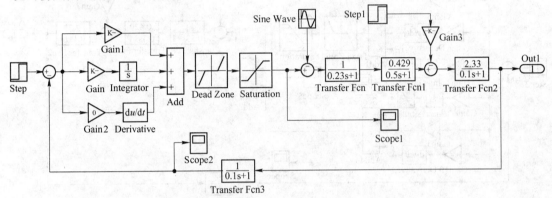

图 6 - 39 带死区的饱和非线性 PID 仿真模型

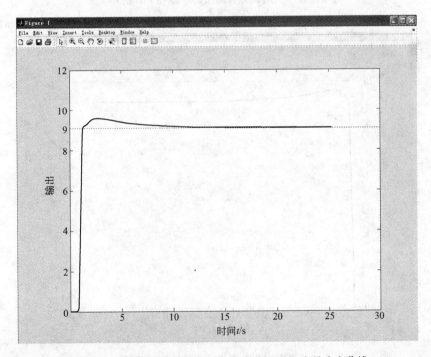

图 6 - 40 加入干扰后的死区饱和非线性 PID 阶跃响应曲线

由图可知，带死区的饱和非线性 PID 控制比常规 PID 控制超调量小，具备更好的动态特性和稳态精度。此控制算法既解决了死区非线性 PID 控制存在波动性的缺点，也解决了饱和非线性 PID 控制上升时间慢的缺点。由于本系统外加的正弦周期性扰动，必然会存在一定的超调量，但由于非线性控制的作用，可以很快地把偏差信号拉回到不灵敏区，于是整个系统又回复到不灵敏区内，所以很快就达到了稳定状态。

6.6.3.5 引用积分分离法的非线性 PID 控制

采用积分分离法的非线性 PID 控制方法，在 Simulink 中构建控制系统的仿真模型如图 6 - 41 所示，系统的仿真曲线如图 6 - 42 所示。

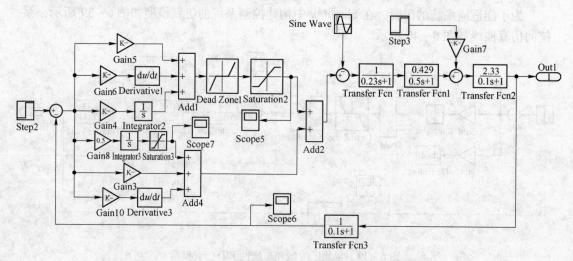

图 6 - 41 引用积分分离法的非线性 PID 仿真模型

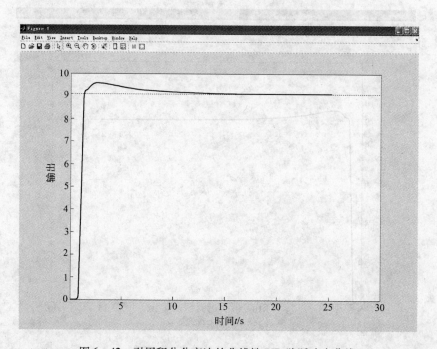

图 6 - 42 引用积分分离法的非线性 PID 阶跃响应曲线

如图 6 - 42 所示，此系统是在原有的死区的饱和非线性 PID 控制基础之上，增加了积分分离 PID 控制环节，当拉速扰动设定值很小时，带有积分分离法控制的非线性 PID 控制与带死区的饱和非线性 PID 控制的控制效果是一致的。

图 6-43 给出了当拉速扰动较大时的仿真计算结果，即将比例系数 K 扩大为 5 倍时，采用积分分离法控制的非线性 PID 控制的系统响应曲线。

从仿真曲线可以发现，将积分分离法和带死区的饱和非线性 PID 控制相结合，可以有效地解决当施加较大的扰动而出现的二次不稳定状态的缺点。由前面的设计规律可知，当拉速比例系数 K 扩大为 5 倍时，即当外界扰动较大时，结晶器出口流量增大，液位值下降，这时积分分离 PID 控制算法起作用，即取消积分作用，从而达到抑制积分饱和的作用，当结晶器液位上升时，积分分离控制算法取消，即积分作用被施加，这时死区的饱和非线性 PID 控制算法其作用，从而起到控制调节的作用。由图可知，用此控制算法，系统的超调量明显小于常规 PID 控制算法，而且响应速度也很快。

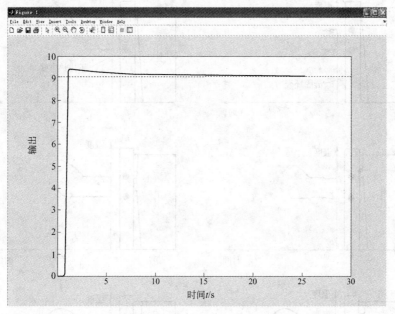

图 6-43　拉速变化后用积分分离法的非线性 PID 响应曲线

6.7　结晶器漏钢和铸坯黏结预报

在连铸生产过程中，漏钢是最具有危害性的生产事故，一旦发生将导致停产，并不得不更换被漏钢事故破坏的设备，对生产的稳定性、产品的质量、操作人员的人身安全及设备的寿命都有不良的影响。

漏钢发生的原因和形式多种多样，包括开浇漏钢、悬挂漏钢、卷渣漏钢、裂纹漏钢、黏结漏钢等。从漏钢发生的原因上大致可分为黏结性漏钢和非黏结性漏钢两类，其中黏结性漏钢发生频率较高，大约占 70% 左右，因此对漏钢及漏钢预报的研究大多围绕黏结性漏钢展开。

6.7.1　结晶器漏钢预报检测机理

由于结晶器是按一定频率，一定规律上、下振动，发生黏结的坯壳始终向下运动，而发生黏结出的坯壳不断地被撕裂和重新愈合，所以黏结漏钢部位的坯壳薄厚不均，振痕紊乱有明显的"V"形缺口。因此，随着热电偶上方铸坯不断被撕开及愈合的"V"形缺口下移，撕裂部位靠近热电偶时测出温度升高，当撕裂部位通过热电偶所在位置时温度达到峰值，然后随着撕裂部位离开热电偶，温度逐渐降低。采用热电偶检测漏钢的基本方法是：在结晶器铜板上安装两至三排热电偶，通过上下两排热电偶检测的温度差、温升率和温升值作为漏钢的判断依据。热电偶测温方法是目前应用最普遍，最广泛和最成功的结晶器漏钢预报检测方法，与其他检测方法相比，该方法简单可靠，漏报和误报率较低。图6-44以两排热电偶为例给出了漏钢预报的检测机理。

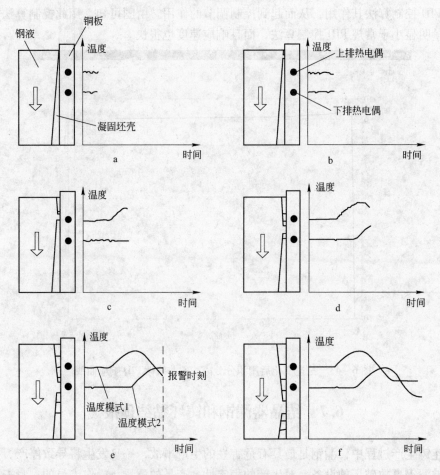

图 6-44　连铸黏结漏钢预报的原理

　　图 6-44a 为正常浇铸过程中的热电偶测温过程；当弯月面处坯壳与结晶器铜板黏结时产生坯壳的破裂点（图 6-44b），由于钢液的不断补充和结晶器内铸坯的下行，破裂点表现逐渐下移；当破裂点到达上排热电偶测温范围内时，由于局部热流传递突然增加，上排热电偶温度迅速上升，下排热电偶检测数据保持不变（图 6-44c）；当破裂点移出上排热电偶测温范围时，上排热电偶测温值下降（图 6-44d）；破裂点继续下移到下排热电偶测温范围内时，下排热电偶测温值上升（图 6-44e）；当破裂点移出下排热电偶测温范围时，下排热电偶测温值下降（图 6-44f），最终形成上下两条相互交错的测温波形。

图 6-44 给出的漏钢预报判断是基于对坯壳破裂线纵向传播的检测。在实际生产过程中,不仅要考虑黏痕在拉坯速度方向的传播,还应考虑黏痕在水平方向上的传播,即除对纵向测温报警外,也应该利用水平排列的热电偶测温值变化实现横向上裂口传播的漏钢预报。

Kawaski Steel 所开发的系统就是基于对横向传播的检测,如图 6-45 所示。由于撕裂口呈"V"形,在撕裂口不断扩大和下移过程中跨越横向热电偶的数量会不断增加,因此也有研究者认为,假如黏结发生在热电偶 B、C 之间并且靠近 C 时,坯壳撕裂部分的边缘通过热电偶的顺序依次为 C—B—D,即出现如图 6-46 所示的温度变化规律。

在图 6-44f 和图 6-46 所示的热电偶测温波形中可以看出,无论是纵向检测还是横向检测,依靠热电偶测温数据进行漏钢预报的实质都是识别出可能引起漏钢的温度模式,实际上就是一个动态波形模式识别的问题,即要从检测得到的大量温度波形中,识别出具有漏钢征兆的波形。图 6-47 给出了漏钢时单个热电偶的温度检测波形,其中漏钢过程的三个典型基本特征是:

(1) $\theta \geqslant \theta_{cr}$,即温度变化率满足一定条件,$\theta_{cr}$ 为漏钢临界温度变化率;

(2) $t_\theta \geqslant t_{cr}$,即变化时间满足最小临界时间,$t_{cr}$ 为漏钢临界时间;

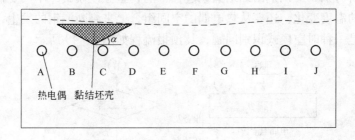

图 6-45　黏结漏钢的横向检测过程

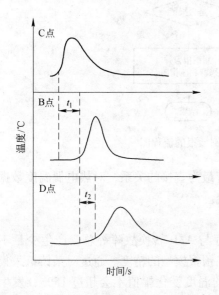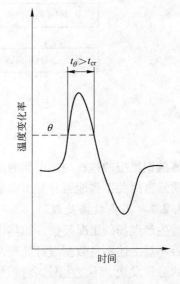

图 6-46　黏结漏钢中横向各热电偶温度变化　　　图 6-47　漏钢预报的极限时间和极限温度变化率

（3）在热电偶正常工作情况下，相邻最近的热电偶发生温度变化时间 t_1（图 6-44f 和图 6-46 中 t_1）满足如下关系：

对于拉坯方向传播：

$$0 \leqslant t_1 \leqslant \frac{l_{\text{line}}}{v_{\text{casting}}} \tag{6-253}$$

对于横向传播：

$$0 \leqslant t_1 \leqslant \frac{l_{\text{colum}}}{a_v v_{\text{casting}} \cot\alpha} \tag{6-254}$$

式（6-253）和式（6-254）中，l_{line} 为横向相邻两排热电偶之间的距离；l_{colum} 为纵向相邻两列热电偶之间的距离；v_{casting} 是拉速；a_v 是水平方向导热相对于拉速的倍数；α 为图 6-45 中 "V" 形缺口与水平方向夹角。

上述三个判断是对热电偶测温波形分析的基本条件，以热电偶测温数据为输入的各种漏钢预报算法均是围绕这三条核心规律而建立的。

6.7.2 神经网络漏钢预报

从上述分析可知，要识别出黏结漏钢过程中的典型温度模式，不仅要识别出单个热电偶在时间序列的温度变化，还要从热电偶的空间组合上来判断漏钢的发生，实质上神经网络漏钢预报就是一种时空模式识别问题，其预报流程如图 6-48 所示。

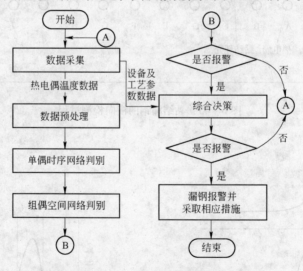

图 6-48　基于神经网络漏钢预报的流程图

连铸漏钢预报的过程与热电偶的温度变化有着最为直接的关系，对热电偶温度数据预处理的质量直接关系到能否开发出高效的预报系统。

6.7.2.1 不良数据处理

连铸生产现场的工况复杂，如热电偶接触不好与 A/D 转换故障等总会产生少量不良数据。若不对上述不良数据进行处理，会严重影响预报模型的精度。通过对某铸机采集历史数据的分析发现，不发生漏钢时相邻采样时刻的温度变化幅值不会超过 15%；发生漏钢时，虽温度变化明显但幅值不会超过 30%。因此，如果当前时刻比前一时刻温度的相对大小超过30%时，便以前一时刻温度替代当前时刻温度，如下式所示，从而有效地去除了不良数据对模型的影响。

$$\text{if} \left(\frac{|T_n - T_{n-1}|}{T_{n-1}} > 30\% \right), \text{ then } T_n = T_{n-1} \tag{6-255}$$

6.7.2.2 数据归一化处理

设 $T = (t_1, t_2, \cdots, t_n)$ 为原始温度测量序列，$T^* = (t_1^*, t_2^*, \cdots, t_n^*)$ 为处理后的温度测量序列，其中 n 是采样数，为了消除不同数量级对神经网络的影响，需对原始数据进行归一化处理。

A MAX-MIN 方法

该方法采用式（6-256）进行数据归一化处理，归一化后温度测量序列中的值介于0到1之间。

$$t_i^* = \frac{t_i - T_{\min}}{T_{\max} - T_{\min}} \tag{6-256}$$

B 二值数据窗方法

二值数据窗方法中先通过二值化处理，进一步将经过不良数据处理的温度测量序列变成一组由0、1构成的标准数据序列；同时利用数据窗技术仅仅截取发生黏结时温度变化异常的数据点，大大减少网络输入和优化网络结构的同时，提高了模型的预报精度与运算速度。其具体步骤如下：

（1）求温度序列的平均温度 $\overline{T}$；

（2）确定温度阈值 t_f

$$t_f = t_1 + \overline{T} \cdot \varepsilon \tag{6-257}$$

其中不发生漏钢时温度变化幅值不会超过10%，因而取阈值差 $\varepsilon = 10\%$；

（3）比较原始温度测量序列与温度阈值，产生新的标准数据序列

$$\begin{aligned} &\text{if } (t_i \geqslant t_f), \quad \text{then } t_i^* = 1 \\ &\hspace{4.5cm} (i = 1, 2, \cdots, n) \\ &\text{if } (t_i < t_f), \quad \text{then } t_i^* = 0 \end{aligned} \tag{6-258}$$

首先通过分析大量报警历史数据，确定采样数 $n = 15$ 的温度序列能够较好地反映黏结漏钢过程温度变化的特征；然后采用数据窗技术截取了发生漏钢时温度变化异常的8个采样点，即取第7个到第14个采样周期之间的温度数据，忽略漏钢报警前6个采样周期和最后1个采样周期的温度数据（如图6-49所示），从而大大减少了网络的输入，提高了网络运算速度。

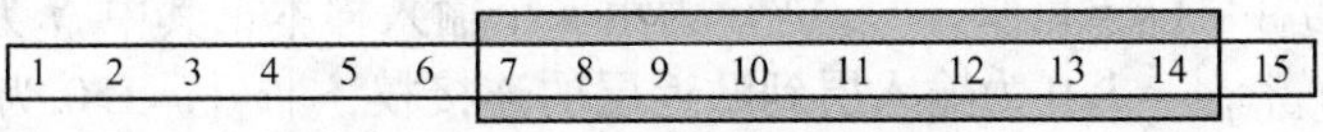

| 1 | 2 | 3 | 4 | 5 | 6 | 7 | 8 | 9 | 10 | 11 | 12 | 13 | 14 | 15 |

图6-49 数据窗数据处理

C 改进方法

对于连铸生产过程中的大部分温度测量序列，其温度值变化不大、相对稳定，当利用MAX-MIN方法进行处理时，势必会破坏其稳定性而呈现出非稳定的特征，从而会干扰网络模型的辨识效果；而采用二值数据窗处理后，温度测量序列变成0、1的标准序列，

信息的丢失导致无法完全反映温度序列的变化趋势及波形特征，同样也不利于网络模型的训练和识别。结合上述两种方法的优点，建立一种改进方法对温度测量序列进行归一化处理：

$$t_i^* = \begin{cases} \dfrac{t_i}{\sqrt{\sum\limits_{i=1}^{n} t_i^2}} & \text{当 } T_{\max} - T_{\min} < \lambda \\[4mm] \dfrac{t_i - T_{\min}}{T_{\max} - T_{\min}} & \text{当 } T_{\max} - T_{\min} \geqslant \lambda \end{cases} \quad (6-259)$$

式中，λ 为稳定阈值，当温度变化大于该阈值时，则认为该温度测量序列不稳定即温度值波动较大，反之亦然。该方法很好地区分了稳定和具有漏钢特征的温度序列，同时最大限度地反映了温度波形的特征。

6.7.2.3 单偶时序网络

单偶时序网络用来识别单个热电偶温度在时间序列上的变化是否符合黏结漏钢过程中两类典型温度模式的变化特征，其结构如图 6-50 所示。

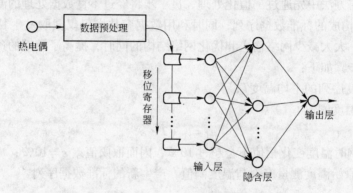

图 6-50 单偶时序网络结构

6.7.2.4 基于 FRBF 的组偶空间网络

组偶空间网络主要从热电偶的空间组合上来判断漏钢的发生，分别对上排热电偶的时序网络输出和下排热电偶（与上排热电偶对应的左、中、右三个热电偶）的时序网络输出进行判别，其中纵向网络和横向网络用来分别检测黏结裂口的纵向和横向传播，其结构如图 6-51 所示。

基于 FRBF 网络建立漏钢预报模型，其结构如图 6-52 所示。图中 $x_k = \{x_{k1}, x_{k2}, \cdots, x_{kn}\}^T$ $(k = 1, 2, \cdots, N)$ 为第 k 个输入样本，其中 N 为样本个数，n 为输入样本的维数；$\{s_{ji}\} = 1.0$ 为输入层到贴近层的连接权，$\{t_{ii}\} = 1.0$ 为贴近层到隶属层的连接权，$\{w_i\}$ 为输出层神经元的权值，其中 $i = 1, 2, \cdots, c$，$j = 1, 2, \cdots, n$，c 为贴近层神经元的个数，即聚类中心个数；σ_{ik} 和 u_{ik} 分别为输入样本 x_k 对贴近层第 i 个节点所对应聚类中心 v_i 的贴近度和隶属度；f_k 和 y_k 分别为输入样本 x_k 的输出反馈值和网络输出值。

如图所示，该网络模型是一个由输入层、贴近层、隶属层和输出层四层组成的前馈网络，其中输入层与贴近层、贴近层与隶属层都通过单位连接权相连接，而隶属层的每一个节点与输出层各节点则是通过线性连接权相连接。

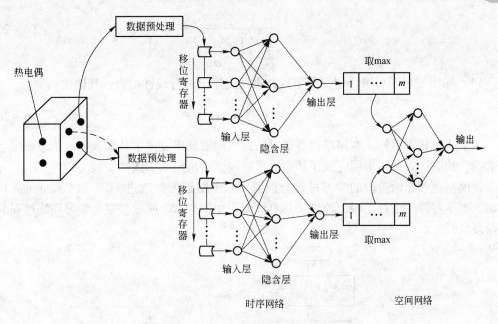

图 6-51 组偶纵（横）向空间网络结构

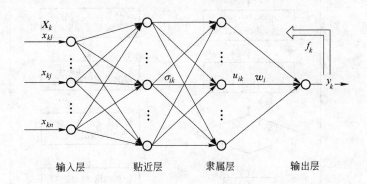

图 6-52 改进 FRBF 网络的结构

（1）输入层不做任何计算，其作用只是将归一化后的输入样本即温度测量序列送入网络模型中，该层的输出与输入相同；

（2）贴近层的作用是计算输入样本与聚类中心的贴近度。该层每个节点都对应一个与输入样本维数相同的聚类中心，其第 i 个节点的输出 σ_{ik} 为当前输入样本 $\boldsymbol{x}_k$ 和所对应聚类中心 $\boldsymbol{v}_i$ 的贴近度：

$$\sigma_{ik} = \frac{2\boldsymbol{x}_k^T \boldsymbol{v}_i}{\boldsymbol{x}_k^T \boldsymbol{x}_k + \boldsymbol{v}_i^T \boldsymbol{v}_i}, \quad (0 \leqslant \sigma_{ik} \leqslant 1) \tag{6-260}$$

当输入样本靠近聚类中心时，贴近层节点将产生较大的输出响应，随着输入样本离聚类中心愈远，贴近层节点的相应输出响应愈小。

（3）隶属层用于完成基于贴近度的改进 FCM 算法中输入样本与各聚类中心隶属度的计算，其节点数与贴近层相同。该层第 i 个节点输入为当前输入样本与所有聚类中心的贴近度，输出 u_{ik} 为当前输入样本 $\boldsymbol{x}_k$ 对聚类中心 $\boldsymbol{v}_i$ 的隶属度：

$$u_{ik} = \frac{1}{\sum\limits_{j=1}^{c} \left(\dfrac{1-\sigma_{ik}}{1-\sigma_{jk}} \right)^{\frac{2}{p-1}}} \tag{6-261}$$

（4）输出层用于对隶属层全部节点的隶属度输出进行线性拟合，其输出 y_k 为：

$$y_k = \sum_{i=1}^{c} w_i u_{ik} \tag{6-262}$$

从上述分析中可知，本网络模型通过贴近层和隶属层完成了从输入空间到隶属层空间的非线性映射，通过输出层完成了从隶属层空间到输出空间的线性变换。

该模型通过在两阶段的学习过程分别引入基于贴近度的改进 FCM 和 Conditional FCM 算法，对学习算法进行了较大改进，其总体流程如图 6-53 所示，整个学习训练过程分为两阶段进行：

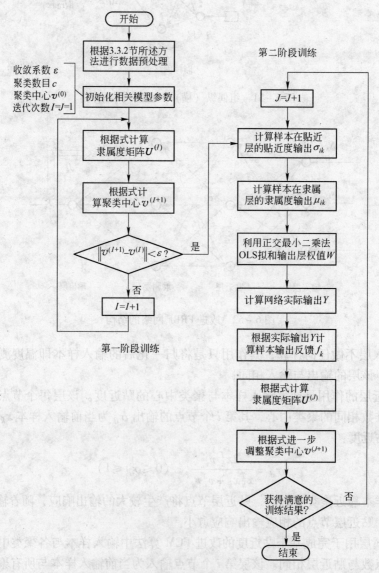

图 6-53　改进 FRBF 网络的学习算法

（1）第一阶段主要利用基于贴近度的改进 FCM 算法初步确定网络贴近层的聚类中心；

（2）第二阶段主要任务包括利用 OLS 正交最小二乘法和基于贴近度的改进 Conditional FCM 算法，分别完成对输出层权值的线性拟合和对贴近层聚类中心的进一步调整和优化。

6.8 连铸动态二冷控制技术

为保证铸坯质量，连铸坯温度需要按一定要求变化，其最直接的表现为连铸坯表面温度的演变要求，即根据具体钢种高温下对裂纹的敏感特性和产生缺陷的分析，确定铸坯最小应力条件和最小鼓肚条件，找出工艺上满足该钢种质量要求所应控制的冶金准则，并结合凝固传热模型和坯壳应力模型计算结果，确定二次冷却制度。

6.8.1 连铸二冷制度

对于每一个钢种都有一条相应的脆性曲线，通常 900 ~ 700℃是钢延性最低的"口袋区"。钢的成分（如 Al，Nb，V）会使口袋区产生移动，对碳素钢和合金钢，要求在矫直点前铸坯表面温度应避开"口袋区"。这是因为在 900 ~ 700℃时钢的延性最低，发生了 γ→α 的相变和 AlN 在晶界的沉淀，加上在矫直时铸坯内弧表面产生了拉力，促使表面横裂纹形成。因此，在二冷区铸坯表面温度应控制在钢延性较高的温度区，这样选择二冷制度的对策可分为（如图 6-54 所示）：

（1）热行：也叫软冷却，在二冷区铸坯表面温度逐渐下降，在拉矫区域铸坯温度达到 900℃以上。此时宜采用弱冷却。冷却水量一般为 0.5 ~ 1.0L/kg（图6-54 曲线1）。

（2）混行：在二冷区铸坯表面温度维持在一定的水平，出二冷区后坯壳温度回升。使铸坯矫直温度在口袋区以外（图6-54 曲线2）。

（3）冷行：也叫硬冷却，在二冷区铸坯表面维持较低的温度，使铸坯中奥氏体完全转变，在 700 ~ 650℃进行矫直

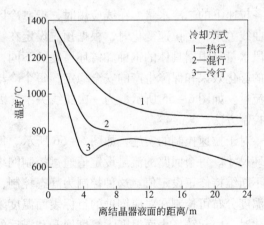

图 6-54 连铸二冷不同冷却方式

（图6-54 曲线3），而避开脆性口袋区。此时宜采用强冷。冷却水量一般为 2.0 ~ 2.5L/kg。

根据上述二冷制定原则，采用热行冷却方式建立控制准则。在工艺分析的基础上，由 Laitinen 提出的冶金准则逐渐被人们接受和发展，其主要包括：

（1）液相穴深度原则，即液相穴深度不能超过火焰切割位置；

（2）表面温度冷却速度原则，即铸坯表面温度冷却速度不能超过限定值；

（3）表面温度回热原则，即铸坯表面温度回温速度不能超过限定值；

（4）矫直点/矫直区原则，即矫直点/矫直区的铸坯表面温度必须满足限定要求。

6.8.2　连铸二冷控制方法

浇铸条件是决定二冷制度的直接因素。如表 6 – 7 所示，给出了各浇铸条件改变对铸坯表面温度分布的影响及相应的冷却制度调整趋势。

表 6 – 7　浇铸条件变化对流线各值的影响

流线变化 浇铸条件	表面温度分布		中心温度分布		凝固终点		冷却制度调整	
	范围	程度	范围	程度	范围	程度	范围	程度
钢　种	整体	大	整体	大	整体	大	局部	大
拉　速	整体	大	整体	大	整体	大	整体	大
浇铸温度	局部	小	局部	小	局部	小	局部	中
结晶器宽度	局部	微小	局部	微小	局部	微小	局部	小

从表 6 – 7 可知，钢种和拉速对流线温度场分布影响较大，是决定二冷水量大小的关键因素。但由于连续浇铸过程中钢种不会频繁变化，因此拉速成为决定二冷制度的最主要原因。除浇铸条件外，现场水量的波动、喷嘴的堵塞等外部扰动也会对二冷控制精度和最终的铸坯质量产生直接影响。

6.8.2.1　拉速参数控制法

该方法是最简单的二冷控制方法，也是二冷控制的基本方法。结合具体铸机设备参数和钢种，根据离线凝固传热模型的仿真结果，得出基本的冷却制度，通过实践优化得出稳定各拉速下的二冷水量。在线应用时，把二冷区每区的流量定义成流量和拉速的一次或二次曲线关系，当拉速变化时，根据预先设定在智能仪表和控制计算机中的相应参数来控制各段水量。根据具体的钢种和铸坯厚度的不同，冷却曲线就有不同的参数，同时为达到较好的雾化效果和保障生产的安全稳定，每个冷却区在一定的拉速下都有一个最大、最小的水流量。如图 6 – 55 所示，为一次曲线关系，因为其呈线性变化，也被称为基于拉速的比例控制方法。

对于拉速控制的实施，如图 6 – 56 所示。每个冷却区的流量值主要基于拉速、钢种和铸坯尺寸。每个回路的流量设定值通过控制网络发送到特定的流量控制区，并利用检测仪表不断维持修正设定值。这种控制为静态控制，在应用中若其他干扰因素的动作较小，铸坯温度分布可控制在对应钢种的目标表面温度附近，有利于改善铸坯质量，但当拉速急剧变化时会引起铸坯表面温度大幅度回升和滞后的变化，容易产生质量问题，因此只适用于温度和拉速相对稳定的情况。

6.8.2.2　停留时间法

在稳定浇铸的条件下，根据相同的时间间隔，把铸坯流线划分为很多跟踪单元格，当这些单元格通过连铸机的每个冷却区时，这些跟踪单元格就表现为传输的比热和距离的关系。当拉速稳定的时候，跟踪单元的寿命就等于距离除以时间，因此，传热量和距离的关系就可以转变为传热量和时间的关系。根据这些，当每个跟踪单元格通过连铸机时，只要跟踪单元格的寿命和传热量的关系保持恒定，那么就可以得到设定的铸坯表面温度值并保持稳定，这就是停留时间控制法的基本概念。

对于跟踪停留时间，将整个铸坯流线划分为很多小单元格，如图 6 – 57 所示。每个跟

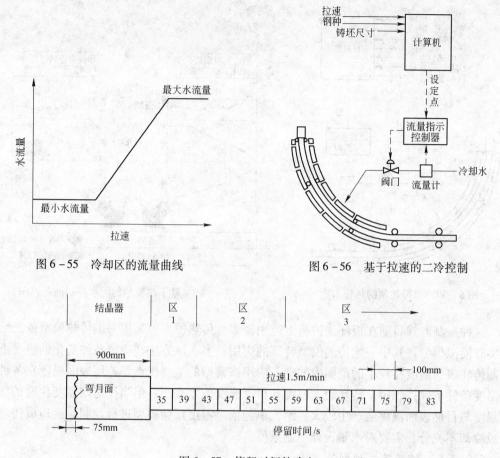

图 6-55　冷却区的流量曲线

图 6-56　基于拉速的二冷控制

图 6-57　停留时间的确定

踪单元格的寿命，也就是在连铸机中的停留时间通过程序计算出来。对于一个冷却区的停留时间主要是基于在这个冷却区里的跟踪单元格的平均停留时间。

6.8.2.3　实测表面温度反馈动态控制

铸机每个二冷段安装高温计测试铸坯表面温度，根据目标表面温度与实测温度的差值来调节控制水量，如图 6-58 所示。但二冷区高温多湿，铸坯表面有冷却水形成的水膜和氧化铁皮，周围又有浓度不断变化的雾状蒸汽，严重影响铸坯表面温度测量的精确度，因此这种方法在实际生产应用上受到很大限制。

6.8.2.4　计算模式的表面温度动态控制法

运用传热模型每隔一定时间结合在线实际拉速、二冷水量、钢种和浇铸温度等数据，实时模拟铸坯温度场，并按水量控制模型动态调节水量，其应用如图 6-59 所示。水量控制模型负责实时

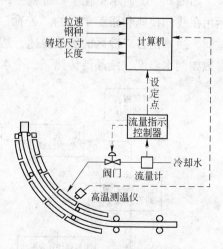

图 6-58　实测表面温度反馈动态控制

调整水量值，以缩小传热模型计算值和目标表面温度的差值，逻辑关系如图 6-60 所示。

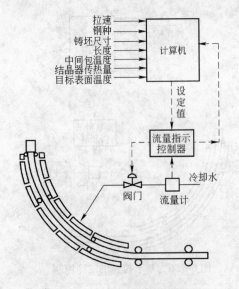

图 6-59 二冷控制的热模型法

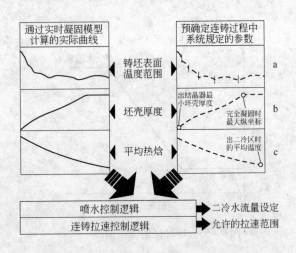

图 6-60 基于热模型的配水控制的逻辑图

这种控制方式目前在板坯连铸机上应用较多，传热模型可采用一维传热模型或二维传热实时模拟模型，其中一维传热模型计算的应用较多。该方法在浇铸条件变化的情况下可控制铸坯表面温度在较小的范围内波动。应用该模型的主要优点是铸坯表面温度在各种浇铸温度条件下保持恒定，铸坯表面温度与目标温度偏差变小。但当拉速剧烈变化时铸坯表面温度与目标表面温度会产生较大差距，单纯依靠温度反馈模型进行控制，会造成铸坯过冷或冷却不充分，需要对水量设计限制条件。

6.8.2.5 新型动态控制法

新型动态控制也被称为基于平均拉速的非稳态二冷控制方法，这种方法类似于拉速参数控制法和时间停留法的结合，能够实现非稳态浇铸条件下二冷控制的连续、稳定过渡。

如图 6-61 所示，在生产过程中，把铸坯流线划分为很多不断运动中的跟踪单元格，运用在线的拉速和跟踪单元的"寿命"计算出铸坯从弯月面到各二冷区中心的平均停留时间，换算出各二冷区的等效拉速，然后根据预定的数据控制喷水量，并根据实际的工艺参数如钢水温度、结晶器传热、二冷水温度等与设定的目标值的偏差来修正水量。该控制

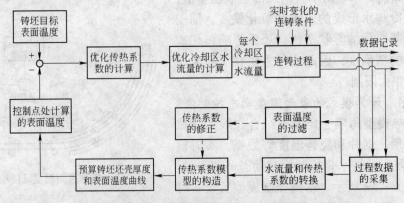

图 6-61 非稳态二冷控制模型的框图

方法省去在线的大量计算，对控制计算机要求不高，控制系统简单便于应用，更重要的是可以实现非稳态浇铸条件下的二冷控制过程。

随着热送热装和直接轧制技术的发展，基于实时温度场计算的表面温度动态控制和非稳态二冷控制方法是理想的选择。

6.8.3 连铸动态二冷控制模型

如图 6-62 所示，给出了一种典型的动态二冷控制模型。该模型由基本水量计算、表面温度反馈控制模块和水量修正计算三个功能模块组成。

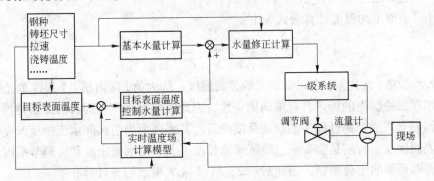

图 6-62 动态二冷控制模型结构

6.8.3.1 基本水量计算模块

该模块能够根据浇铸条件的变化（钢种、拉速和过热度的变化）和二冷制度计算二冷控制的基本水量。其中，二冷制度即指二冷水表，其是根据铸坯的目标表面温度、连铸喷嘴的实际喷水能力和具体钢种工艺条件等，利用数学模拟方法推导和现场投用反馈信息验证得出的，是二冷工艺制度的最直接体现。

在生产过程中，采用非稳态二冷控制方法将二冷水表和铸坯的"平均拉速"相联系，即将各二冷区内铸坯"寿命"和当前位置相结合，保证了铸坯受冷过程的均匀、稳定。

第 i 区基本水流密度 w_i（L/min）计算公式如下：

$$w_i = a_i^w \cdot \bar{v}_i^2 + b_i^w \cdot \bar{v}_i + c_i^w + d_i^w \cdot \Delta T_{av,i} \tag{6-263}$$

式中，a_i^w，b_i^w，c_i^w，d_i^w 为具体钢种条件下第 i 区的水流密度控制参数；$\Delta T_{av,i}$ 为第 i 区全部跟踪单元在结晶器弯月面"出生"初始时刻的过热度平均值；$\bar{v}_i$ 为 t 时刻第 i 区内铸坯的平均拉速。计算公式如下：

$$\bar{v}_i = \frac{Z_i^{end} + Z_i^{begin}}{2} \Big/ \frac{1}{Z_i^{end} - Z_i^{begin}} \int_{Z_i^{begin}}^{Z_i^{end}} \tau_{lifespan}(z,t) \, dz \tag{6-264}$$

式中，Z_i^{begin} 为从结晶器液面到跟踪单元所在冷却区间开始端点的距离；Z_i^{end} 为从结晶器液面到跟踪单元所在冷却区间末端位置的距离；$\tau_{lifespan}(z,t)$ 为 z 位置处的跟踪单元在 t 时刻的"寿命"。

6.8.3.2 表面温度修正水量

该模块是基本水量计算模块的有效补偿，该模块能够根据实时温度场计算值和目标表面温度差值，设定表面温度反馈控制水量，用于消除生产过程中水量波动等外部扰动引起的铸坯表面温度突变，实现了铸坯表面温度的反馈控制功能。

根据在线计算的表面温度与目标表面温度差值得到的温度反馈控制水流密度 Δw_i 计算公式如下：

$$\Delta w_i = G_i (T_i^{\text{surf}} - T_i^{\text{aim}}) \tag{6-265}$$

式中，G_i 为第 i 区的修正水流密度控制增益；T_i^{surf} 为第 i 区的表面平均温度；T_i^{aim} 为第 i 区的目标表面平均温度，该温度是根据冶金准则、钢种特性和设备参数得出的最优目标设定温度。

A　各区表面平均温度的计算

第 i 区表面平均温度计算公式如下：

$$T_i^{\text{surf}} = \sum_{j=1}^{n} T_{ij}^{\text{surf}} \cdot \frac{L_{ij}}{Z_i^{\text{end}} - Z_i^{\text{begin}}} \tag{6-266}$$

式中，T_{ij}^{surf} 为第 i 区内第 j 个跟踪单元的表面温度；L_{ij} 为第 i 区内第 j 个跟踪单元的长度。

铸坯在二冷区内的传热具有单向耦合性，因此传热过程本身固有的滞后特性和实时计算周期误差会造成控制过程中的温度反馈滞后，其表现为当前区间水流密度改变会影响以后各区表面温度。特别是前 3 个二冷区间总长度不大，且水流密度和可调节范围远大于其他区间，滞后影响十分明显，因此对第 2、3、4 区 T_i 增加修正计算：

$$T_i^{\text{surf}*} = \frac{T_{i-1}^{\text{surf}} \cdot \phi \cdot v \cdot t_s + T_i^{\text{surf}} \cdot (Z_i^{\text{end}} - Z_i^{\text{begin}} - \phi \cdot v \cdot t_s)}{Z_i^{\text{end}} - Z_i^{\text{begin}}} \tag{6-267}$$

式中，$T_i^{\text{surf}*}$ 为修正后的第 i 区平均温度；ϕ 为修正系数；v 为瞬时拉速；t_s 为补偿时间。通过式（6-267），将上一区间的平均温度引入当前区水量控制中，通过平均温度修正计算有效消除了温度反馈滞后对水量的影响。

B　模糊控制器的设计

连铸二次冷却为典型的非线性、强耦合、带有滞后环节的控制过程，难以用准确的数学模型描述。因此在动态二冷控制模型开发中采用模糊控制算法可实现目标表面温度的反馈控制。模糊控制具有不依赖数学模型，对参数变化不敏感和鲁棒性强的特点，其模型简单实用，在充分借鉴现场经验的基础上实现控制过程。

模糊控制器把实时温度场计算模型得出的表面温度与目标表面温度作为语言变量；取它们的偏差 e 和偏差变化率 de/dt 作为控制器的输入量；水量调节量占基本水量的百分比 u 为控制器的输出量。

设 e、de/dt 和 u 的论域均为离散的，各输入输出变量论域如下：

$e \in \{ -6, -5, -4, -3, -2, -1, -0, +0, +1, +2, +3, +4, +5, +6 \}$

$de/dt \in \{ -6, -5, -4, -3, -2, -1, -0, +0, +1, +2, +3, +4, +5, +6 \}$

$u \in \{ -8, -7, -6, -5, -4, -3, -2, -1, -0, +0, +1, +2, +3, +4, +5, +6, +7, +8 \}$

设 e 的模糊集 E 为：$\{$NB, NM, NS, NZ, PZ, PS, PM, PB$\}$；de/dt 的模糊集 EC 为 $\{$NB, NM, NS, ZO, PS, PM, PB$\}$；u 的模糊集 U 为：$\{$NB, NM, NS, ZO, PS, PM, PB$\}$。控制规则采用条件语句的形式：

if $e = E_i$ and $de/dt = EC_j$ then $u = U_{ij}$, $i = 1, 2, \cdots, 8$, $j = 1, 2, \cdots, 7$

模糊控制器的模糊控制规则如图 6-63 所示。模糊控制器计算过程为：根据单点输入

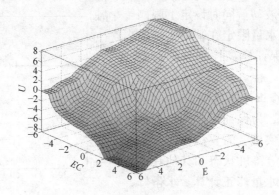

图 6-63 模糊控制规则

误差 e_i 和误差变化 ec_j 确定其对应的模糊子集 E_i 和 EC_j；采用 Mamdani 法进行模糊推理，根据式（6-268）求得对应的控制量 U_{ij}

$$U_{ij} = (E_i \times EC_j) \cdot R \tag{6-268}$$

式中，R 为基于 Mamdani 方法的模糊规则；由式（6-269），采用重心法对模糊子集 U_{ij} 进行求解，得出论域 U 内的输出量 u_0

$$u_0 = \frac{\sum_{n=1}^{15} u_n \mu_{u'}(u_n)}{\sum_{n=1}^{15} \mu_{u'}(u_n)} \tag{6-269}$$

式中，u_n 为模糊子集 U_{ij} 内单点，即论域 u 的第 n 个论域元素；$\mu_{u'}(u_n)$ 为 u_n 对应的隶属度。

将清晰化后的结果经量程转换后得到调节百分比 $\Delta w_i \%$。与调节水量 Δw_i 的关系为：

$$\Delta w_i = w_i^{\alpha} \cdot \Delta w_i \% \tag{6-270}$$

式中，w_i^{α} 为各区的调节因子，其值根据模型的优化计算得到，$0 < w_i^{\alpha} < 1$。

C 仿真分析

目标表面温度差值控制的引入，一方面在基本水量设定值的基础上进一步削弱甚至消除了非稳态浇铸过程中的表面温度波动峰值，保证了过渡过程中表面温度变化的稳定、连续；另一方面根据温度偏差及偏差变化速率，提高了浇铸过程中出现水压、气压不稳定等外部扰动时的铸坯表面温度控制精度，是基本水量设定值的有效补充。

图 6-64 为最后一个矫直点处（距结晶器上口 17.96m）目标表面温度从 920℃ 突变至 930℃ 时铸坯表面温度随之变化的仿真结果。

如图 6-64 所示，模糊控制器能够在 1min 内完成表面温度的控制过程。如果仅依靠基本水量模块的计算功能，一方面，在拉速、过热度不变的情况下，提高目标温度设定值不会引起水量变化，无法完成表面温度的控制过程；另一方面，在目标温度随拉速、过热度改变情况下，由于平均拉速的作用，其滞后过程大于 1min。

在实际生产过程中，由于水量的持续波动，目标表面温度与模型计算温度难以达到完全平衡，因此引入死区特性，即当温度偏差不大于某个设定值时不进行调节，当偏差大于设定值时才进行调节。死区的引入在保证较大扰动被有效控制的同时，避免了模糊控制器稳态误差引起的振荡波动。同时设定上限阈值，将表面温度控制水量限定在基本水量的 5% ~10% 以内，以保证模糊控制器的有效补偿作用。

6.8.3.3 水量修正计算模块

实际生产过程中，为保证生产的安全稳定和控制效果的有效实施，需要结合生产实际，针对开浇、尾坯等铸机状态和其他具体生产条件的改变进行水量修正计算。水量修正计算是对基本水量和温度反馈水量的叠加结果进行最终输出修正计算实现的，这些修

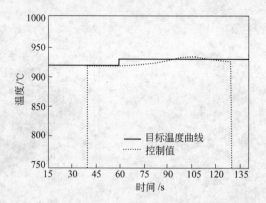

图 6-64 表面温度随目标温度变化的仿真结果

正计算大多依靠简单的经验公式实现，不需要进行复杂的数学模型运算，其目的是为了进一步保证生产的安全和稳定。

A 安全水量和准备水量

实际生产过程中，除浇铸过程中需要在线计算水量设定值之外，根据其他铸机状态的不同，维护、引锭、准备等状态下对水量设定都有各自要求。其中，在引锭状态下，铸机二级系统不参与控制，各区二冷水量设定值均为零且无效；维护状态时根据现场情况由现场维护人员手动调节以进行校准设备；在开浇过程中，系统自动判断当前铸坯头部位置，当距离下一冷却区 1.5m 时，下一冷却区水量自动打开至准备水量，拉尾坯的水量变化趋势与之相反。

最小安全水量是为保护铸机所采用的最小水量，即保证生产过程中任何情况下阀门均处在常开状态；事故水量是指出现漏钢、滞坯等事故时所采用的冷却水量。这些水量均可以在系统的工艺参数设定程序中进行修改和设定。

B 内外弧水量的分配

由连铸机的特点，在刚出结晶器的某一确定范围内，冷却段接近垂直布置，内、外弧冷却水量的分配应该相同。因此 1、2、3 区采用内外弧等比平均分配。随着远离结晶器，对于内弧来说，会有一部分没有汽化的冷却水往下流，并沿着下一个支撑辊的表面挤向铸坯的两个角部；对于外弧来说，由于重力的作用，喷射到外弧表面的冷却水都会即刻离开铸坯。因此，随着铸坯的趋于水平，逐渐增大各冷却区内、外弧水量的分配比的差别。到 8、9 区后，由于冷却作用的逐渐减弱，仅考虑对内弧进行冷却，因此最后两区没有外弧配水。基于上述分析，并借鉴生产实践经验，确定了二冷区各冷却段内、外弧水量分配比。这些水量均可以在系统的工艺参数设定程序中进行修改和设定。

C 结晶器调宽引起的水量变化

以某连铸机铸坯宽度尺寸调整范围为 700 ~1320mm 为例，在此范围不超出铸机扁平气雾冷却喷嘴最大覆盖范围时，修正计算设定。在铸坯宽度大于 1000mm 以上时不更改水量；在铸坯宽度小于 1000mm 以下时水量根据铸坯宽度逐渐减少，计算公式如下（各冷却区均适用）：

$$w_1 = \begin{cases} w_f & \text{当 } w > 1000\text{mm} \\ (0.3333 + 6.6667 \cdot Slab_w \cdot 10^{-4}) \cdot w_f & \text{当 } w \leqslant 1000\text{mm} \end{cases} \qquad (6-271)$$

式中，w_1 为修正后的水量，w_f 为修正前的水量，L/min；$Slab_w$ 为铸坯宽度，mm。

　　D　异钢种连浇时的二冷制度

　　由于连铸生产过程的连续性，因此异钢种连续浇铸成为生产过程中经常出现的情况。异钢种连浇一般均需要更换中间包，以减少混合钢液对铸坯的影响，因此在实时温度场计算和动态二冷控制建模过程中需考虑同一冷却区间出现不同钢种的情况。

　　系统假定异钢种连浇过程中不同钢种的铸坯界线分明，基于二冷过程采用区间控制的原则，在同一区间内出现不同钢种时，按如下原则进行冷却。

　　(1) 一般情况下按钢种所占区间比例进行折算后配水。如式 (6 – 272)：

$$w_{mix} = w_{s1} \cdot S_1\% + w_{s2} \cdot S_2\% + \cdots + w_{sn} \cdot S_n\% \qquad (6 - 272)$$

式中，w_{mix} 是计算后的输出水量；w_{s1}，w_{s2}，…，w_{sn} 是混钢冷却区内各钢种对应的配水量，L/min；$S_1\%$，$S_2\%$，…，$S_n\%$ 是二冷区内钢种所占比例。

　　(2) 当区间内存在裂纹敏感钢时 (如管线钢)，按最低配水量进行。

6.9　动态轻压下控制技术

　　铸坯轻压下技术是指通过在连铸坯凝固末期附近施加压力 (热应力和机械应力) 以产生一定的压下量阻碍含富集偏析元素的钢液流动从而消除中心偏析，同时补偿连铸坯的凝固收缩量以消除中心疏松。轻压下技术能够有效改善铸坯内部质量，是当前正在大力发展的连铸新技术之一。

　　如图 6 – 65a 所示，理想状态下的轻压下实施应该是在铸坯表面的内、外弧上均存在一个收缩挤压面，当铸坯运动过程中遇到这两个面时受到阻力，由于拉坯力的作用，铸坯被迫从两个倾斜面中挤过，铸坯形成收缩锥度；这两个收缩挤压面可以随铸坯的两相区位置变化而前后移动，随两相区长度变化而改变倾角，以保持铸坯两相区移动或变化过程中收缩总量和作用区间的恒定。

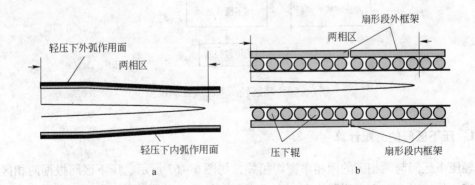

图 6 – 65　理想状态下的轻压下实施与通过扇形段的轻压下实施
a—理想状态下的轻压下实施；b—扇形段的轻压下实施

　　如图 6 – 65b 所示，生产实际中的动态轻压下实施是靠扇形段内、外框架形成锥度完成的。与理想状态相比有以下差别：

（1）由于设备所限，生产实际中的扇形段只有内框架调整，外框架保持不变；

（2）由于扇形段内框架采用段压下，在两相区移动过程中无法始终保持压下区间上的压下率一致，压下总量恒定；

（3）扇形段压下过程中与铸坯实际接触的是分节辊，因此轻压下的面实施实际上是同一面上的多条分节辊的实施。

因此，针对上述三个无法避免的问题，结合扇形段分布位置和动作特点，开发动态轻压下控制模型，保证生产过程中压下参数的稳定、准确实施，同时尽可能降低动态轻压下实施过程中对铸坯质量和设备稳定带来的负面影响。

如图 6-66 所示，动态轻压下的在线计算其流程为，根据实时温度场计算得出的铸坯中心两相区内固相率分布，结合扇形段分布位置，确定实施轻压下的扇形段；根据扇形段内压下区间的位置，修正压下作用起始段入口和结束段出口辊缝设定值，位置并计算轻压下辊缝设定值；根据中心温度分布计算自然热收缩辊缝设定值；根据铸机的工作模式，将自然热收缩辊缝设定值与轻压下辊缝设定值叠加，结合扇形段工作状态将控制值和控制命令一同下发给各扇形段。

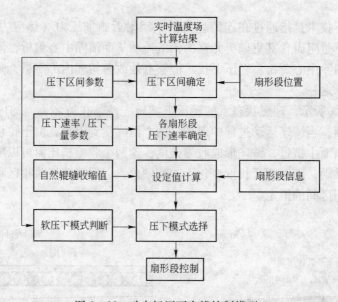

图 6-66   动态轻压下在线控制模型

6.9.1   压下区间的分配计算

轻压下区间与两相区的固相率密切相关，如图 6-67 所示，压下区间根据两相区的长度而定，最短时在一个扇形段中即可完成压下过程（如较低拉速生产低碳钢时），而有时又有可能出现多个扇形段一起压下的情况（如较高拉速生产包晶钢时）。生产中最常见的为两个扇形段完成轻压下过程。

当轻压下区间完全在一个扇形段内时，该区间按平均压下率和压下区间计算压下起点和压下终点的辊缝设定值。

由于板坯轻压下实施采用段压下的方式，当出现多段同时作用时，不能进行连续面压

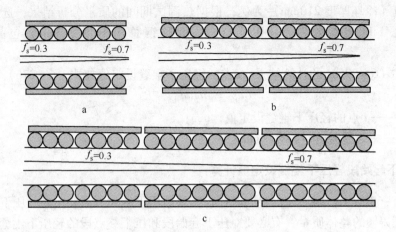

图 6-67 压下区间长度与扇形段的位置关系

a—单段压下；b—两段压下；c—三段压下

下或单辊线压下，因此有必要根据扇形段占压下区间长度比例的不同，尽可能将压下量分配到占压下区间较多的扇形段内。修正后的压下区间比例 γ_1' 如式（6-273）所示。

$$\gamma_1' = \begin{cases} 0 & \text{当 } 0 \leqslant \gamma_1 < \gamma_\alpha \\ \gamma_1 & \text{当 } \gamma_\alpha \leqslant \gamma_1 \leqslant 0.8 \\ 1 & \text{当 } \gamma_\beta < \gamma_1 \leqslant 1 \end{cases} \qquad (6-273)$$

式中，γ_α 为轻压下区间起点控制参数，一般 $0.08 < \gamma_\alpha < 0.2$，其中 0.08 对应的是第一个分节辊轴心距扇形段起点距离与扇形段总长的百分比；γ_β 为轻压下区间终点控制参数，一般 $0.8 < \gamma_\beta < 0.92$，其中 0.92 对应的是最后一个分节辊轴心距扇形段起点距离与扇形段总长的百分比。γ_1 为当前段内占有压下区间长度与压下区间总长度的比值，如式（6-274）所示。

$$\gamma_1 = \frac{R_{\text{length}}^{\text{one}}}{R_{\text{length}}} \qquad (6-274)$$

式中，$R_{\text{length}}^{\text{one}}$ 表示单个扇形段内压下区间长度。

6.9.2 固相率的计算

轻压下实施过程中压下率应完全补偿铸坯凝固收缩速率才能起到消除中心偏析和疏松的效果[4]，因此模型按铸坯中心固相率分布施加压下量。压下量计算公式如式（6-275）所示：

$$R_{\text{a}}^i = \frac{f_i - f_{\text{star}}}{f_{\text{end}} - f_{\text{star}}} R_{\text{a}} \qquad (6-275)$$

式中，R_{a}^i 为轻压下区间内 i 点的压下量，mm；f_i 为 i 点的固相率，其由热跟踪模型根据该点的铸坯中心温度计算得出；R_{a} 为总压下量，mm；f_{star}、f_{end} 为压下区间参数，即压下区间起点和终点的固相率。轻压下参数与钢种、铸坯断面及生产设备有关，目前尚未有准确可靠的定量计算方法，一般都采用仿真分析和试验验证的方法确定具体数值。以梅钢 2 号板坯连铸机（冷坯厚度210mm）为例，根据热调试期间的质量分析结果，选取的低碳钢和包晶钢压下区间参数为 $f_s = 0.3 \sim 0.7$，低碳钢总压下量 2.3mm，包晶钢总压下量 2.8mm。

根据式（6-275）的计算结果，i 点的轻压下辊缝设定值如式（6-276）所示：

$$Gap^i = Mould_{thk} - R_a^i \qquad (6-276)$$

式中　Gap^i——i 点的轻压下辊缝设定值，mm；

$Mould_{thk}$——结晶器出口厚度，mm。

6.9.3　压下起始段轻压下辊缝设定值计算

如图 6-68 所示，扇形段内会同时存在需要被压下的和不需要实施轻压下的铸坯，因此，为保证铸坯的整体质量，有必要对压下起始段和压下终点段的轻压下辊缝设定值进行修正。

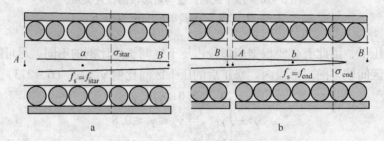

图 6-68　扇形段中的压下起点和压下终点

a—压下起点；b—压下终点

如图 6-68a 所示，A、B 为轻压下起始段入口和出口点，a 点为轻压下区间起点。R_a^B 和 Gap^B 可按式（6-275）和式（6-276）进行计算，并将 R_a^B 限定在 $0 \sim R_a$ 内。Gap^A 应根据 a 点的位置而定。当 a 点远离 A 点时，如果仅考虑保持 $a \sim B$ 间压下率不变，势必造成 A 点"翘起"，使得 $A \sim a$ 区间内辊子脱离铸坯，易导致铸坯鼓肚。因此设置比例系数，当 $A \sim B$ 之间距离小于等于 $A \sim a$ 之间距离的 σ_{star} 倍时，A 点不再上提，保持不变，计算公式如式（6-277）所示：

$$Gap^A = \begin{cases} Mould_{thk} + R_a^B \cdot \dfrac{P_a - P_A}{P_B - P_a} & \text{当 } \dfrac{P_B - P_A}{P_a - P_A} > \sigma_{star} \\[3mm] Mould_{thk} + R_a^B \cdot \dfrac{P_{\sigma_{star}} - P_A}{P_B - P_{\sigma_{star}}} & \text{当 } \dfrac{P_B - P_A}{P_a - P_A} \leqslant \sigma_{star} \end{cases} \qquad (6-277)$$

式中，σ_{star} 为起始段压下实施比例参数，其大小根据扇形段段号和钢种而各异；P_i 表示该点流线坐标值，其中 $P_{\sigma_{star}}$ 如式（6-278）所示：

$$P_{\sigma_{star}} = P_A + \sigma_{star}^{-1} \cdot (P_B - P_A) \qquad (6-278)$$

6.9.4　压下结束段轻压下辊缝设定值计算

如图 6-68b 所示，b 点为轻压下结束点。R_a^A 和 Gap^A 可按式（6-275）和式（6-

276）进行计算，并将 R_a^A 限定在 $0 \sim R_a$ 内。Gap^B 应根据 b 点的位置而定，当 b 点远离 B 点时，如果仅考虑保持 $A \sim b$ 间压下率不变，势必造成 $b \sim B$ 区域内继续对铸坯施加压下作用，易导致铸坯内裂纹，使铸坯厚度不符合生产标准，并影响设备寿命。因此设置比例系数，当 $A \sim B$ 之间距离大于等于 $A \sim b$ 之间距离的 σ_{end} 倍时，B 点不再下压，保持不变，计算公式如式（6－279）所示：

$$Gap^B = \begin{cases} Mould_{thk} - R_a^A - (R_a - R_a^A) \cdot \dfrac{P_B - P_A}{P_b - P_A} & \text{当 } \dfrac{P_B - P_A}{P_b - P_A} < \sigma_{end} \\[3mm] Mould_{thk} - R_a^A - (R_a - R_a^A) \cdot \dfrac{P_B - P_A}{P_{\sigma_{end}} - P_A} & \text{当 } \dfrac{P_B - P_A}{P_b - P_A} \geq \sigma_{end} \end{cases} \quad (6-279)$$

式中，σ_{end} 为结束段实施轻压下区域的比例系数，其大小根据扇形段段号和钢种而各异；$P_{\sigma_{end}}$ 如式（6－280）所示：

$$P_{\sigma_{end}} = P_A + \sigma_{end}^{-1} \cdot (P_B - P_A) \quad (6-280)$$

上述计算方法在某些情况下会导致实际施加的总压下量与设定的总压下量不一致，但其有效地兼顾了铸坯整体质量和设备条件，保证了生产的安全稳定和铸坯的基本质量要求。以低碳钢为例，在拉速 1.5m/min，浇铸温度 1559℃条件下，压下区间距结晶器液面 21.05 ～ 22.13m，完全在 9 号段（距结晶器液面 20.56 ～ 22.57m）内，动态轻压下控制模型计算得出的轻压下辊缝设定值为：9 号段入口 222.41mm，出口 219.44mm（$\sigma_{star} = 0.15^{-1}$，$\sigma_{end} = 0.9^{-1}$，$Mould_{thk} = 222mm$）。又如，包晶钢拉速 1.9m/min，浇铸温度 1546℃条件下，压下区间距结晶器液面 22.1 ～ 24.7m，跨越 9 号段和 10 号段（距结晶器液面 22.90 ～ 24.91m），模型计算得出的轻压下辊缝设定值为：9 号段入口 222.10mm，出口 221.40mm；10 号段入口 221.13mm，出口 218.84mm（$\sigma_{star} = 0.15^{-1}$，$\sigma_{end} = 0.88^{-1}$，$Mould_{thk} = 222mm$）。

6.9.5 扇形段入口、出口设定值计算

除参与轻压下实施的扇形段外，位于压下区间之前的扇形段入口、出口轻压下辊缝设定值均设定为结晶器出口厚度，压下区间之后的均设定为压下结束段出口设定值。

生产过程中，除轻压下实施要求扇形段形成锥度外，铸坯本身的热收缩同样要求扇形段辊缝逐渐减小。铸坯的自然热收缩与表面温度分布密切相关。在工作拉速范围内，当比水量恒定时，铸坯的表面温度基本保持不变，因此在现场应用过程中，为节省模型计算时间，可以按表面温度分布制定简单的热收缩辊缝制度。将自然热收缩制度同轻压下辊缝设定值相叠加，即可求得各扇形段入口、出口设定值。

6.9.6 选择轻压下作用方式

实际生产中的轻压下实施方式分为两种，一种是辊缝控制方式，即扇形段以较大压力挤压铸坯，直至扇形段达到并保持在设定辊缝位置上；另一种是压力控制方式，即扇形段以一定压力挤压铸坯，直至反抗力与压下力保持平衡，成为软压下。正常生产过程中采用辊缝控制方式，当铸坯过冷时，为保护扇形段设备，切换为较小压力下的压力控制方式。

如图 6－69 所示，软压下模式的激活和转出条件为当扇形段内铸坯的平均中心温度低

于某一设定温度 T_{center}^{SCmin} 时，转入软压下模式；当平均中心温度高于某一设定温度 T_{center}^{SCmax} 时转回轻压下模式，其中 T_{center}^{SCmax} 和 T_{center}^{SCmin} 的大小与具体钢种有关。扇形段中心温度是扇形段内铸坯中心温度值平均值，计算如式（6-281）

$$T_{center}^{Segment} = \frac{1}{n} \cdot \sum_{i=1}^{n} T_{center}^{i} \qquad (6-281)$$

式中，T_{center}^{i} 是扇形段内第 i 个跟踪单元的中心温度。

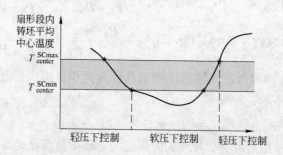

图 6-69 软压下模式与轻压下模式的切换过程

此外，扇形段内框架中间的分节辊为驱动辊，其单独配备有传动液压缸，该液压缸可根据外界负载调节压力，以实现驱动辊的升降及对铸坯或引锭杆的压紧。实施轻压下时，一级系统根据扇形段的入口、出口实测值控制驱动辊压下，以保证内框架多个辊所形成的压下面平滑。

7 现代冶金过程参数检测技术

7.1 温度测量

在冶金过程中，特别是钢铁冶金过程，常常涉及到高温熔体，熔体的温度是冶金过程中的一个很重要的技术指标。如高炉内的温度分布、高炉的热风温度、炉顶温度、炉缸温度；炼钢炉如转炉、电炉炼钢终点的温度、各种精炼反应器的钢水温度、连铸中间包、结晶器钢水的温度和二冷段铸坯的温度等。这些温度的测量与控制，对于冶金过程的物理化学反应、产品质量、生产的顺行等有着重要的影响。

7.1.1 温度测量方法

温度测量方法一般可分为接触式测温法和非接触式测温法。

（1）接触式测温法。测温元件与被测体直接接触，两者进行热交换并最终达到热平衡，这时测温元件的温度就反映了被测体的温度。这种温度测量方法的优点是方法简单，可靠，测量精度较高。缺点是测温元件要与被测物体接触并充分换热，从而产生测温滞后现象；测温元件可能与被测物体发生化学反应；由于受到耐高温材料的限制，接触式测量仪表难以应用于很高温度的测量。

（2）非接触式测温法。测温元件与被测体不接触，通过热辐射等感受被测体的温度高低。这种测温方法的优点是测温元件与被测物质不接触，测量范围不受限制，测温速度较快，可在运动中测量。缺点是受到被测物质的发射率、被测物质与测量仪表之间的距离以及其他中间介质的影响，测温误差较大。

7.1.2 黑体空腔式中间包钢水连续测温

连铸中间包钢水温度测量是控制铸坯拉速，提高浇成率的一项重要监测指标。常用的测温方法有快速热电偶间断测温和铂铑热电偶外加保护套管连续测温。前者需要每5~10min 人工测量一次，劳动强度大，且因快速热电偶的插入深度不同而影响测温的准确性和稳定性；后者虽能较好地解决上述问题，但因昂贵的铂铑金属使得测温成本高。

黑体空腔钢水连续测温系统结构示意图如图 7-1 所示。中间包钢水连续测温传感器主要由黑体空腔测量管和测温探头组成。其中黑体测量管是由内外套管组成的一端开口、一端封闭的复合腔体，外管为保护管，由耐高温、抗熔渣侵蚀、耐钢水冲刷、抗热震性好和抗氧化性好的耐火材料制成，内管为测温管，其内壁形成在线黑体空腔，测温管与保护套管之间为空气夹层。

测温时将传感器插入到钢水中，保护套管直接与钢水相接触，感知温度，测温管发出的辐射能被测温探头接收，由光电探测器系统接收腔体发射的热辐射并转换为电信号，经前置放大器放大送给信号处理器，单片机根据在线黑体空腔理论公式计算确定钢水温度，并进行显示。由斯蒂芬－玻耳兹曼辐射定律可得

$$E_b = \varepsilon\sigma T^4 \qquad (7-1)$$

式中，E_b 为在线黑体空腔的半球辐射力；T 为被测介质的温度；ε 为在线黑体空腔的发射率；σ 为斯蒂芬－玻耳兹曼常数，$\sigma = 5.6679 \times 10^{-8} W/(m^2 \cdot K^4)$。

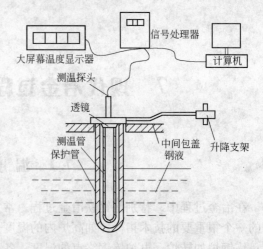

图 7 - 1　黑体空腔钢水连续测温系统结构示意图

从以上原理可知，该测温方法的准确度主要取决于积分发射率的准确计算。实验室黑体空腔满足基尔霍夫理想黑体"密闭"和"等温"的物理模型，其积分发射率近似等于1。但是在线黑体空腔却具有如下两个特点：

（1）由于受传感器长径比、靶底锥度和开口大小等几何条件的影响，所形成的黑体空腔具有"非密闭性"；

（2）测温时，传感器一部分插入钢水中，另一部分暴露于中包空气中，二者所施加的边界条件（流体温度和对流换热系数）具有较大差异，温度分布沿轴向必然存在梯度，其测温管内壁所形成的黑体空腔也必然具有一定的"非等温性"。

因此在线黑体空腔不满足基尔霍夫理想黑体"密闭性"和"等温性"的两个限制条件，其积分发射率不能简单认为近似1，而必须进行准确计算

$$\varepsilon = \frac{\int_0^{L_1} \varepsilon_e(r)\,dF_{r,D}\,dA_r + \int_{L_1}^{L_1+L_2} \varepsilon_e(x)\,dF_{x,D}\,dA_x}{\int_0^{L_1} dF_{r,D}\,dA_r + \int_{L_1}^{L_1+L_2} dF_{x,D}\,dA_x} \qquad (7-2)$$

式中，ε_e 为空腔体有效发射率；dA_r 和 dA_x 分别为腔体靶面处 r 和壁面 x 处的微圆环面积；$dF_{r,D}$ 和 $dF_{x,D}$ 分别为 dA_r 和 dA_x 对探测器接收面 A_D 的角系数；L_1 为测温管管底部分轴线长度；L_2 为圆筒部分轴线长度。

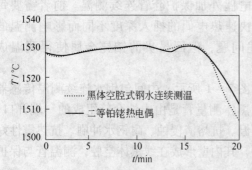

图 7 - 2　黑体空腔式钢水连续测温实验曲线

由式（7-2）可知，欲求腔体积分发射率，必须先确定黑体空腔的有效发射率分布 ε_e。有效发射率的计算方法可采用积分方程法、多重反射法或蒙特卡洛法。

以上两式构成了实际黑体空腔式钢水连续测温系统的理论基础。黑体空腔式钢水连续测温实验曲线如图7-2所示，由图可知，黑体空腔式钢水连续测温方法测量温度与采用铂铑热电偶测定的温度值很接近，不同的三种测温方法的特点对比列于表7-1中。

表 7 - 1   3 种测温方法性能比较

方 法	测温方式	测温误差/℃	响应时间/s	测温成本/美元·支$^{-1}$	优缺点	实用性
黑体空腔	连续	≤3	45	约150	准确、成本低	强
铂铑热电偶	连续	≤2	90	450	准确、成本高	差
消耗型热电偶	间断	≤5~10	8	≥150	不准确、成本高	较强

7.1.3 铁水温度连续测定

日本钢管公司福山厂开发的铁水温度连续测量系统如图 7 - 3 所示。它的测温套管后端是由不锈钢 SUS304 构成，浸入铁水前端也是一个双层套管，外管是用 $\phi45/35$ 耐高温的 ZrB_2 系列耐火材料制成，内管是用 $\phi32/28$ 较稳定又耐高温的 Al_2O_3 材料制成。采用双层套管是因为 ZrB_2 能耐高温和铁水侵蚀，但在 1500℃ 时，会产生 B_2O_3 气体，对测定精度有影响。由于本系统采用辐射高温计测量温度，故套管长度要确保开口比（浸入部分/管半径）在 10 以上，使实际发射率接近 1。铁水温度测定精度要求在 3℃ 以内，故采用窄的波长范围为 $0.64\sim0.66\mu m$（中心波长为 $0.65\mu m$）的单色辐射高温计以减少散射光的影响。测定范围为 1000~1600℃，距离系数为 400，稳定性为 1℃/年，校正精度为 2℃，保护管寿命约为 200h。本系统已在该厂的高炉上使用。

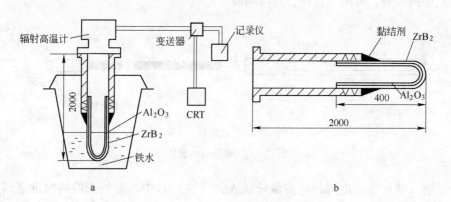

图 7 - 3   铁水温度连续测量示意图

a—测量系统；b—套管尺寸

7.1.4 铁水、钢水温度间歇测定

对铁水、钢水温度的间歇测定常采用消耗式热电偶，由于它具有准确度高（在 ±5℃以内），响应快（4s），复现性好，经济方便而得到广泛应用。它的整个测量头见图 7 - 4，热电偶是装在石英管内的直径为 0.05~0.1mm 铂铑 10 - 铂丝（KS - 602P 或 J 型，分度号为 S，使用温度上限为 1700℃）或铂铑 13 - 铂丝（BP - 6MP 或 J 型，分度号为 R，使用温度上限为 1760℃）或双铂铑丝（铂铑 30 - 铂铑 6，KB - 602P 或 J 型，分度号为 B，使用温度上限为 1820℃），也可使用钨铼 3 - 钨铼 25 丝，长度约 20mm，铝帽用来保护"U"

214

形石英管和热电偶，以免在其通过渣层和钢（铁）液时被损坏。测温时将测量头插在测温枪（图7-5）的头部。由于测温是间歇进行的，故一般利用纸管作为保护材料，套在测温枪上面，以防止测温枪发生热变形，甚至烧毁枪内的补偿导线。

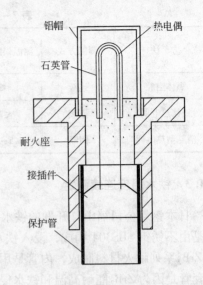

与消耗式热电偶测量头配套的还有专门的钢（铁）水温度测量仪，该仪表的特点为：

（1）内装微型计算机，数字运算，精度高，无漂移；

（2）毫伏信号可直接输入，不必用变送器；

（3）有大型数字显示装置，读数醒目，并能自动保存；

（4）带打印装置，能把测量结果和时间打印出来；

图7-4　消耗式热电偶测量头结构示意图

（5）能对温度漂移和时间漂移进行自动补偿，仪表精度高；

（6）有"热电偶接通"及"测试完成"的声光信号，操作方便；

（7）有通信接口，可和过程计算机相连；

（8）如果需要，可用一台仪表同时测温、定氧等。

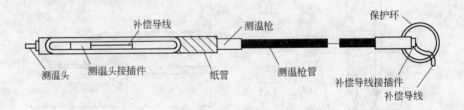

图7-5　测温枪示意图

测量钢（铁）水温度时，将测温枪插入钢（铁）水中，测量头的铝帽迅速熔化，石英毛细管所保护的热电偶工作端即暴露在钢（铁）水中，因石英毛细管的热容量小，故能很快升至钢（铁）水温度，如图7-6所示，首先热电偶的热电势因温度上升而迅速升高，如AB段所示，直到与钢（铁）水温度一致时（图中B点），热电势不再上升，达到平衡状态（温度曲线出现一个"平台"），这一平台就是钢（铁）水的温度所对应的电动势，故测出这一平台极为关键，过早测量，数据不是钢（铁）水的真正温度，过晚则热电偶已烧断而没有读数，测不出来而导致失败。测量时将由计算机自动找出这一平台，保持该温度显示和传送至过程计算机，并发出"测试完成"的声光信号，测量者可以把测温枪从钢（铁）水中提出，当热电偶与渣接触时，热电势略有升高，出现C点，继续提枪，电势迅速下降，测温完成。

目前快速的消耗式热电偶都普遍采用铂铑贵金属，而每年需消耗大量贵金属，我国缺乏铂铑资源，成本高，供应日趋紧张。采用资源较丰富和价格较低的钨铼丝来代替铂铑丝制造消耗式热电偶,可以节省铂铑贵金属,降低成本,目前这种钨铼的消耗式热电偶也已被用于炉外精炼和铁水预处理中。

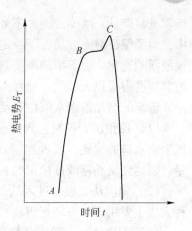

图7-6 钢(铁)水温度测量曲线

7.1.5 热风温度检测

传统的热风温度检测方法是使用铂铑热电偶,但由于风温越来越高使检测越来越困难。因此,国外使用辐射高温计测量热风温度,但由于热风管内热风温度分布与管道、耐火砌体厚度和热传导系数等有关(图7-7a),此外为了测得真实温度,还需测量离开管道表面一定距离的温度,为此如图7-7b那样在管道内壁上设有对准砖,用辐射高温计测量砖表面温度,从而获得与热风真实温度相一致的温度。

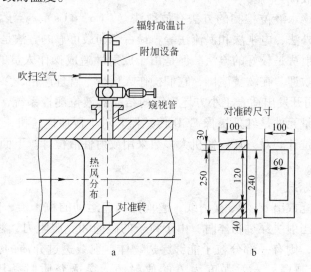

图7-7 辐射高温计测量热风温度示意图

7.2 液位、料位测量

在冶金过程中,了解和控制容器内的液位高低,对于冶金过程的控制和生产具有重要的意义。如高炉炉缸内铁水的液面高度、炼钢炉内的液面高度,浇铸过程中钢包、中间包的液面高度以及结晶器的液面高度,在生产中都需要加以了解和控制,以确定相应的操作工艺参数。

7.2.1 连铸结晶器液面测量

结晶器钢水液位波动不但直接影响铸坯的质量(如夹渣、鼓肚和裂纹等),而且会导致浇铸过程中发生溢钢甚至漏钢事故。对结晶器钢水液位进行自动控制,是连铸生产的关键技术之一,它对于保证连铸机的安全生产,降低工人劳动强度,提高生产效率,提高铸坯质量与产量，减少溢钢和漏钢事故，提高连铸生产的管理水平都非常重要。生产过程中，为了保证液面波动近于稳定，在没有液面自动控制的情况下，浇铸操作工必须时刻注视液面的变化，由于精神高度紧张，保护渣厚薄不均，常常给人工操作带来很多麻烦，给控制精度带来很大影响，通常人工控制液面的波动范围在 ±30mm 内。

传统的结晶器钢水液位自动控制有 3 种方法。

（1）流量法。控制进入结晶器的钢水流量，以保持液位稳定。通过改变中间包塞棒或滑动水口的位置，或者控制塞棒和滑动水口二者的位置，来控制进入结晶器的钢水流量，以达到结晶器液位稳定的目的。

（2）速度法。根据进入结晶器的钢水量，控制拉坯速度以保持结晶器液位稳定。这种方法主要用于小方坯连铸。

（3）混合法。一般控制拉坯速度来保持液位稳定，但是当拉速超过某一数值仍不能保持给定的结晶器液位时，则再通过控制中间包塞棒或滑动水口的开口度，或者两者均控制，以控制结晶器液位。

目前，结晶器钢水液位检测的方法有放射法（^{60}Co、^{137}Cs）、浮子法、热电偶法、电磁法、激光法、红外法、电视法和涡流法等。最古老和最可靠的方法是放射法。对某些场合如薄板坯连铸放射法是较好的方法。但是由于放射性造成操作人员的恐惧心理，因此，它往往不受现场的欢迎。在欧美诸国，它们操作人员少，管理严格，多采用此方法。1992年，法国 SFRT 公司开发出适合于小方坯连铸的结晶器液位测控系统，已有数十家近 200流在使用。它的测量元件是红外摄像 CCD 传感器。对于板坯连铸机，大多采用日本钢管公司开发的涡流液位计。对方坯连铸机大多数采用放射性液位计。下面介绍几种主要的结晶器液位检测方法。

7.2.1.1　射线法

放射性同位素能放出 α、β、γ 射线，它们是高速运动的粒子流，能穿透物质使沿途的原子产生电离。当射线穿过物体时，由于粒子的碰撞和克服阻力，粒子的动能要下降，如果粒子的能量大，则有一部分粒子能够穿透物体。射线透过介质的强度随着射线通过介质厚度的增加而减弱。入射强度为 I_0 的放射源，穿透介质时，其强度随厚度的变化为

$$I = I_0 e^{-\mu H} \tag{7-3}$$

式中，I 为射线透射介质后的强度；H 为介质厚度；μ 为介质对射线的吸收系数。上式也可写成

$$H = \frac{\ln I_0 - \ln I}{\mu} \tag{7-4}$$

根据射线吸收原理，装在结晶器一侧的放射源辐射出的 γ 射线经过结晶器，未被钢水吸收的射线被探测器接收，其 γ 射线的透射量与结晶器内钢水液面高度成反比。探测器把射线信号转化为电信号，单位时间输出的电脉冲数量与入射的 γ 射线量成正比，与结晶器内钢水液面高度成反比。把从探测器输出的电脉冲信号通过光电耦合输入到一次测量仪表，经过主机处理转换成与钢水液面高度成正比的 0～10V 或 0～20mA 电模拟量信号，然后输入拉矫机控制系统，调控拉坯速度，以控制定径水口浇铸的结晶器内钢水液面的高度，测量原理图如图 7-8 所示。

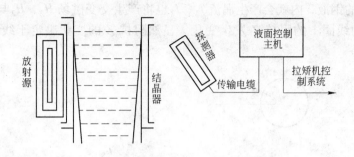

图 7 - 8 结晶器钢液液位检测系统示意图

小方坯连铸机所用^{60}Co（也可用^{137}Cs）线状放射源，强度为 4.4×10^7 Bq（1.2mCi），屏蔽层厚度为 50mm 的铅。拉坯时，启动放射源，操作人员所处位置的防护罩屏蔽层厚度为 100mm，距罩体 0.2m 处的剂量当量率为 3μSvh^{-1}（每小时 3 微希）。正常操作位置的剂量当量率远低于 2.5μSvh^{-1}，根据国标 GT 34792—84《放射卫生防护基本标准》9.2 条规定，连铸机结晶器旁属放射性工作场所，此剂量值仅为国家对公众规定限值的 1/10，所以，从剂量防护强度看是安全的。

这种方法在生产中应用较好，但要注意防护问题。辐射源可以是^{137}Cs，其半衰期为 33 年，也可以是^{60}Co，其半衰期为 5.4 年，大型板坯连铸机所用^{60}Co 辐射源强度约为 3.7×10^8 Bq，为了安全起见，必须设置防护罩，以保证操作场所内放射强度低于 1.29×10^{-4}C/（kg·a）。近年来，为减小辐射源强度，有的把辐射源和接收器均安装在结晶器冷却水套内，此时辐射强度可降到 1.85×10^8 Bq 以下。采用^{60}Co 作为射线源时，其半衰期为 5.4 年，由于射线源不断衰减，仪表的零点也随之漂移，每月在满量程的 1% 以上，所以仪表内设有补偿调节旋钮。采用^{137}Cs 作为射线源，其半衰期为 33 年，剂量可以降低，射源弱，寿命高。

7.2.1.2 电涡流法

电涡流位移传感器是利用通电线圈与金属导体之间的涡流互感效应，将结晶器钢水液面高度位移变化转化为电信号，来检测结晶器钢水液位，如图 7 - 9 所示。

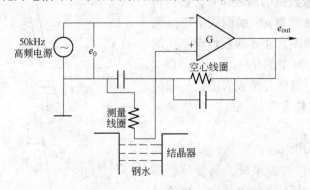

图 7 - 9 电涡流法检测结晶器液面高度系统示意图

图 7 - 10 是电涡流传感器原理图，如图 7 - 10a 所示，将一扁平线圈 1 置于金属导体 2 附近，当线圈中通以正弦交变电流 I_1 时，线圈 1 周围空间就产生了正弦交变磁场，磁通为

H_1，处于 H_1 中的钢液 2 内就会产生涡流 I_2，I_2 也将产生交变磁场 H_2，H_2 与 H_1 方向相反，使原产生磁场的线圈 1 的阻抗 Z 发生变化。显然阻抗 Z 的变化决定于线圈到钢液面的距离。

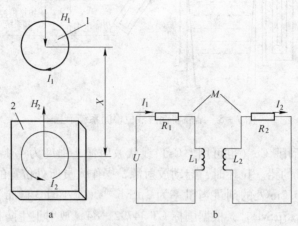

图 7 - 10   电涡流传感器原理图

线圈受钢液产生的磁场影响后的等效阻抗为

$$Z = R_1 + R_2 \frac{\omega^2 M^2}{R_2^2 + \omega^2 L^2} + j\omega\left(L_1 - L_2 \frac{\omega^2 M^2}{R_2^2 + \omega^2 L_2^2}\right) \qquad (7-5)$$

式中，R_1、L_1 分别为线圈电阻（Ω）和电感（H）；ω 为线圈激励电流的角频率；M 为线圈与导体的互感系数。

从上式可得到对应的等效电阻、等效电感分别为

$$R = R_1 + R_2 \frac{\omega^2 M^2}{R_2^2 + \omega^2 L^2} \qquad (7-6)$$

$$L = L_1 - L_2 \frac{\omega^2 M^2}{R_2^2 + \omega^2 L_2^2} \qquad (7-7)$$

等效电阻 R 大于 R_1，且线圈离导体的距离 X，直接影响等效阻抗的实数部分，在金属导体的电阻率 ρ、磁导率 μ、线圈激励电流强度 I、角频率 ω 和线圈尺寸等参数恒定不变的情况下，阻抗 Z 就为 X 的单一值函数，即 $Z = f(X)$。根据这一原理可做成涡流式位移传感器。这种传感器具有非接触式，测量灵敏度、频响性特好。

图 7 - 11 为采用电涡流传感器检测结晶器液位的结晶器液位控制系统，涡流传感器的有效信号经过放大、线性化处理，将结晶器钢水液面变化转换为直流电流标准信号，通过操作显示控制盘实现手动或自动控制连铸中间包水口开度实现结晶器钢水液面控制。

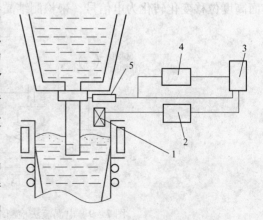

图 7 - 11   结晶器液位控制系统
1—电涡流传感器；2—结晶器液位计；3—PLC；
4—现场操作显示控制盘；5—执行器

7.2.1.3 电磁法

电磁法结晶器液位计原理示意图如图 7 – 12 所示。在结晶器上口安装可以产生磁场的发射线圈 1 和可以接受磁场的接收线圈 2，在发送线圈 1 通过 1kHz 的稳定电流，产生一次磁场，该磁场在结晶器铜壁和钢水表面产生涡流，涡流又产生二次磁场，被接收线圈接收并感应产生感应电压，该电压与结晶器内的钢液面变化有关。通过测定接收线圈的感应电压，可以测定结晶器内的钢水液位。

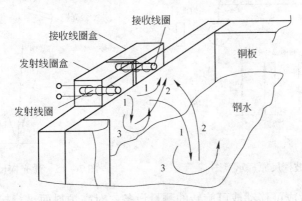

图 7 – 12　电磁法结晶器液位计原理示意图
1——次磁场；2—二次磁场；3—涡流

7.2.2　高炉料线检测

7.2.2.1　机械探尺

高炉料线机械探尺示意图如图 7 – 13 所示，一般高炉炉顶装有 2 ~ 5 根机械探尺，检测时通过滑轮机构将探尺放下，根据探尺的位移可以确定该位置的料线。机械探尺是一种结构简单的料线测量设备，但经长时间使用后容易损坏，测量精度不高。

7.2.2.2　微波探尺

电磁波波长在 1mm 到 1m 的波段称为微波。微波与无线电波比较，前者具有良好的定向辐射性和传输特性，在传输过程中受火焰、灰尘、烟雾及光强的影响极小。基于上述特点，便可用微波法对物位进行测量。雷达式物位计就是一种采用微波技术的物位测量仪表。它不接触介质、没有测量盲区，可进行连续测量。而且测量精度几乎不受被测介质温度、压力、相对介电常数及易燃易爆等恶劣工况的限制。

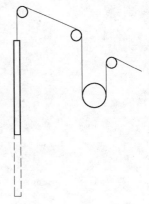

图 7 – 13　机械探尺示意图

高炉料线微波探尺有一个微波发送器和一个微波接收器，如图 7 – 14 所示，发送器发出的微波一部分经通道 1 传送到接收器，另一部分微波发射到料面，经料面反射后被接收器接收，测出这两部分微波行走的时间差 $\Delta t = t_2 - t_1$，根据微波的传播速度 $c = 3 \times 10^8 \text{m/s}$，就可以确定测定点的料线位置 H，即

$$2L = \Delta t \times c \tag{7 – 8}$$

$$H = L - L_2 \tag{7 – 9}$$

7.2.2.3　激光探尺

激光探尺工作原理示意图如图 7-15 所示。该探尺有一个激光光源，发出的短促激光脉冲在照射到目标物体后，被反射到聚光镜上，然后被接收器测到，由激光从发射到被接收器接收所需要的时间就可计算出光源和物体目标之间的距离。

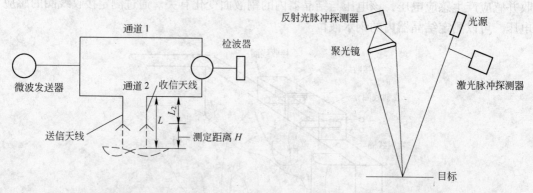

图 7-14　微波探尺原理示意图　　　　　图 7-15　激光探尺原理示意图

将上述的探尺做成可移动或可旋转的测量设备，对高炉料面进行扫描，就可测量整个料面的形状，如图 7-16 所示。

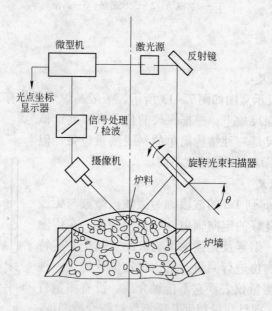

图 7-16　高炉料面测量系统示意图

7.3　成分分析

在冶金过程中，涉及到原料、熔体和炉气，与过程控制有关的过程参数有这些原料、熔体、炉气的成分和温度。如高炉炼铁中，铁矿石的成分、焦炭的成分，高炉产品铁水的成分和温度，副产品如炉渣、高炉煤气的成分；在炼钢中各种原材料如铁水、造渣料的成分，冶炼终点钢水的成分和温度、吹炼过程的炉气成分等，都是对冶炼过程进行控制时需要了解的重要参数。如果对生产过程中产品的成分和温度有了了解，当冶炼过程中的产品成分和温度出现偏差时，就可以调整生产过程的工艺参数，使生产产品的成分和温度符合生产要求，从而能够实现对生产过程的自动控制。因此，成分分析技术的应用，可以提高和保证产品的质量，降低原材料的消耗，提高劳动生产效率，促进生产的发展。因此，成分分析和检测在工业生产过程控制中具有重要的地位。

7.3.1 炉气氧含量测定

7.3.1.1 工作原理

采用氧化锆作为固体电解质，在较高的温度下，因电解质两侧的氧浓度不同而形成浓差电池。浓差电池的电动势与两侧的氧浓度有关，当一侧氧浓度固定时，可通过测定氧浓度差电池的输出电势，由氧浓度与电势的关系求出另一侧的氧浓度。

氧化锆导电性能差，若掺入一定数量的氧化钙（CaO）、氧化镁（MgO）或氧化钇（Y_2O_3）并经高温焙烧后，就具有良好的导电性。

氧浓差电池可表示为（设 $p_0 > p_1$）

$$(-) Pt, O_2(p_1) | ZrO_2 \cdot CaO | O_2(p_0), Pt(+)$$

正极反应：$\qquad O_2(p_0) + 4e \Longrightarrow 2O^{2-}$

负极反应：$\qquad 2O^{2-} \Longrightarrow O_2(p_1) + 4e$

总反应：$\qquad O_2(p_0) \Longrightarrow O_2(p_1)$

电池两端的电势 E 可由能斯特（Nernst）公式表示

$$E = \frac{RT}{NF} \ln \frac{P_0}{P_1} \qquad\qquad (7-10)$$

设炉气可视为理想气体，则在恒温下，根据分压与气体体积浓度的关系，上式可改写为

$$E = \frac{RT}{NF} \ln \frac{\varphi_0}{\varphi_1} \qquad\qquad (7-11)$$

式中，φ_0、φ_1 为两侧气体中氧气的体积浓度。

若用空气作为参比气体，$\varphi_1 = 20.8\%$，当 T 一定时，E 只取决于待测气体的氧气体积百分数 φ_0。通过测出氧浓差电池的电动势 E 的大小，可求出待测气体的氧浓度。

7.3.1.2 氧化锆氧气分析仪探头结构

氧化锆氧气分析仪的结构示意图如图 7 - 17 所示，它由氧化锆固体电解质管、铂电极

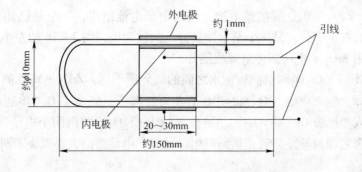

图 7 - 17　氧化锆氧气分析仪探头结构示意图

和引线构成。管内外壁用烧结的方法附上铂、铑等金属电极和引线。管内通以参比气体（通常是空气），管外通过待测气体。

为了正确测量气体的氧浓度，需注意以下几点：

(1) 恒温，以保证 E 与 φ_0 的单值对应关系；

(2) 高温下工作，以保证有足够的灵敏度；

(3) 要保证被测气体与参比气体的总压相等；

(4) 两侧的气体应保持一定的流速。

7.3.2　钢液直接定氧

在直接定氧技术出现之前，多使用间接定氧法，如真空熔化法、光谱分析法、库仑法和中子化法等来测定钢中的氧含量。这些间接定氧法虽然有效，但都需要取样、制备试样、分析测定等，这些方法操作繁杂，分析时间较长，等分析结果出来，已经过了一段时间，因此，不能用间接定氧法在线定氧指导和控制生产。

自 1957 年 Wagner 确立了固体电解质电池的化学理论后，以 ZrO_2 固体电解质为主的氧电池的研究工作蓬勃发展起来，到 20 世纪 70 年代初已在冶金生产过程控制中得到了广泛的应用。利用氧化锆固体电解质浓差电池来直接测定熔体金属的氧活度的技术，在理论上和实际应用中已相当成熟，现已成为炼钢不可缺少的手段。目前几乎所有的钢厂均采用氧化锆电解质浓差电池来测定钢水中的氧活度。

7.3.2.1　工作原理

以氧化锆为基体，用氧化镁为稳定剂的固体电解质，由参比极为铬、三氧化二铬（$Cr + Cr_2O_3$）和被测熔体金属电极组成的氧浓差电池，可直接测定熔体金属的氧活度，其工作原理如图 7-18 所示。

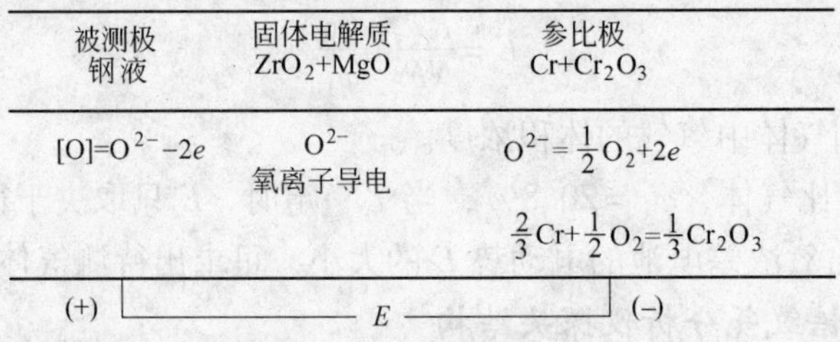

被测极 钢液	固体电解质 ZrO_2+MgO	参比极 $Cr+Cr_2O_3$
$[O]=O^{2-}-2e$	O^{2-} 氧离子导电	$O^{2-} = \frac{1}{2}O_2+2e$
		$\frac{2}{3}Cr+\frac{1}{2}O_2=\frac{1}{3}Cr_2O_3$
(+)	E	(-)

图 7-18　钢液直接定氧的氧浓差电池原理图

由图可见，$ZrO_2 + MgO$ 氧浓差电池，由两个半电池组成，一个是已知氧分压的参比极，图 7-18 的右半部分，另一个是未知氧分压的被测极，图 7-18 的左半部分，被测极为钢液，中间用 $ZrO_2 + MgO$ 固体电解质隔开。

由于参比极 $Cr + Cr_2O_3$ 和被测极钢水之间的氧分压不同，$ZrO_2 + MgO$ 固体电解质是氧离子 O^{2-} 的导体，钢水中的 [O] 得到电子成为氧离子，氧离子 O^{2-} 将通过 $ZrO_2 + MgO$ 固体电解质进入参比极 $Cr + Cr_2O_3$ 中，Cr 被氧化为 Cr_2O_3，放出两个电子（$2e$）。电子沿参比极和被测极之间的导线流动，从而产生电动势，电动势的大小取决于两极之间的氧分压差。

浓差氧电池的表达式为（一般从负到正）

$$(-)\,\mathrm{Mo}\,|\,\mathrm{Cr}+\mathrm{Cr_2O_3}\,\|\,\mathrm{ZrO_2}+\mathrm{MgO}\,\|\,a_{[\mathrm{O}]}\,|\,钢液(+)$$

总反应

$$[\mathrm{O}]_{钢液}+\frac{2}{3}\mathrm{Cr_s}\longrightarrow\frac{1}{3}\mathrm{Cr_2O_3} \tag{7-12}$$

上述电池反应总的自由能变化

$$\Delta G=\Delta G^{\ominus}+RT\ln\frac{1}{a_{[\mathrm{O}]}} \tag{7-13}$$

根据能斯特方程

$$\Delta G=nFE \tag{7-14}$$

得

$$\ln a_{[\mathrm{O}]}=\frac{\Delta G^{\ominus}}{RT}-\frac{nF}{RT}E \tag{7-15}$$

式中，E 为两极间电动势；R 为气体常数；T 为热力学温度，K；F 为法拉第常数。

因此，只要能测出电动势 E 和钢水温度 T，就能直接测出钢水的氧活度。用 $\mathrm{Cr}+\mathrm{Cr_2O_3}$ 作参比极时，反应式（7-12）的热力学数据 $\Delta G^{\ominus}$，有

$$\lg a_{[\mathrm{O}]}=4.62-\frac{13580-10.08E}{T} \tag{7-16}$$

用 $\mathrm{Mo}+\mathrm{MoO_2}$ 作参比极时，氧浓差电池的总反应为

$$2[\mathrm{O}]+\mathrm{Mo}=\!=\mathrm{MoO_2} \tag{7-17}$$

得

$$\lg a_{[\mathrm{O}]}=3.885-\frac{7725-10.08E}{T} \tag{7-18}$$

式中，$a_{[\mathrm{O}]}$ 为氧活度；E 为氧电池电动热，mV；T 为钢水温度，K。

7.3.2.2　ZrO$_2$ 的抗热震性

当温度达到 $850\sim1150\,℃$ 时，$\mathrm{ZrO_2}$ 将发生晶型转变，由单斜相变成四方相晶系（萤石结构），这一相变伴有 7% 的体积收缩，而且这种相变是可逆的，当温度大于 $1150\,℃$ 时，经几次升降温就可破碎。

在 $\mathrm{ZrO_2}$ 中加入大约 $12\%\sim15\%\,\mathrm{MgO}$ 或 CaO，使之生成置换式固溶体，成为全稳定的 $\mathrm{ZrO_2}$ 或部分稳定 $\mathrm{ZrO_2}$。当温度增加，$\mathrm{ZrO_2}$ 相变体积收缩与已稳定的 $\mathrm{ZrO_2}$ 体积膨胀相抵消，于是这样的固体电解质的抗热震性能大大提高。

7.3.2.3　参比极的选择

参比极一般根据被测熔体金属的含氧量进行选择，当氧活度大于 99×10^{-6} 时，多选用 $\mathrm{Mo}+\mathrm{MoO_2}$；当氧活度小于 99×10^{-6} 时，则选用 $\mathrm{Cr}+\mathrm{Cr_2O_3}$ 作参比极，而不必修正，总体要求使被测极与参比极构成的电池电动势接近于零为好。如果 $\mathrm{ZrO_2}$ 两侧的氧分压差较大，容易产生电子导电及氧的直接渗漏，以致造成测量误差。

7.3.2.4　测温热电偶

用于定氧测头的测温热电偶，一般用 S 型（$\mathrm{PtRh_{10}/Pt}$）或 R 型（$\mathrm{PtRh_{13}/Pt}$），国内外多采用 I 级丝铂铑 10-铂热电偶丝及分度表标准。由于每 $1\,℃$ 的温度误差会导致大约 1% 氧活度的相对误差，因此，不能忽视测温的准确度。

7.3.2.5 响应时间

固体电解质电池定氧的响应时间是指氧电池的输出达到稳定值的时间,一般要求响应时间小于 3~5s。响应时间短、稳定时间长是氧电池品质好的主要标志。响应时间长,稳定时间短,甚至出现电动势下滑,直到最后才有一段稳定的电动势,这样的氧电池品质不好,不能使用。

氧浓差定氧探头结构示意图如图 7-19 所示。从结构示意图可知,定氧探头有一支热电偶,用于测量温度。因此定氧探头可以测定温度和氧量。测量枪把定氧探头插入钢水后,其典型测量曲线见图 7-20。由图可知,当定氧探头插入钢水后,定氧探头的电动势要有一段时间才能出现平衡值,这段时间约为 2~3s,平衡值的允许波动值 ΔE,表示测量值上下波动小于这一允许值时才算平衡值出现,平衡值持续时间(Δt)表示波动值小于允许值时应持续到该规定时间,平衡值才算有效,到测量结束的时间一般为 5~10s。测量时,数字式钢水定氧测量仪可自动找平衡值及判断何时开始记录和显示以及保持数据和发出测量结束信号。

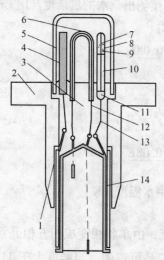

图 7-19 定氧探头结构示意图

1—纸管;2—耐火件;3—耐火泥;4—钼棒电极;
5—保护帽;6—U 形石英管;7—钼针;8—ZrO₂固体
电解质管;9—参比极;10—Al₂O₃粉;11—塞子;
12—热电偶;13—引线;14—塑料插件

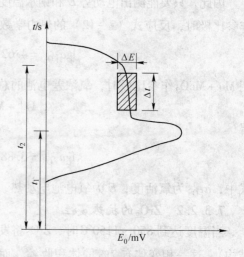

图 7-20 ZrO₂固体电解质氧浓差电池
定氧典型测量曲线

7.3.3 铁水硅直接测定

铁水硅活度的直接测定的电化学方法是用高温固体电解质组成浓差电池进行定硅。目前主要有四种这类测量的探头,这里介绍其中的两种。

7.3.3.1 带副电极的铁水定硅探头

因目前还没有像氧浓差电池那样的固体电解质可以用来直接定硅,所以,采用带副电极 $ZrO_2 + ZrSiO_4$ 的 $ZrO_2(MgO)$ 固体电解质与铁水中的硅形成电池进行定硅,如图 7-21 所示。带副电极的铁水定硅探头结构如下

$$Mo/Mo + MoO_2 \mid ZrO_2(MgO) \mid ZrO_2 + ZrSiO_4 \mid [Si]/Mo \qquad (7-19)$$

硅测量探头的反应为

$$ZrO_2 + [Si] + 2[O]_{Fe} \Longrightarrow ZrSiO_4 \qquad (7-20)$$

以 $ZrO_2(MgO)$ 作为离子导电的固体电解质，以 $ZrO_2 + ZrSiO_4$ 作为硅测量头的副电极，这种测量头的响应时间小于 $30s$，测定精度为 $0.015\%[Si]$。

7.3.3.2 双层电解质组成的定硅探头

双层电解质组成的定硅探头结构为

$$Mo/Cr + Cr_2O_3 | ZrO_2(MgO) \parallel SiO_2/[Si]/Mo$$
$$(7-21)$$

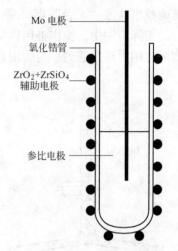

图 7-21 带副电极的
铁水定硅探头

通过在氧化锆管外侧涂敷辅助参比物质 $SiO_2 - (10\% \sim 30\%)CaF_2$，与铁水中的硅有化学反应平衡

$$[Si] + 2[O] \Longrightarrow SiO_2(涂层) \qquad (7-22)$$

涂层中（SiO_2）的活度一定，利用硅探头测出与铁水中硅含量相关的氧浓差电动势，得到上式平衡的 [O] 活度，从而间接获得铁水中的硅含量。

7.3.4 铁水硫直接测定

钢样的硫含量通常采用化学分析仪分析，分析时间需要约 $15min$，远不能满足现场需要。因此，开发快速测硫传感器能有效地控制生产过程，提高钢中硫含量的分析水平，减少等候时间。电化学法定硫探头的开发研究与定氧探头相比，进展缓慢，主要是由于难以找到良好的高温下的硫离子导体。目前开发的是带有副电极的定硫探头。以下是采用 Na_2S 或 CaS 做副电极的定硫探头的结构

$$Pt/S'_2/Na_2S | Na-\beta Al_2O_3 | Na_2S/S''_2/Pt \qquad (7-23)$$
$$Pt/S'_2/CaS | ZrO_2(CaO) | CaS/S''_2/Pt \qquad (7-24)$$

采用 $Na-\beta Al_2O_3$ 作为硫测量探头的固体电解质是 Na^+ 离子导体的固体电解质，不是硫（S^{2-}）离子导体的固体电解质。其左、右侧的电极反应分别为

$$2Na^+(\beta-Al_2O_3) + \frac{1}{2}S'_2 + 2e \Longrightarrow Na_2S \qquad (7-25)$$

$$2Na^+(\beta-Al_2O_3) + \frac{1}{2}S''_2 + 2e \Longrightarrow Na_2S \qquad (7-26)$$

电池总反应为

$$S'_2 \Longrightarrow S''_2 \qquad (7-27)$$

电池电动势与电池两侧 S_2 分压的关系可写成

$$E = \frac{RT}{4F}\ln\frac{P_{S''_2}}{P_{S'_2}} \qquad (7-28)$$

日本神户钢铁公司以 $CaS(TiS)$ 作为硫化物固体电解质组装了硫测量探头，参比极为 $W + WS_2$，成功地测量了 $0.005\% \sim 1.0\%[S]$ 的铁水中的含硫量。

7.3.5 钢水碳直接测定

钢水定碳测量探头的结构见图 7-22a，其原理是凝固定碳法，即从炉中取出钢水，

倒入定碳测量头底座上的样杯中，热电偶测得的 E_c 电势－时间曲线如图 7－22b 所示，从 A 点上升到最高点 B，然后随着钢水温度的降低，就开始下降。当钢水开始凝固时，由于放出结晶热，热电偶电势 E_c 即从 C 点开始的一段时间内保持不变，即出现"平台"，过"平台"后，温度即迅速下降，这"平台"位置（即温度）与钢水中含碳量成函数关系，准确找出这段"平台"即可求得钢水中含碳量。

实际应用中，操作工用样勺从炉内取出钢液，很难将钢液倒到测量装置内，因此，在实际应用时还是遇到一定的困难。

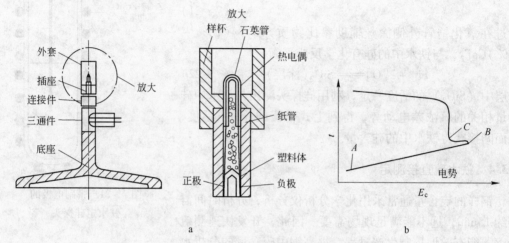

图 7－22　钢水定碳装置及测量曲线

a—定碳测量探头；b—钢水凝固曲线

7.4　转炉炼钢终点测定

转炉炼钢终点需要确定钢水的碳含量和温度，转炉冶炼终点的确定对于提高钢水质量、缩短冶炼时间、延长炉衬寿命、提高产量、降低生产成本有着重要的意义。目前有三种转炉吹炼终点测定方法并配以计算机和数学模型以控制或预测转炉吹炼终点。

7.4.1　烟气分析法

转炉吹炼过程烟气成分变化如图 7－23 所示，分析烟气中的 CO 和 CO_2 的含量与测量炉气流量与吹炼时间的变化，可以计算出转炉冶炼过程的脱碳速度。一般采用质谱仪分析烟气中的 CO 和 CO_2 含量。脱碳速度（kg/s）按下式计算：

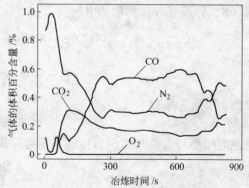

图 7－23　转炉吹炼过程烟气成分变化

$$\frac{\mathrm{d}w_{[\mathrm{C}]}}{\mathrm{d}t} = \frac{12}{28}Q\rho_{\mathrm{CO}}x_{\mathrm{CO}} + \frac{12}{44}Q\rho_{\mathrm{CO_2}}x_{\mathrm{CO_2}} = \frac{12}{22.4}Q\ (x_{\mathrm{CO}} + x_{\mathrm{CO_2}}) \qquad (7-29)$$

式中，Q 为脱碳产生的烟气流量，$\mathrm{m^3/s}$（标态）；x_{CO}、$x_{\mathrm{CO_2}}$ 分别为炉气中 CO 和 CO_2 的体

积分数,%;ρ_{CO}、ρ_{CO_2} 为 CO 和 CO_2 的密度, kg/m^3。则开吹至 t 时刻脱除的碳的重量（kg）为

$$W_C = \int_0^t \frac{dw_{[C]}}{dt}dt \qquad (7-30)$$

原料带入转炉的初始碳重量（kg）为

$$W_{C,0} = \frac{[\%C]_{hm}W_{hm} + [\%C]_{sc}W_{sc}}{100} \qquad (7-31)$$

于是，转炉熔池金属液的碳含量为

$$[\%C]_m = 0.1 \times \frac{(W_{C,0} - W_C)}{W_m} \qquad (7-32)$$

式中，$[\%C]_{hm}$ 为铁水碳质量分数；$[\%C]_{sc}$ 为废钢碳质量分数；W_{hm} 为加入的铁水重量，kg；W_{sc} 为加入的废钢重量，kg；W_m 为熔池钢水重量，t；$[\%C]_m$ 为熔池钢液中的碳质量分数。

采用烟气分析技术可提高转炉终点命中率，是一项很有发展前景的转炉全程动态控制技术。目前，对于中型转炉，由于炉口尺寸限制，开发以副枪为主的动态控制技术有一定的难度，中型转炉可以采用烟气分析动态控制技术。转炉烟气分析系统如图 7-24 所示。但烟气分析法无法测定钢水温度，需要通过热平衡或其他方法来预测终点钢水温度。

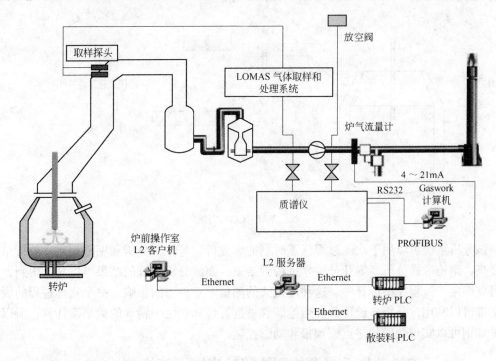

图 7-24 转炉烟气分析系统

7.4.2 副枪法

1967 年美国的伯利恒钢铁公司发明用副枪测定钢水温度和碳含量，后来经过日本几大钢铁公司改进和完善，副枪已成为判断转炉吹炼终点最成熟的方法。副枪检测的功能包

括：测量钢水温度、测量钢水碳含量、测量钢水含氧量、取钢样和渣样、测量熔池内金属液面位置等。

副枪头头部装有一次性的探头，探头的主要部件有 U 形石英管内的热电偶，用于测定钢水温度；还有取样口和取样杯，探头插入钢水中，钢水从取样口流入样杯中，副枪在提升过程中，样杯中的钢水逐渐降温和凝固，测量出现平台的温度可以确定钢水碳含量。有的探头还有测氧元件，可以同时测定钢水中的氧活度。转炉常用的副枪探头如图 7 – 25 所示。

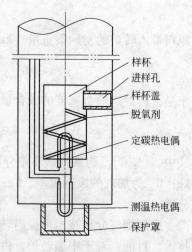

图 7 – 25　转炉副枪探头示意图

7.4.3　VAI – CON CHEM 法

VAI – CON CHEM 法是熔池成分半连续分析系统，如图 7 – 26 所示。该系统由激光器、反射镜、透镜、质谱仪、检测器等组成，激光器发射一束激光，经过反射镜打到熔池内，在靶面上产生等离子光，该等离子光被导入到光纤内，送入质谱仪内进行分析，检测器与质谱仪相连，检测器的信号经A/D转换后送入计算机。

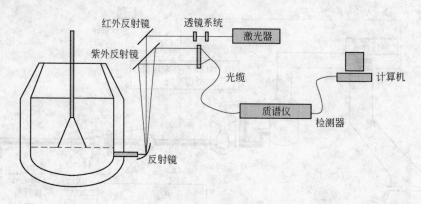

图 7 – 26　VAI – CON CHEM 法

该分析系统可以用于吹炼过程任意时刻的碳分析，与炉气分析和副枪相比，分析结果精度高，副枪取样分析要等几分钟才可得到结果，而该分析系统的结果可以马上得到，并且可立即用于过程模型计算中。这种埋入式的测量不受炉渣的影响，整个吹炼过程的脱碳速率都可以利用该分析系统得到的熔池碳含量进行计算。由于精确的碳平衡计算，所以对转炉炼钢可以实现精确的终点碳预报和动态控制。

7.5　基于图像处理的转炉出钢下渣检测技术

转炉出钢时，在出钢后期，如果控制不当，易造成炉内含有五氧化二磷的氧化性炉渣从转炉随钢流进入到钢包中，造成转炉下渣。下渣的危害有：

（1）使钢包寿命下降；

（2）给钢包内的钢水精炼，如钢包真空处理、钢包喂丝、钢包喷粉、钢包吹氩等炉外精炼工艺带来极大危害，使二次精炼效果下降；

（3）由于钢包内大量炉渣的存在，使合金化困难，合金回收率大大降低，增加炼钢成本；

（4）钢中元素成分难以控制在极窄的理想范围内；

（5）钢水回磷。

因此，在转炉炼钢中，防止转炉下渣对冶炼品种钢和洁净钢是非常重要的。过去，常依靠操作人员在炉后观察从转炉出钢口流出的钢流的情况判断转炉下渣的时间，发现下渣时，通知摇炉工把转炉摇起来，利用挡渣塞将转炉出钢口堵住，减少下渣。这种挡渣方法的挡渣效果差，自动控制程度低。下面介绍一种基于转炉出钢钢流图像处理的下渣检测技术，该技术与滑板挡渣技术结合，可以有效地减少转炉下渣。

出钢注流图像的视觉特征有灰度、纹理、形状等。灰度对于图像分割和目标识别等的研究都具有非常重要的意义，能够反映出灰度分布、整体亮度和分布模式等特性。纹理是物体表面结构的模式，可以认为是灰度在空间以一定的变化形式而产生的图案（模式），是图像的一种区域性质表征着多个像素之间的共同性质。由于钢液和熔渣的差别，造成熔渣和钢液发射率的不同。因此，在相同温度下其辐射的能量也不同。最终在视觉上形成较大差别，即钢水较暗，而熔渣较亮，如图 7 - 27 所示。

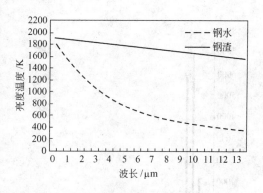

图 7 - 27　钢液和熔渣在 1650℃时的亮度温度与波长的关系

下渣检测的最主要目的是通过图像来对下渣现象进行识别，而钢流由钢液变成钢渣混出，其最显著的特征就是注流像素亮度普遍升高，因此可以通过对注流灰度的统计特征的提取，分析钢水图像和钢渣图像的差异，如图 7 - 28 所示。

从图 7 - 28 中看到，从钢流到下渣，灰度直方图的峰会有明显的移动。若只对其峰值进行分析，则随机性较大，不够准确。同时也发现，钢流和下渣图像的概率分布都较集中，即大部分的像素都分布在宽度不大的一段灰度区间内，因此可以利用这段区间的上界来代表注流的整体灰度水平。根据对多个炉次的灰度均值曲线进行分析，发现在一般情况下，使用均值法能区分出正常出钢和下渣的图像，即正常出钢时钢液注流的灰度均值较低，而出现下渣时，钢渣混合的注流灰度均值明显升高。转炉出钢过程出钢口注流灰度均值变化曲线如图 7 - 29 所示。

灰度均值是注流像素的平均值，是注流亮度的整体度量。在下渣初期，注流是钢渣混出的，则下渣图像同未下渣图像之间的平均灰度差别会弱化。因此需要既能表征注流的整体灰度水平，又能够使钢液图像同钢渣图像之间差异最大化的算法。图 7 - 30 为采用最小区间算法计算得到转炉出钢过程出钢口注流灰度的曲线。由最小区间算法计算得到的曲线同灰度均值的曲线有着相似的趋势。但对于钢水图像，其计算所得结果相比灰度均值法低，而对于钢渣图像，计算结果比灰度均值法高，从而在下渣时曲线变化更加显著，增大了钢液图像同下渣图像计算所得灰度值的差异。

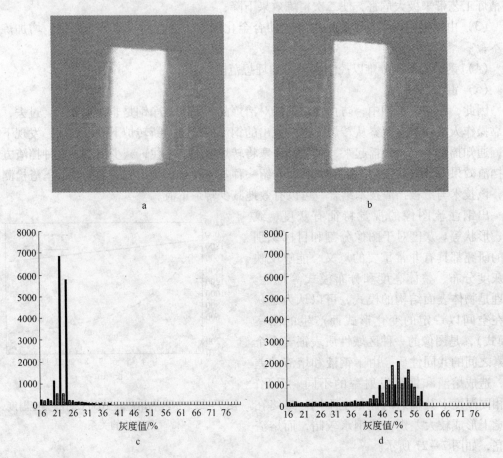

图 7 – 28　出钢图像和下渣图像及对应灰度直方图
a—钢液；b—钢渣；c—钢液灰度；d—钢渣灰度

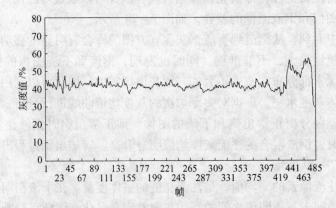

图 7 – 29　下渣前 500 帧注流目标平均灰度曲线

转炉下渣检测与控制系统如图 7 – 31 所示，该系统由三部分组成：出钢滑板挡渣机构、红外热像仪和红外探测仪的钢渣成像和识别部分、下渣的控制部分。在转炉出钢口外侧安装闸阀系统，通过自动下渣检测系统来控制液压闸阀快速开启或关闭出钢口，达到控渣出钢的目的。

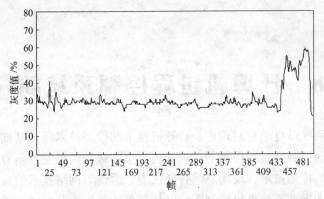

图 7 - 30　使用最小区间法计算下渣前 500 帧注流平均灰度曲线

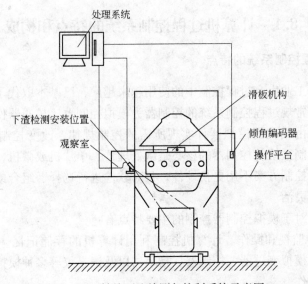

图 7 - 31　转炉下渣检测与控制系统示意图

系统的具体工作过程如下：

（1）采集图像和相关工艺参数。采用近红外热像仪、远红外热探测仪对注流热成像，并采集注流图像，同时实时采集转炉出钢过程中相关的参数，如转炉倾角等。

（2）采集图像的处理。根据钢渣和钢水热辐射特性不同，对出钢时的注流热图像进行处理，识别钢液和钢渣。

（3）下渣量控制。当图像处理系统检测到注流含渣量超过设定值，且转炉倾角处于设定的出钢末期范围内，触发控制系统，控制设计的滚轮式滑板闸阀机构，关闭注流。

8 计算机过程控制系统简介

计算机控制系统以自动控制理论、计算机技术和检测技术等为基础，利用计算机的硬件和软件代替自动控制系统的控制器，可实现对生产过程的控制。随着计算机技术、高级控制策略、检测与传感技术、现场总线智能仪表、通信与网络技术的高速发展，计算机控制技术水平已大大提高。计算机控制系统已从简单的单机控制发展到了复杂的集散型控制系统、计算机集成制造系统等。

8.1 计算机过程控制系统的特点和构成

8.1.1 计算机过程控制系统的特点

计算机在现代工业生产过程控制中的使用越来越广，已基本取代了以前由模拟调节器构成的控制系统。常规过程控制系统的控制器为模拟控制器，核心器件是模拟电子器件构成的模拟电路，它由相关的模拟器件实现所需的控制规律，改变控制方案，必须更换硬件。计算机过程控制系统的控制器的核心是微处理器、单片机或微机，控制规律由计算机的软件实现，改变控制方案不用更换硬件，只对软件进行选择、组合或补充即可。软件愈丰富，控制功能愈灵活。

计算机控制相对于模拟控制器控制的主要特点有：

（1）实现集中监视和操作。计算机控制利用计算机的存储记忆、数字运算和显示功能，可以同时实现模拟变送器、控制器、指示器以及记录仪等多种模拟仪表的功能，并且便于集中监视和操作。

（2）实现控制多个被控对象。计算机控制利用计算机快速运算能力，通过分时工作可以用一台计算机同时控制几个、几十个或上百个控制量，把生产过程的各个被控对象都管理起来，组成一个统一的控制系统，便于集中操作管理。而一个模拟量控制器只能控制一个被控量。

（3）实现先进控制。计算机控制利用计算机强大的信息处理能力，不仅能够实现模拟控制系统中经常采用的 PID 控制算法，而且还可以方便地通过程序在线调整其中的参数。此外，还可以实现模拟控制难以实现的各种先进复杂的控制策略，如最优控制、自适应控制、多变量控制、模型预测控制以及智能控制等，从而不仅可以获得更好的控制性能，而且还可实现对于难以控制的复杂被控对象（如多变量系统、大滞后系统以及某些时变系统和非线性系统等）的有效控制。

（4）控制灵活。计算机控制系统通过修改软件和键盘操作，可以灵活方便地修改控制参数或控制方案、控制策略以及控制算法，不需要更换或变动任何硬件。这是模拟控制系统难以实现的。

（5）提高自动化水平。利用网络分布结构可以构成计算机控制、管理集成系统，即

DCS，实现工业生产与经营管理、控制一体化，大大提高了工业企业的综合自动化水平。

（6）需要信号转换。计算机控制系统中同时存在连续型和离散型两类信号，系统中必有 A/D 和 D/A 转换器实现连续信号与离散信号相互转换。连续系统控制理论不能直接用于计算机控制系统的分析和设计。

8.1.2 计算机过程控制系统的构成

计算机控制系统的构成如图 8-1 所示。各类计算机控制系统基本上都由硬件和软件两部分组成，硬件部分一般包括主机、接口、I/O 设备、检测元件及执行机构、被控对象等；软件部分包括系统软件、应用软件、数据库等。

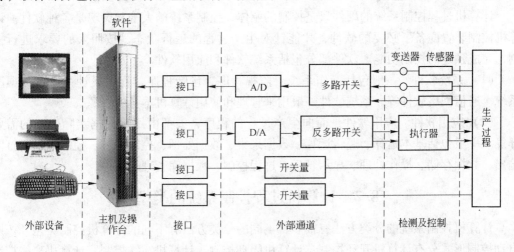

图 8-1　计算机控制系统的构成

8.1.2.1　硬件组成

（1）主机。主机是计算机过程控制系统的核心。由它来执行程序，进行必要的控制运算、数据处理、逻辑判断和故障诊断等工作。主机由中央处理器（CPU）、存储器和人机接口电路组成，它根据输入设备采集到的反映生产过程工作状况的信息，按照存储器中预先存储的程序，选择相应的控制算法或控制策略，自动地进行信息处理和运算，实时地通过输出设备向生产过程发送控制命令，从而达到预定的控制目标。同时，主机还接收来自操作员或上位机的操作控制命令。

（2）过程接口。过程接口是计算机与被控过程的联系部分，包括被控过程参数输入的 A/D 通道以及控制量输出的 D/A 通道。

（3）I/O 设备。设备系统除了具有一般计算机的标准 I/O 设备（键盘、显示器、打印机、外存储器等）外，还有专用的过程 I/O 设备。过程输入设备包括模拟量输入设备和开关量输入设备，分别用来采集生产过程的模拟信号（如温度、压力、电压、电流等）和开关或触点信号；过程输出设备包括模拟量输出设备和开关量输出设备，模拟量输出设备将主机发出的控制命令转换成模拟信号作用于执行器，开关量输出。设备将计算机产生的开关量控制命令直接输出驱动相应的开关动作。

（4）过程仪表。主要指过程检测仪表和执行仪表，如传感器、调节阀等。检测变送仪表完成信号的检测、变换、放大和传送，即将生产过程中的各种物理量转换成计算机能够接收的电信号；执行机构完成计算机控制输出的任务，直接与生产过程连接，它们在计算机控制系统中占有重要的地位。

（5）操作台。操作人员通过操作台与计算机进行对话，随时了解生产过程和控制状态，修改控制参数、控制程序，发出控制命令，判断故障，进行人工干预等。

（6）通信设备。冶金生产过程的规模比较大，对生产过程的控制和管理复杂和庞大，需要几台或几十台才能分级完成。这样，在不同地理位置的、不同功能的计算机或设备之间就需要通过通信设备进行信息交换。为此，需要把多台计算机或设备连接起来，构成计算机通信网络。此时，通信设备显得尤为重要。

8.1.2.2　软件组成

计算机过程控制系统的硬件只是控制的躯体，控制系统的大脑和灵魂是各种软件。计算机控制装置配备了必要的软件，才能针对生产过程的运行状态，按照人的要求进行控制，完成预定的控制功能。软件部分包括系统软件和应用软件。

（1）系统软件。一般包括操作系统、监视程序、诊断程序、程序设计系统、数据库系统、通信网络软件等。系统软件一般用来管理和使用计算机本身的资源。

（2）应用软件。应用软件是面向生产过程的程序，大都由用户根据实际生产的需要开发。一般包括基本运算、逻辑运算、数据采集、数据处理、控制运算、控制输出、打印输出、数据存储、操作处理、显示管理、过程控制、数据库管理等程序。

8.2　计算机过程控制系统的类型

计算机控制系统的分类方法有很多，不同的分类方法有不同的计算机控制类型。按照自动控制形式分有计算机开环控制、计算机闭环控制、计算机在线控制、计算机离线控制和计算机实时控制；按控制规律分，有程序控制、常规 PID 控制和先进控制等；按计算机参与控制的方式分有计算机数据采集、操作指导控制、直接数字控制、计算机监督控制、分级控制、集散控制、现场总线控制。下面介绍后一种分类控制系统的类型。

8.2.1　计算机数据采集系统

这是最早将计算机应用到生产过程的一种形式。主要是应用计算机对工业生产中大量的过程参数进行周期性的通过传感器检测生产过程参数，经过采样器和 A/D 转换后送入计算机，计算机对采集到的数据进行储存、计算和数据越限报警等，数据大都在显示器上显示，也可以由操作人员发出指令随时按要求显示当前的数据或以前的数据。当发生事故或数据超限时，则发出声音、光等报警信号，通知操作人员及时处理或改变操作策略。计算机数据采集系统框图如图 8－2 所示，由图可见，计算机没有直接参与生产过程的控制。这种系统可以帮助操作人员了解生产数据和将数据系统地保存，以便以后对数据进行分析

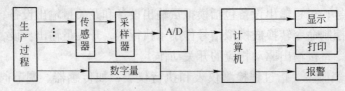

图 8－2　计算机数据采集系统框图

和计算使用。表 8 - 1 给出了某厂转炉炼钢计算机采集系统采集的部分数据。

表 8 - 1 转炉炼钢计算机数据采集系统采集的部分数据

计划炉号	钢种	炉座号	班组	班次	枪龄	炉龄	铁水温度/℃	铁水重/t	生铁重/kg	废钢重/kg	出钢量/kg	出钢温度/℃	氩后温度/℃
F50913966	HRB335CG	2 号转炉	甲	中	210	1115	1311	82.9	18000	27300	99800	1649	1598
P60912096	Q345B2	1 号转炉	甲	中	113	770	1331	83.25	18000	26940	101600	1639	1588
F50913965	HRB335CG	2 号转炉	甲	中	209	1114	1312	82.85	18000	28020	101400	1661	1607
F50913964	HRB335CG	2 号转炉	甲	中	208	1113	1308	83.6	18000	27350	102000	1661	1610
P60912095	Q345B2	1 号转炉	甲	中	112	769	1356	84.7	18000	27250	104100	1626	1575
F50913963	HRB335CG	2 号转炉	甲	中	207	1112	1307	83.05	18000	27950	101800	1648	1600
P60912094	Q345B2	1 号转炉	甲	中	111	768	1324	83.4	18000	27270	101600	1622	1575
F50913962	HRB335CG	2 号转炉	甲	中	206	1111	1300	82.8	18000	27140	100100	1657	1616
P60912093	Q345B2	1 号转炉	甲	中	110	767	1324	83.05	18000	27430	103000	1642	1594
F50913961	HRB335CG	2 号转炉	甲	中	205	1110	1302	83.5	18000	27500	101800	1657	1604
P60912092	Q345B2	1 号转炉	甲	中	121	766	1321	84.05	18000	27350	101900	1618	1568
F50913960	HRB335CG	2 号转炉	甲	中	204	1109	1305	83.75	18000	27000	101600	1664	1610
P60912091	Q345B2	1 号转炉	甲	中	120	765	1346	83.8	18000	27260	100400	1630	1584
F50913959	HRB335CG	2 号转炉	甲	中	203	1108	1301	83.75	18000	27420	102100	1657	1609

8.2.2 操作指导控制系统

操作指导控制系统（OIS，Operational Information System）是在计算机数据采集系统基础上发展起来的。操作指导控制系统可以对生产过程的数据进行采集和显示、对生产的异常情况进行报警；还可以利用计算机和建立的数学模型或算法，对生产过程进行计算和处理，得到最优的设定值，供操作人员参考。操作人员根据生产条件和操作经验，对计算机提供的参数进行判断，或接受、或在此基础上进行适当修改，改变调节器的设定值或操作执行机构，实现人与计算机结合对生产过程控制。这种控制系统适合于控制规律未弄清楚的系统，常用于计算机控制系统研制的初期阶段，或用于新的数学模型、或控制规律调试阶段。操作指导控制系统的构成如图 8 - 3 所示。

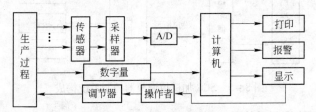

图 8 - 3 操作指导控制系统结构

8.2.3 直接数字控制系统

在操作指导控制系统中，将人参与控制的作用用计算机代替，就得到直接数字控制系统（DDC，Direct Digital Control）。直接数字控制系统是相当普遍的一种应用形式。计算机对生产过程各种参数进行检测，根据设定值和规定的控制规律计算，得到控制信号，然后由计算机发出该控制信号，直接对生产过程进行自动控制。如图 8 - 4 所示为直接数字控制系统的构成示意图。

在 DDC 系统中的计算机参加闭环控制过程，它不仅能完全取代模拟调节器，实现多回路的 PID 调节，而且不需要改变硬件，只需通过改变程序就能实现多种较复杂的控制规律，如串级控制、前馈控制和最优控制等。

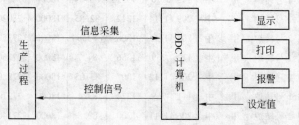

图 8 - 4　DDC 系统构成示意图

8.2.4　监视控制系统

在 DDC 系统中，鉴于其运算能力的限制，其给定值往往预先设定，不能随生产负荷、操作条件和工艺信息变化而及时进行修正，因此不能使生产处于最优工况。而在监督控制（SCC，Supervisory Computer Control）系统中，计算机根据工艺参数和过程参量检测值，按照生产过程的数学模型进行计算，得到最佳设定值并直接传给常规模拟调节器或者 DDC 计算机，最后由模拟调节器或 DDC 计算机控制生产过程。SCC 系统有两种类型：一种是 SCC 加上模拟调节器；另一种是 SCC 加上 DDC 的控制系统。

SCC 加上模拟调节器的控制系统如图 8 - 5 所示。在 SCC 加上模拟调节器的控制系统中，计算机对各过程参数进行巡回检测，并按一定的数学模型对生产工况进行分析、计算后得出被控对象各参数的最优设定值送给调节器，使工况保持在最优状态。当 SCC 计算机发生故障时，可由模拟调节器独立执行控制任务。

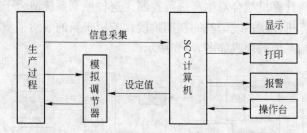

图 8 - 5　SCC 加模拟调节器控制系统构成

SCC 加上 DDC 的控制系统是一种二级控制系统，如图 8 - 6 所示。SCC 系统可采用较高档的计算机，它与 DDC 系统之间通过接口进行信息交换。SCC 计算机完成工段、车间等高一级的最优化分析和计算，然后给出最优设定值，送给 DDC 计算机执行控制。

作为上一级计算机，SCC 计算机具有很强的运算能力，往往由 IPC（工业计算机）担当。在 SCC 系统中，SCC 计算机的主要任务是根据输入的生产数据，按照生产过程的数学模型计算设定值。由于它不参与频繁的输出控制，有时间进行具有复杂数学模型的计算。因此，SCC 能进行最优控制、自适应控制等先进控制，并能完成某些管理工作。SCC 系统的优点是不仅可进行复杂控制规律的控制，而且其工作可靠性较高，当 SCC 出现故障时，下一级仍可继续执行控制任务。

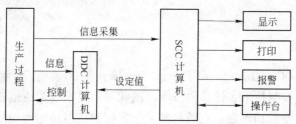

图 8-6　SCC 加 DDC 控制系统构成

8.2.5　分级控制系统

分级控制系统由多台计算机组成，对生产过程进行控制与进行生产有关的管理，使生产自动化程度进一步提高。这种系统的特点是将控制功能分散，用不同的计算机分别完成不同的控制功能，管理则采用集中管理。由于计算机控制和管理的范围缩小，使其应用灵活方便，可靠性增强。分级控制系统通常由管理级（MIS，Management Information ControlSystem）、监控级（SCC）和直接数字控制级（DDC）组成，如图 8-7 所示。

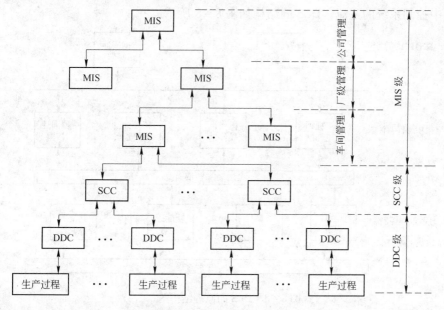

图 8-7　分级控制系统构成

MIS 级有车间级、厂级和公司级。公司管理级制定长期发展规划、根据销售合同制订生产计划、下达命令至各工厂，并接收各工厂、各部门发回来的信息，实现全企业的总调度；厂级管理级可根据公司管理级下达的任务和本厂情况，制定本厂生产计划和生产调度，安排本厂工作，进行人员调配及各车间的协调；车间管理级根据厂级下达的生产计划，安排各工段、各班组的生产，并及时将 SCC 级和 DDC 级的情况向上级报告。

SCC 级的功能是集中生产过程信息、对生产过程进行优化、对生产过程实现最优化控制等，它给 DDC 发送指令，接受车间 MIS 级的命令并向 MIS 发送生产过程信息。

DDC 级对生产过程进行直接控制，如进行 PID 控制或前馈控制，使所控制的生产过程在最优工作状况下工作。

8.2.6　集散控制系统

集散控制系统（DCS，Distributed Control System）是 20 世纪 70 年代中期迅速发展起来的控制系统，它把控制技术、计算机技术、图像显示技术以及通信技术结合起来，实现对生产过程的监视、控制和管理。它既打破了常规控制仪表功能的局限，又较好地解决了早期计算机系统对于信息、管理和控制作用过于集中带来的危险性。

集中式控制系统是指将过程数据输入输出、实时数据的处理与保存、实时数据库的管理、历史数据库的管理、历史数据处理与保存、人机界面的处理、报警与日志记录、报表直至系统本身的监督管理等所有功能集中在一台计算机中的系统。集中式控制系统将所有功能及处理集中在一台计算机上，大大增加了计算机失效或故障对整个系统造成的危害性，一旦出现问题，造成的后果将是全局性的。

DCS 的设计思想是"控制分散、管理集中"，与传统的集中式计算机控制系统相比，控制系统的危险被分散，可靠性大大增加。此外，DCS 具有良好的图形界面、方便的组态软件、丰富的控制算法和开放的联网能力等优点，成为过程控制系统，特别是大型流程工业企业中控制系统的主流。DCS 的结构如图 8 - 8 所示。

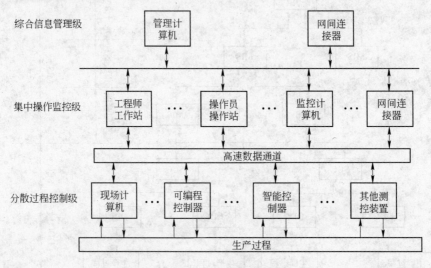

图 8 - 8　DCS 的原理结构图

（1）综合信息管理级。这一级进行整个系统的综合信息管理，包括生产管理和经营管理。由管理计算机、办公自动化系统、工厂自动化服务系统组成。

（2）集中操作控制级。这一级以操作、监控为主要任务，兼有部分管理功能。这一级是面向操作员和控制系统工程师的。它是操作人员对系统运行过程进行监视和调度的工作站。通过对 CRT 画面显示的各种图表、数据、信号等系统运行参数的分析，判断系统运行的正常与否。并利用工业键盘、鼠标或轨迹球等输入工具，实现对系统运行的控制和调度（启动、停止、报表打印、报警处理等）。通常操作员不能对已组态的内容进行修改。

（3）分散过程控制级。是 DCS 的基础，它直接完成生产过程的数据采集、调节控制、顺序控制等功能。它必须有足够的输入/输出接口（DI、DO、AI、AO 等），较强的信号处理和运算功能（非线性处理、PID 算法等）。为提高系统的可靠性，I/O 通道常带隔离环节。构成这一级的主要装置有现场计算机、现场控制站（工业控制机）、可编程控制器（PLC）、智能控制器、其他测控装置。

8.2.7 现场总线控制系统

集散控制系统（DCS）尽管给工业过程控制带来了许多好处，但由于它们采用了"操作站—控制站—现场仪表"的三层结构模式，系统成本较高，况且各厂家生产的 DCS 标准不同，不能互联，给用户带来了极大的不便，增加了使用维护成本。

现场总线控制系统（FCS，Fieldbus Control System）是 20 世纪 80 年代中期在国际上发展起来的新一代分布式控制系统结构，是 DCS 的更新换代产品，是 21 世纪控制系统的主流与今后的发展方向，是一种开放的、彻底分散的、具有互操作性的分布式控制系统。现场总线是连接现场智能设备和控制室直接的全数字式、双向传输、开放的通信网络。现场总线控制系统采用数字信号代替模拟信号，提高了系统的可靠性、精确度和抗干扰能力，延长了信息传输距离。它是全新的网络集成自动化系统，以现场总线为纽带，把挂接在总线上的相关网络节点组成自动化系统，实现基本控制、补偿计算、参数修改、报警、显示等自动化功能。现场总线控制系统采用了"工作站—现场总线智能仪表"两层结构模式，完成 DCS 三层结构的功能，降低了系统总成本，提高了可靠性，且在统一的国际标准下可实现真正的开放式互联系统结构，其结构如图 8-9 所示。

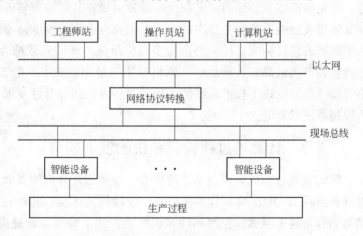

图 8-9 现场总线控制系统构成

8.2.8 计算机集成制造系统

随着工业生产过程规模的日益复杂与大型化，现代化工业要求计算机系统不仅要完成直接面向过程控制和优化的任务，而且要在获取生产全部过程尽可能多的信息基础上，进行整个生产过程的综合管理、指挥调度和经营管理。由于自动化技术、计算机技术、数据通信等技术的发展，已完全可以满足上述要求，能实现这些功能的系统称之为计算机集成制造系统（CIMS，Computer Integrated Manufacture System），当 CIMS 用于流程工业时，简称为流程 CIMS 或 CIPS（Computer Integrated Processing System）。流程工业计算机集成制造系统按其功能可以自上而下分成若干层，如直接控制层、过程监控层、生产调度层、企业管理层、经营决策层等，其结构如图 8-10 所示。

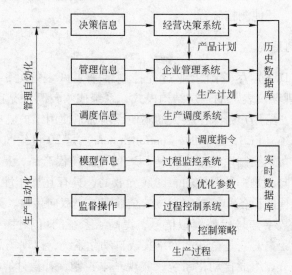

图 8-10   计算机集成制造系统构成

工业计算机集成制造系统除了常见的过程直接控制、先进控制与过程优化功能之外，还具有生产管理、收集经济信息、计划调度和产品订货、销售、运输等非传统控制的诸多功能。因此，计算机集成制造系统所要解决的不再是局部生产最优问题，而是一个工厂、一个企业以至一个区域的总目标或总任务的全局多目标最优，亦即企业综合自动化问题。最优化的目标函数包括产量最高、质量最好、原料和能耗最小、成本最低、可靠性最高、对环境污染最小等指标，它反映了技术、经济、环境等多方面的综合性要求，是工业过程自动化及计算机控制系统发展的一个方向。

8.3   计算机过程控制系统的发展趋势

计算机控制系统的发展与组成该控制系统的核心——微型计算机的发展紧密相连。微型计算机和微处理器自从 20 世纪 70 年代诞生以来，发展极为迅猛：芯片的集成度越来越高；半导体存储器的容量越来越大；控制和计算机性能，几乎每两年就提高一个数量级。另外，大量新型接口和专用芯片不断涌现，软件日益完善和丰富，大大提高了微型计算机的功能，这为微型计算机控制系统的发展创造了条件。目前，计算机控制技术正向智能化、网络化和集成化的方向发展。计算机控制发展的趋势主要集中在如下几个方面：

（1）以工业 PC 机为基础的低成本工业控制自动化将成为主流。工业控制自动化主要包含三个层次，从下往上依次是基础自动化、过程自动化和管理自动化，其核心是基础自动化和过程自动化。传统的自动化系统，其基础自动化部分基本被 PLC（可编程序控制器）和 DCS 所垄断，过程自动化和管理自动化部分主要是由小型计算机组成。20 世纪 90 年代以来，由于工业 PC 的发展，以工业 PC 机、I/O 装置、监控装置、控制网络组成的自动化系统得到了迅速普及，成为实现低成本工业自动化的重要途径。

由于基于 PC 机的控制器被证明可以像 PLC 一样可靠，并且被操作和维护人员所接受，所以，一个接一个的制造商至少在部分生产中都采用 PC 机控制方案。基于 PC 机的控制系统易于安装和使用，有高级的诊断功能为系统集成商提供了更灵活的选择，从长远角度看，PC 机控制系统维护成本低。

（2）PLC 向微型化、网络化、PC 机化和开放性发展。微型化、网络化、PC 机化和开放性是 PLC 未来发展的主要方向。在基于 PLC 自动化的早期，PLC 体积大而且价格昂贵。微型 PLC 的出现，成本低是其优势。随着软 PLC 组态软件的进一步完善和发展，安装有软 PLC 组态软件和以 PC 为基础的控制系统将逐步得到增长。过程控制领域最大的发展趋势之一就是 Ethernet（以太网）技术的扩展，PLC 也不例外。现在越来越多的 PLC 开始提供 Ethernet 接口。可以相信，PLC 将继续向开放式控制系统方向转移，尤其是基于工业 PC 机的控制系统。

（3）面向测控管一体化设计的 DCS 系统。小型化、多样化、PC 机化和开放性是未来 DCS 的发展方向。小型 DCS 已逐步与 PLC、工业 PC 机、FCS 共享。今后小型 DCS 可能首先与这三种系统融合，而且"软 DCS"技术将首先在小型 DCS 中得到发展。以 PC 为基础的控制系统将更加广泛地应用于中小规模的过程控制，各 DCS 厂商也将纷纷推出基于工业 PC 机的小型 DCS 系统。开放性的 DCS 系统将同时向上和向下双向延伸，使来自生产过程的现场数据在整个企业内部自由流动，实现信息技术与控制技术的无缝连接，向测控管一体化方向发展。

（4）控制系统正在向 FCS 方向发展。由于 3C（Communication，Computer，Control）技术的发展，过程控制系统将由 DCS 发展到 FCS。FCS 可以将 PLD 控制彻底分散到现场设备中。FCS 将取代现场一对一的 4～20mA 模拟信号线，给传统的工业自动化控制系统带来革命性的变化。

采用现场总线技术构造低成本的现场总线控制系统，促进现场仪表智能化、控制功能分散化、控制系统开放化，符合工业控制系统的技术发展趋势。

总之，计算机控制系统的发展在经历了基地式气动仪表控制系统、电动单元组合式模拟仪表控制系统、集中式数字控制系统以及 DCS 后，将朝着 FCS 的方向发展。虽然以现场总线为基础的 FCS 发展很快，但传统控制系统的维护和改造还需要 DCS，因此 FCS 完全取代传统的 DCS 还需要一个较长的过程，同时 DCS 本身也在不断地发展与完善。可以肯定的是，结合 DCS、工业以太网、先进控制等新技术的 FCS 将具有强大的生命力。工业以太网以及现场总线技术作为一种灵活、方便、可靠的数据传输方式，在工业现场得到了越来越多的应用，并将在控制领域中占有更加重要的地位。

8.4　钢铁公司生产管理的计算机控制系统

钢铁公司的生产管理计算机控制系统一般分为 4 级，自下而上包括基础自动化级（L1）、过程控制级（L2）、生产管理级（L3）和企业管理级（L4），实现管理计算机控制和生产计算机控制，如图 8 - 11 所示。

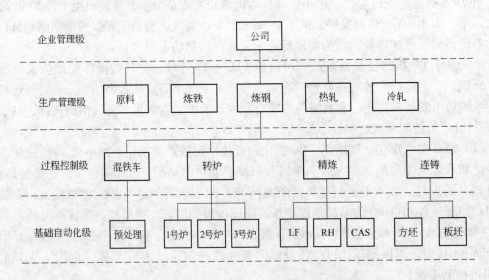

图 8 - 11 　钢铁公司的生产管理计算机控制系统

8. 4. 1 　企业管理级

一般来说，企业管理级系统具有如下的功能和子系统：（1）销售管理子系统；（2）生产管理子系统；（3）质量管理子系统；（4）产品运输管理子系统；（5）财务管理子系统；（6）信息管理子系统。除上述功能外，有许多企业建设的企业管理级系统还具有如下功能：（1）固定资产管理子系统；（2）人力资源管理子系统；（3）设备及维修管理子系统；（4）能源管理子系统；（5）决策支持管理子系统。经营管理一体化系统能够实现以市场为导向，合同为主轴，财务为中心的企业生产经营全程管理。功能作用范围从接收用户订单、合同处理、计划编制、生产指令下达、生产实绩收集、质量控制、发货管理等环节，直至合同结算完成，构成企业产、供、销等企业活动的计算机闭环管理。在每一环节均可做到随时跟踪，对各生产单元（包括炼铁、炼钢、热轧、冷轧或其他成材生产）可以实时跟踪。系统可动态反映每个用户合同的执行情况，可对产品的质量进行全程跟踪，可随时打印最新的生产报表、财务报表和质量分析统计报表，为企业的领导提供决策依据。

8. 4. 2 　生产管理级

生产管理级主要是解决各工序生产计划的适应性问题，同时加强对冶金企业内各分厂内部的管理控制和资源优化，为上层生产管理系统提供实时的决策支持信息，因此其功能与其所管理的工序密切相关，功能的实现与现场的自动化水平、采用的方式有直接关系。生产管理级通常具有以下功能：

（1）生产计划管理。一般主要实现：接收 L4 系统的生产计划，对生产计划优化处理，根据工序标准将生产计划转换成生产指令；生产计划启动，将生产指令下达给各岗位和自动化设备，生产计划查询，生产计划删除等。

（2）原料库管理。钢铁企业从铁矿石或废钢至各种产成品的制造，相互衔接工序的上工序产品即为下工序的原料。原料库的管理功能主要包括：库区组织管理、库内物料统计与分析、原料入库管理、原料出库管理、原料库内贮位移动、原料库区控制策略参数管理等。

（3）半成品库管理。半成品库是冶金企业各生产厂或工序的中间产品库，半成品库管理要实现对库区进行合理的划分，中间产品堆放合理，便于上工序产出品的入库及向下工序的供料，减少库内倒垛作业量。半成品库管理的主要功能有：库区组织管理、预计入库产品、半成品入库管理、半成品出库管理、库内产品贮位移动、库内半成品统计与分析、库区堆放策略管理等。

（4）生产过程跟踪与动态调整。过程跟踪与动态调整管理对生产过程物料进行实时跟踪，并监控生产计划的执行情况。在发生任何影响生产过程正常执行的干扰时，由系统自动按设定规则或者现场调度人员通过 L3 系统对生产计划进行调整，以适应实际的设备、工艺或物流。过程跟踪与动态调整管理主要功能有：物料跟踪、设备运行状况、生产过程执行实况，生产计划调度模型或规则、生产计划动态调整、计划调整指令下达等。

（5）生产设备管理。主要对生产现场各种设备进行科学的管理和使用，提高设备的使用效率和使用寿命，并为计划优化和动态调度提供设备资源信息。设备管理主要实现功能有：设备的使用状况、设备检修计划管理、设备故障和异常及处理情况、设备运行状态、设备点检管理、设备信息维护、设备故障统计与分析等。

（6）质量管理。主要实现将上级部门下达的产品质量目标和质量控制参数转换成本工序生产控制中使用的质量控制参数，实时采集生产过程的质量参数，并参照质量技术标准对产品质量进行判定，将质量判定结果上传到 L4 系统，同时对产品质量进行统计分析，以提高产品质量的控制水平。质量管理主要实现功能有：内控标准及维护、制造标准及维护、生产过程质量信息管理、产品质量判定、产品质量统计分析等。

（7）通信管理。将上层下达的生产计划转换为具体的生产指令下达给各设备或岗位，同时还将现场的生产实绩上传给上级管理系统或相应的岗位。作为面向实时控制的生产级控制系统需要将信息实时、准确地传递到信息的目的地。在生产级控制系统中通信管理非常重要，它需要保证信息传递的实时性、可靠性。通信管理主要实现功能有：信息发送、信息接收、信息发送队列管理、信息接收队列管理、信息配置管理、信息自动重发、信息分发、通信日志管理等。

（8）生产实绩管理。生产实绩是企业生产运行结果，是进行生产绩效考核的基础。生产实绩管理主要实现功能有：生产实绩采集、生产实绩汇总、生产实绩上传 L4、生产实绩分析与统计、生产实绩信息维护等。

（9）报表管理。主要功能有：各类生产报表（如班报、日报、月报）、各类库存管理报表（如进、销、存报表）、产品质量报表、设备故障及处理报表、报表打印、报表维护等。

（10）信息管理。生产管理级是现场生产指挥中心，其运行的可靠性和数据的安全性将直接影响企业的生产，同时生产管理级系统的各项作业应规范化。生产管理级的信息管理主要实现功能有：操作用户授权管理、系统运行日志、系统安全日志、系统运行配置管理、系统升级管理等。

如炼钢厂的生产管理级处于企业管理和本厂过程自动化之间，担负本厂管理信息和生产过程数据的衔接功能。管理信息主要是纵向的，包括接收公司下达的生产指令，经加工处理后，下传到各车间过程控制级的各环节，然后再收集有关的生产和控制的数据，集中处理后反馈给公司管理计算机。生产过程数据主要指与生产过程有关的数据，主要是横向的。炼钢生产管理计算机接收炼铁工序的铁水数据，而把连铸坯的有关数据传送给轧钢工序。

8.4.3 过程控制级

过程控制级的主要任务是根据生产工艺和相关数学模型对生产线上的各个机组和各个设备进行优化设定，以使设备处于良好的工作状态并获得优良的产品质量。随着目前冶金行业计算机控制系统的控制功能不断完善，控制范围不断扩大以及控制精度的不断提高，过程控制级在其中的作用日益重要，同时生产过程对过程控制级的要求也越来越高。过程控制级的核心任务是应用软件的开发，所有的设定及实时数据的收集都靠应用软件来完成。过程控制级计算机的应用软件是实时软件，实时软件是必须满足时间约束的软件，除了具有多道程序并发特性以外，还要具有实时性、在线性、高可靠性等特性。实时性是指在没有其他进程竞争 CPU 时，某个进程必须能在规定的响应时间内执行完毕。在线性是把计算机作为整个生产过程的一部分，生产过程不停，计算机工作也不能停。高可靠性是为了避免因软件故障引起的生产事故或设备事故的发生。过程控制级系统的主要功能如下：

（1）设定值计算和设定。设定值计算是指过程控制级计算机通过一系列的数学模型计算，得到各种生产设备生产工艺参数的设定值。设定是指过程控制级计算机在规定的时序将计算得到的设定值传送给基础自动化计算机。

（2）物料跟踪。目的是确定物料在生产线上的实际位置和状态，以便在规定的时间启动有关应用程序，完成过程控制级的其他功能。为了便于进行跟踪处理，一般需要根据生产设备布局以及工艺要求，将整个跟踪范围划分为许多小的跟踪区域。当物料在生产线上的实际位置与过程控制级系统中的计算位置不一致时，还要提供操作接口以修正这些偏差。

（3）数据管理。过程控制级计算机为了进行设定值计算以及对生产工艺过程进行跟踪和控制，需要一些原始数据，如原料数据、成品数据、生产指令等。另外，操作员还需要能够对这些数据进行修改、查询、复制、删除等操作。操作人员通过 HMI（Human Machine Interface）显示画面了解过程控制级的有关信息，通过 HMI 输入画面和键盘向计算机输入必要的数据和命令。

（4）数据通讯。过程控制级计算机需要与基础自动化级、生产控制级以及其他生产工序的过程控制级的计算机或控制器通讯。过程控制级计算机设定计算结果需要发送到基础自动化级，并且需要从基础自动化级获取需要的实测数据。另外，过程控制级计算机还需要从生产管理级获得生产控制指令信息，而生产管理级系统为了达到自动的生产组织控制功能，也需要从过程控制级获取一些生产实际数据。不同工序的过程控制级系统之间也可能需要进行通讯。

（5）生产报表。在组织生产过程中，过程控制级计算机需要将生产时各种数据汇总并保存成各种报表，以供分析。一般有以下几种报表：1）班报和日报。班报和日报包括每班和每天的生产情况，如产品规格、产量、收得率、设备停机时间等。2）工程记录。工程记录主要是记录跟设定计算和设定相关的数据信息，如设定计算输入数据和计算结果、设定值数据、实际测量值数据、自学习计算数据等。3）质量报告。质量报告主要是产品的质量分类数据。

例如炼钢厂的转炉过程计算机通过交换网桥和仿真终端连接在一起，同时与铁水预处理、精炼、连铸的过程计算机连接在一起，可方便地实现转炉过程计算机与炼钢厂各工序的过程计算机的通信。转炉过程计算机通过以太网或其他网络，实现过程计算机与基础级PLC的通信。转炉计算机控制系统的主要具体功能包括：

1）从厂计算机接收炼钢生产订单。如产品规格、生产计划、钢种成分范围、工艺要求。

2）从厂计算机接收生产计划。厂计算机的生产计划是24h的生产计划，一般的作业计划是8h的，二级计算机根据连铸的情况，制定出8h作业计划，操作员可以在控制室对8h作业计划进行修改。

3）向上传输L1级系统的过程数据。在二级系统中，对L1级的重要数据进行动态处理。

4）向下对L1级系统给出设定值。主要包括：

①订单数据，如订单号和钢种；

②静态模型计算结果：铁水、废钢、造渣料（石灰、矿石、镁球等）等的重量，耗氧量等；

③冶炼过程模型输出：供氧操作（包括氧枪枪位和氧流量变化）、底吹模式（底吹气体种类及切换时间、流量）、造渣操作（包括造渣剂加入批次、批重和加入时间）等；

④动态控制模型输出：根据副枪测定的钢液碳含量和温度，计算得到冷却剂加入量、二次吹氧量等。

5）从化验室接收铁水、钢水、炉渣的成分分析数据。这些数据用于模型计算。

6）进行转炉装料计算。

7）完成转炉动态吹炼的控制计算。

8）生成冶炼记录。

9）生成日志。

10）将生产数据上传到厂级计算机。

8.4.4 基础自动化级

基础自动化级（L1）从过程控制级接收生产过程的设定值，经过相应的运算处理后再下达给传动系统和执行机构（L0级）。此外，基础自动化级还要从L0级（仪器仪表）采集实时数据并反馈给过程控制级以便于过程控制级进行自学习和统计处理。基础自动化级的基本任务是完成顺序控制、设备控制和质量控制。

现代基础自动化级与过程控制级之间大多通过以太网或其他网络通讯。基础自动化级与传动系统或现场执行机构、智能仪表之间一般采用现场总线交换数据。另外基础自动化级与操作台、就地控制柜等远程I/O系统之间也采用现场总线连接，与人机界面系统采用以太网通讯。因此基础自动化级除了完成控制任务外，还要完成大量的多种方式的通讯工作。

基础自动化级所采用的控制器有各种各样，如智能化控制仪表、可编程控制器（PLC）、通用工控机、专用计算机、DCS 控制器、各种总线型控制器等，在我国冶金工业现场大量使用的基础自动化级数字控制器主要是 PLC。

可编程序控制器是一种数字运算操作的电子系统，专为在工业环境应用而设计的。它采用可编程的存储器，用于其内部存储程序、执行逻辑运算、顺序控制、定时、计数与算术操作等面向用户的指令，并通过数字或模拟式输入输出控制各种类型的机械或生产过程。可编程序控制器及其有关外部设备，都按易于与工业控制系统连成一个整体并易于扩充其功能的原则设计。

可见，可编程控制器是一台专为工业环境应用而设计制造的计算机。

8.4.5　转炉冶炼计算机过程控制

转炉炼钢厂一般包括铁水预处理、转炉冶炼、钢液二次精炼和连铸工序，所以，转炉炼钢的计算机系统包括铁水预处理过程计算机系统、转炉冶炼过程计算机系统、钢液二次精炼过程计算机系统和连铸过程计算机系统，这些过程计算机控制系统为二级控制系统（L2）。转炉冶炼系统主要包括废钢供应、铁水供应、钢包供应、合金供应、分析化验和转炉吹炼操作。转炉炼钢计算机控制系统的结构如图 8 - 12 所示，其中双点画线包括的部分为转炉冶炼过程计算机控制系统（L2）的组成，虚线包括的部分是转炉中控室的转炉计算机终端。

8.4.5.1　转炉冶炼过程计算机控制的功能及其运转过程

转炉冶炼过程计算机控制的功能主要有：

（1）管理计算机接受生产和制造计划；

（2）接收一级机（L1）的实时过程数据；

（3）将顶吹模式、底吹模式和造渣料投入模式传送给转炉 L1；

（4）从快速分析室接受铁水、过程钢水、成品钢坯及炉渣的成分分析数据；

（5）建立钢种字典（冶金规范）；

（6）完成转炉主原料计算，并监视废钢及铁水称量实绩；

（7）完成转炉吹炼作业和跟踪，动态吹炼计算；

（8）记录转炉冶炼过程信息，跟踪设备运转和炉顶料仓情况；

（9）生成炉次冶炼记录，主要包括作业时刻、主原料、造渣料、铁合金等物料消耗、铁液、钢液成分、温度、钢液重量等信息；

（10）将生成数据传送到管理计算机和相关 L2。

转炉冶炼计算机控制系统的运转过程如下：转炉 L2 系统从 L3 系统接收制造标准、制造命令和出钢计划，从钢包管理系统接收钢包计划，转炉 L2 系统将根据出钢计划和钢包计划来制订生产计划，操作工在转炉 L2 主原料计算画面上输入铁水比和目标收得率，进行主原料计算。计算完毕后转炉 L2 系统将预定铁水量传送给预处理 L2 系统，将预定废钢量传送给废钢系统，预处理系统和废钢系统分别根据主原料计算的要求进行主原料称量。装料跨天车根据生产调度要求，进行转炉兑铁和加废钢操作。当转炉 L1 上传铁水、废钢

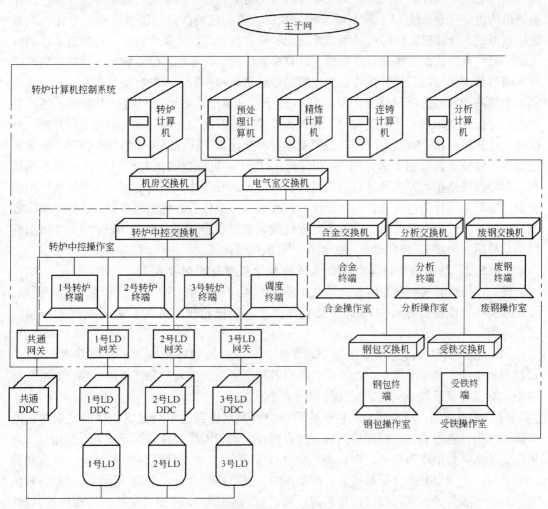

图 8－12　转炉炼钢过程计算机控制系统

装入状态后，转炉 L2 根据制造标准试样指示要求自动产生试样号，同时传送给分析系统。称量完毕的实际铁水量和实际废钢量由各自系统回送给转炉 L2 系统，然后转炉 L2 系统根据实际主原料数据启动静态模型计算，得到吹炼需要的耗氧量，造渣料如石灰、矿石、轻烧镁球的消耗量等，操作工可以根据需要对各种设定值进行人工修正，在吹炼开始之前静态模型可以进行多次计算和修正。转炉 L2 将根据模型确定的吹炼过程的氧枪枪位模式、氧气流量模式、底吹控制模式和造渣料投入模式传送给转炉 L1，L1 将根据各模式进行吹炼操作。吹炼开始后，转炉 L1 按选定的氧枪枪位模式、氧气流量模式、底吹控制模式和造渣料投入模式，对氧枪枪位、氧气流量、底吹气体种类和流量、造渣料各称量时刻的称量及投入操作及副枪测量等进行自动吹炼控制。转炉 L1 根据冶炼要求上传送给转炉 L2 不同的运转状态及过程数据，转炉 L2 将各时段运转状态及过程数据传送给 L3 及相关 L2 如精炼 L2 和连铸 L2 等。当供氧量达到静态模型预定的总供氧量的百分数（氧步）时，降下副枪测温取样，由测量数据得到副枪测定时转炉熔池的钢水温度和［C］含量（以及氧活度）。转炉 L2 收到 L1 发来的副枪测定钢水温度和含碳量后立即启动动态模型，计算出冷却剂的加入量或升温剂用量、到吹炼终点时所需的氧量，同时进行转炉合金计算并将计算结果传送给合金系统 L1。达到动态吹氧量时，由副枪再次进行测温定碳和取样，测温定碳数据送入计算机，试样由风动系统送化验室分析，分析结果通过数据传输进入计算机系统。当终点钢液温度和成分数据送入计算机系统后，计算机系统就收集、计算、编辑操作实绩信息，并为以后的炉次动态控制模型参数更新和作为参考炉次信息以及成为静态控制模型的基础数据。获得终点钢液温度和成分后，操作员可综合判断是否出钢，还是补吹，还是投入冷却剂，甚至改钢种。如果钢液成分和温度未达到目标要求可进行补吹，补吹时，计算机要在补吹点火时按动态模型进行补吹计算，计算结果作为操作指导。如果钢液温度和成分达到出钢要求，则倒炉出钢。过程计算机根据收集和汇总吹炼中的实际数据，对静态模型和动态模型进行自学习修正。在出钢过程中，合金系统 L1 根据本炉次的合金计算结果进行钢包脱氧合金化操作。在脱氧、合金化后，将钢液重量、成分等实际数据采集到计算机，对合金模型中的各元素的收得率进行自学习修正。当转炉 L1 发出出钢结束信号后，转炉 L2 便启动下一炉冶炼计算机控制计算。

8.4.5.2 转炉冶炼计算机控制系统的数学模型与控制模式

转炉冶炼计算机控制系统涉及的数学模型和相应的控制主要有静态模型、动态模型、合金模型、液位模型等数学模型以及氧气流量、氧枪枪位、底吹、造渣剂投入控制模式等。

（1）静态模型。静态模型依据当前炉次的铁水、废钢等主原料条件以及吹炼目标，根据物料平衡、热量平衡，在吹炼前计算出各种造渣剂的投入量和耗氧量，确定副枪测定时刻。对氧耗量可以采用上炉氧气的利用率进行修正。

（2）动态模型。动态模型利用吹炼后期副枪测定得到的钢液温度和结晶定碳的钢液含碳量作为计算起点，得到此后到吹炼终点的耗氧量和需要的冷却剂量或升温剂用量，并以测到的实际数值作为初值，以后每吹氧 3s，启动一次动态计算，预测熔池内温度和目标碳含量。当温度和碳含量都进入目标范围时，发出停吹命令。出钢开始后，模型将根据生产过程中收集的实际数据进行自学习计算，对动态模型中的相关参数进行相应的修改，提高转炉吹炼终点命中率。

（3）合金模型。合金模型根据冶炼终点钢液成分和钢液目标成分的差值，根据合金各有效元素含量、合金价格，按照线性规划算法算出成本最小的合金投入组合，计算过程中考虑合金元素收得率、最小投料单位设定、合金投入量设定等。

（4）液面高度计算模型。液面高度计算模型在标准液面高度的基础上，根据本炉次实际装入量推断出实际液面高度。有液面高度测定数据的炉次，根据液面高度测定值和实际装入量修正标准液面高度；无液面高度测定数据的炉次，以模型计算值为准。有的钢厂采用副枪，通过专用的测量液位探头对铁液液位进行测量，其原理是当探头接触到铁水时，探头内有电流导通，系统记录下该位置数值，从而测出液面高度。

（5）氧枪枪位控制模式。吹炼过程的氧枪枪位控制模式可以根据不同的铁水条件和生产钢种进行设定。如某炼钢厂 120t 转炉的氧枪操作枪位对高温铁水和低温铁水分别采用两种枪位操作控制模式，分别如图 8-13 和图 8-14 所示。

一般氧枪枪位控制有三种方式：过程控制计算机设定的枪位曲线；基础自动化计算机设定的枪位曲线；设定值方式。选择枪位曲线时，一旦吹氧程序启动，枪位将按照选择的曲线变化。使用设定值方式，操作工可以从终端上输入所希望的枪位设定值，吹炼期间，可以通过改变设定值来改变枪位。

操作台设有紧急提枪按钮，按下该按钮，则不管什么控制方式，立即提枪。紧急提枪时，氧流量阀将关闭。

氧枪控制应提供故障自动提枪保护措施，当冷却水进口、出口压力低于设定值，或进出口流量差大于设定值，或进出口水温差大于设定值，或氧气压力低于设定值，或氧气流量低于设定值时，氧枪应能够自动提升。

如果出现自动控制系统故障或电器故障，氧枪控制还应提供氮气驱动马达自动提枪保护。

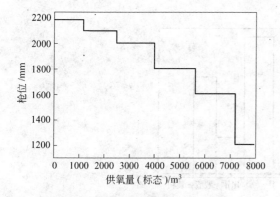

图 8 – 13　铁水温度高于 1250℃ 的
吹炼枪位控制模式

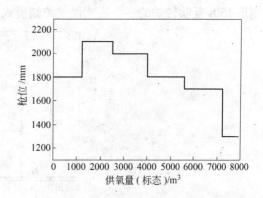

图 8 – 14　铁水温度不高于 1250℃ 的
吹炼枪位控制模式

（6）造渣剂投入控制模式。造渣剂投入控制模式多种多样，有连续投入，也有一次性投入，也有分批投入。吹炼中有时会遇到喷溅等异常情况，造渣剂投入控制要有足够快而且有效的紧急情况反应能力。能够做到所有的造渣剂准确地投入工艺要求，并且具备完善的人工实时干预功能。投料人工干预包括投入总量人工干预、事前称量值人工干预、投入模式吹炼中动态干预等组成的人机实时交互技术。表 8 – 2 给出了某炼钢厂 120t 转炉其中的一个造渣剂投入控制模式。

表 8 – 2　造渣剂投入控制模式

造渣剂	氧步/%	投入比例/%	氧步/%	投入比例/%	氧步/%	投入比例/%
石　灰	4	70	15	20	30	10
轻烧白云石	4	100				
镁　球	4	100				
返　矿	4	50				

造渣料高位料仓有料位检测仪表，料仓的状态按空仓料位（小于 5% ）、低料仓料位（小于 25% ）、加料料位（小于 50% ）和高料位（大于 90% ）进行划分。

加料时间和批料重量由过程控制计算机确定，在加料程序启动之前，操作工可以修改这些数据。与氧枪控制一样，造渣料控制也有加料曲线方式和设定值方式。在曲线方式下，吹炼程序开始时，系统将启动自动加料程序，当吹炼时间达到加料点时，系统按照规定好的批料重量加入造渣料。若选择设定值方式，操作工将使用造渣料设定和预装画面，指定造渣料重量和加入时间进行加料操作。

（7）底吹供气控制模式。复吹转炉底吹供气控制模式是指冶炼过程不同阶段的底吹气体种类和流量。一般来说，在转炉吹炼前期和中期底吹氮气；吹炼后期底吹氩气。吹炼前期，为了给脱磷反应提供良好的动力学条件，采用大的底吹气体流量，在吹炼中期碳大量氧化，CO 气体的排除使得熔池搅拌良好，在此阶段底吹气量可以调小；到吹炼后期，根据冶炼钢种，调整底吹气量。如果冶炼低碳钢或超低碳钢，可以采用大的底吹气体流量；如果冶炼高碳钢，则采用小的底吹气体流量，以减少碳的氧化。图 8-15 给出了某炼钢厂 150t 复吹转炉的一个底吹供气控制模式。

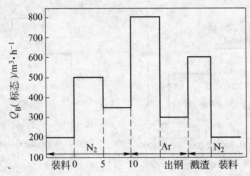

图 8-15　150t 复吹转炉底吹供气控制模式

（8）副枪控制。过程控制计算机决定启动副枪测定时刻，安装什么探头和副枪插入深度。基础自动化计算机将检查探头条件，下送指令给传动系统，传动系统带动副枪将探头插入钢水中，得到的钢液 T、[C] 含量数据由基础自动化计算机送到过程控制计算机，用于计算终点耗氧量和冷却剂加入量或升温剂用量。

（9）炉体倾动控制。由操作员控制，倾动速度是定速，只有高速和低速两挡。在炉子倾动前，必须满足：

1）氧枪在提升位；

2）炉体急停操作正常；

3）炉体倾动系统正常；

4）裙罩在高位；

5）副枪在提升位。

当炉体要进行倾动操作时，如果一个条件或多个条件不满足，操作时的控制屏幕出现报警并指出哪个条件不满足。

转炉冶炼静态、动态控制框图如图 8-16 所示。图 8-17 给出了转炉炼钢过程计算机控制的界面，该界面显示了转炉炼钢过程的生产作业计划、冶炼钢种、钢种成分标准、铁水条件、出钢条件、吹炼时间、造渣剂加入情况、铁合金加入情况等。图 8-18 是转炉炼钢实绩的界面，在该界面中还包括了氩站实绩、精炼实绩和连铸实绩。

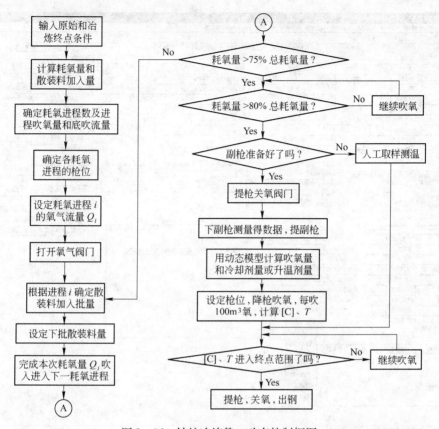

图 8-16 转炉冶炼静、动态控制框图

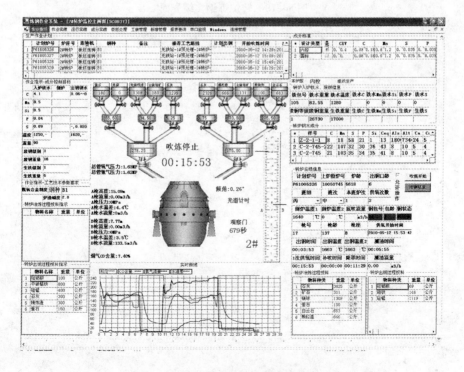

图 8-17 转炉冶炼过程计算机控制界面

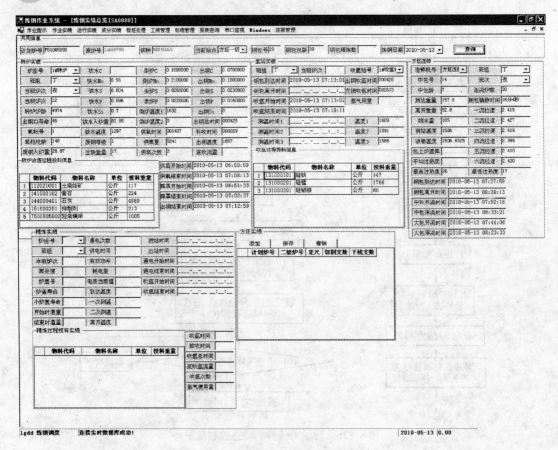

图 8 – 18 转炉炼钢实绩界面

参 考 文 献

[1] 孙彦广. 冶金自动化技术现状和发展趋势 [J]. 冶金自动化, 2004 (1): 1~5.

[2] 王毅. 过程装备控制技术及应用 [M]. 北京: 化学工业出版社, 2001.

[3] 居滋培. 过程控制系统及其应用 [M]. 北京: 机械工业出版社, 2005.

[4] 陈夕松, 汪木兰. 过程控制系统 [M]. 北京: 科学出版社, 2005.

[5] 李世清. 自动控制系统 [M]. 北京: 冶金工业出版社, 1987.

[6] 乐建波. 自动控制系统技术原理 [M]. 北京: 化学工业出版社, 1999.

[7] 俞金寿. 工业过程先进控制技术 [M]. 上海: 华东理工大学出版社, 2008.

[8] 翁维勤, 孙洪程. 过程控制系统及工程 [M]. 北京: 化学工业出版社, 2003.

[9] 徐丽娜. 神经网络控制 [M]. 哈尔滨: 哈尔滨工业大学出版社, 1999.

[10] 杨建刚. 人工神经网络实用教程 [M]. 杭州: 浙江大学出版社, 2001.

[11] 朱大可, 史惠. 人工神经网络原理及应用 [M]. 北京: 科学出版社, 2006.

[12] 张化光, 孟祥萍. 智能控制基础理论及应用 [M]. 北京: 机械工业出版社, 2005.

[13] 刘金琨. 智能控制 [M]. 北京: 电子工业出版社, 2005.

[14] 郭爱民. 冶金过程检测与控制 [M]. 北京: 冶金工业出版社, 2004.

[15] 刘元扬. 自动检测和过程控制 [M]. 北京: 冶金工业出版社, 2005.

[16] 孙志毅, 李虹, 陈志梅, 等. 控制工程基础 [M]. 北京: 机械工业出版社, 2004.

[17] 马竹梧, 邱建平, 李江. 钢铁工业自动化: 炼铁卷 [M]. 北京: 冶金工业出版社, 2000.

[18] 马竹梧, 邹立功, 孙彦广, 等. 钢铁工业自动化: 炼钢卷 [M]. 北京: 冶金工业出版社, 2003.

[19] 马竹梧. 冶金工业自动化 [M]. 北京: 冶金工业出版社, 2007.

[20] Zhong Liangcai, Liu Quanxing, Wang Wenzhong. Computer Simulation of Heat Transfer in Regenerative Chambers of Self-preheating Hot Blast Stoves [J]. ISIJ International, 2004, 44 (5): 795~800.

[21] S Ohguchi, D B C Robertson, B Deo, et al. Simultaneous Dephosphorization and Desulurization of molten Pig Iron [J]. Ironmaking and Steelmaking, 1984, 11 (4): 202~213.

[22] 钟良才. 渣金反应体系耦合反应动力学模型及其应用 [C]. 辽宁省首届青年学术年会 (工科分册) 论文集, 沈阳: 1992, 178~181.

[23] Shin-ya Kitamur, Toshihiro Kitamur, Kiyoshi Shibata, et al. Effect of Stirring Energy, Temperature and Flux Composition on Hot Metal Dephosphorization Kinetics [J]. ISIJ International, 1991, 31 (11): 1322 ~1328.

[24] 戴云阁, 李文秀, 龙腾春. 现代转炉炼钢 [M]. 沈阳: 东北大学出版社, 1998.

[25] 樋口善彦, 城田良康, 腾原清人. 取埚内熔鋼の酸素上吹升熱時の酸化反応モデル [J]. 住友金属, 1990, 42 (2): 31~37.

[26] 钟良才. CAS-OB 氧化升温过程数值模拟 [J]. 东北大学学报, 1998, 19 (S1): 157~159.

[27] Masamitsu Takahashi, Hiroshi Matsumoto, Tadashi Saito. Mechanism of Decarburization in RH Degasser [J]. ISIJ International, 1995, 35 (12): 1452~1458.

[28] 次英, 谢植, 张华. 中间包钢水连续测温的新方法 [J]. 东北大学学报, 2004, 25 (5): 460~462.

[29] 胡署名, 次英, 谢植. 黑体空腔式中间包钢水连续测温系统与应用 [J]. 炼钢, 2004, 20 (6): 48~50.

[30] 刘晓晶, 王熠玢. 钢水液面自动控制系统 [J]. 鞍山钢铁学院学报, 2001, 24 (3): 178~181.

[31] 范建设. 结晶器液面计的研制 [J]. 计量测试, 2000, (2): 40~42.

[32] 胡志刚, 谭明祥, 刘浏, 等. 在150t 转炉上用质谱仪进行钢水连续定碳 [J]. 钢铁研究学报, 2003, 15 (4): 61~65.

［33］吴明，梅忠. 转炉烟气分析动态控制炼钢技术［J］. 冶金设备，2006，（4）：68～72.

［34］F wallner，E Fritz. Fifty Years of Oxygen Converter Steelmaking［J］. MPT International，2002，（6）：38～43.

［35］E Eritz，W Gebert，N Ramaseder. Technological Developmants in Oxygen Converter Steelmaking［J］. Steel Times International，2002，（7/8）：15～19.

［36］赖兆奕. 转炉炼钢脱磷过程若干参数优化、检测和控制技术的研究［D］. 沈阳：东北大学，2009.

［37］王伟，郭戈，柴天佑. 连铸过程的建模与控制［J］. 控制与决策，1997，12（增刊）：1～6.

［38］吴美庆. 连铸结晶器液位控制技术的发展［J］. 鞍钢技术，2000，2：12～17.

［39］Graebe S F，Goodwin G C，Elsley G. Control design and implementation in continuous steel casting［J］. IEEE Control System Magazine，1995，15（4）：64～71.

［40］Dukman Lee. High performance hybrid mold level controller for thin slab caster［J］. Control Engineering Practice，2004（12）：275～281.

［41］刘全利. 结晶器液位建模与控制方法研究［D］. 沈阳：东北大学，2000.

［42］唐炜. 基于最小二乘法的数字式涡流传感器建模方法［J］. 华东船舶工业学院学报（自然科学版），2002，8：336～338.

［43］俞阿龙，黄惟一. 基于人工神经网络的数字式涡流传感器建模方法［J］. 工业仪表与自动化装置，2004，6：134～138.

［44］王印松. 死区非线性系统特性分析及补偿控制［J］. 自动化技术与应用，2006，25（4）：64～66.

［45］薛定宇，陈阳泉. 基于 Matlab/Simulink 的系统仿真技术与应用［M］. 北京：清华大学出版社，2003，192～325.

［46］赵琦，朱苗勇. 基于改进模糊 ART 神经网络的连铸漏钢预报模型［J］. 中国冶金，2007，17（10）：26～29.

［47］张晓军. 连铸机漏钢预报系统研究综述及应用实践［J］. 青岛大学学报，2006，21（专辑）：96～99.

［48］胡婕. 结晶器漏钢预报系统［J］. 山西冶金，2000，2：65～67.

［49］黄祺. 神经网络在宝钢连铸漏钢预报系统中的应用［J］. 宝钢技术，1999，1：40～43.

［50］孙卓. 基于模糊 RBF 神经网络的连铸漏钢预报技术的研究［D］. 上海：上海大学，2003.

［51］郝培锋，徐心和，裴云毅. 连铸漏钢预报系统数据采样与热电偶埋设方式［J］. 东北大学学报（自然科学版），1997，18（4）：400～403.

［52］张剑辉，彭力，林行辛. 漏钢预报系统中温度数据的预处理［J］. 河北理工学院学报，2005，5（2）：73～76.

［53］徐荣军. 连铸二冷水热传输及人工智能优化模型［D］. 上海：中国科学院上海冶金研究所，2000，6～20.

［54］张书岩. 大方坯连铸二冷配水及动态控制模型研究［D］. 沈阳：东北大学，2007.

［55］凌国胜. 莱钢3号连铸机传热数学模型的研究及二冷的优化［D］. 武汉：武汉科技大学，2002.

［56］周志敏. 连铸坯质量与二冷水自动控制［J］. 四川冶金，2000，3：44～45.

［57］刘颖，曹天明，郗安民. 板坯连铸二次冷却控制模型［J］. 北京科技大学学报，2006，28（3）：290～298.

［58］郭薇，祭程，赵琦，等. 板坯连铸动态轻压下系统中在线实时温度场的计算模型［J］. 材料与冶金学报，2006，3（3）：186～189.

［59］祭程，陈志平，宋景欣，等. 高拉速板坯连铸机动态二冷控制模型研究［J］. 冶金自动化，2007，3：52～56.

［60］Byrne C，Tercelli C. Mechanical soft reduction in billet casting［J］. Steel Times Inernational，2002，

(10)：33～35.

[61] 祭程，朱苗勇，程乃良. 板坯连铸机动态轻压下过程控制系统的研究与实现 [J]. 冶金自动化，2007，(1)：51～65.

[62] 祭程，朱苗勇，程乃良，等. 板坯连铸动态轻压下控制模型的开发与应用 [J]. 钢铁，2008，43 (9)：38～40，43.

[63] 张国范，顾树生，王明顺，等. 计算机控制系统 [M]. 北京：冶金工业出版社，2004.

[64] 施保华，杨三青，周凤星，等. 计算机控制技术 [M]. 武汉：华中科技大学出版社，2007.

[65] 刘玠，孙一康，王京. 冶金过程自动化基础 [M]. 北京：冶金工业出版社，2006.

[66] 李成林，王文瑞. 转炉过程控制计算机系统与应用 [J]. 冶金自动化，2007，(6)：34～38.

[67] 车宇清，杨江涛. 碳钢炼钢过程计算机控制及应用 [J]. 冶金自动化，2007，(1)：35～38，46.

[68] 刘德祥，朱爱文. 120t 转炉自动化炼钢生产实践 [J]. 南钢科技与管理，2006，(1)：50～52.

[69] 张大勇，张彩军，刘玉生. 150 吨转炉顶底复吹工艺的实践 [J]. 金属世界，2007，(4)：9～11，17.

冶金工业出版社部分图书推荐

书　　名	作　者			定价(元)
工厂电气控制技术	刘　玉　主编	严之光	副主编	27.00
工程制图与CAD	刘　树　主编	李建忠	副主编	33.00
工程制图与CAD习题集	刘　树　主编	李建忠	副主编	29.00
粒子群优化算法	李　丽　牛　奔	著		20.00
电热法制磷	杜建学　孙志立	编著		39.00
炭素机械设备	蒋文忠　编著			95.00
电力电子变流技术	曲永印　主编			28.00
电子技术实验	郝国法　梁柏华	编著		30.00
电子技术实验实习教程	杨立功　主编			29.00
工厂电气控制设备	赵秉衡　主编			20.00
工业企业供电（第2版）	周　瀛　李鸿儒	主编		28.00
机电一体化技术基础与产品设计	刘　杰　主编			46.00
机械电子工程实验教程	宋伟刚　罗　忠	主编		29.00
几何量传感与测量应用技术	李忠科　李福宝	著		29.00
脉冲复合电沉积的理论与工艺	郭忠诚　曹　梅	著		29.00
数字电子技术	谭文辉　李　达	主编		39.00
数字电子技术基础教程	刘志刚　陈小军	主编		23.00
维修电工技能实训教程	周辉林　主编			21.00
工厂系统节电与节电工程	周梦公　编著			59.00
电子皮带秤	方原柏　编著			20.00

双峰检